民用建筑热工设计规范
技 术 导 则

《民用建筑热工设计规范》编制组　编

中国建筑工业出版社

图书在版编目（CIP）数据

民用建筑热工设计规范技术导则/《民用建筑热工设计规范》编制组编. —北京：中国建筑工业出版社，2017.11
ISBN 978-7-112-21248-4

Ⅰ.①民… Ⅱ.①民… Ⅲ.①民用建筑-建筑热工-建筑设计-建筑规范-中国 Ⅳ.①TU24-65

中国版本图书馆 CIP 数据核字（2017）第 230678 号

建筑热工设计领域的基础性标准——《民用建筑热工设计规范》GB 50176—2016 已正式出版，为配合规范的宣贯工作，规范编制组专门针对这本规范编写了技术导则。本书共三篇，即"规范编制概况"、"规范内容释义"和"专题研究"。本书针对规范具体条文进行深入解读，并对规范条文的设置背景、热工设计方法和技术指标参数的选择，以及规范相关课题的论证研究做了详细介绍。

本书可以作为《民用建筑热工设计规范》GB 50176—2016 的宣贯辅导教材，也可供广大建筑热工和节能设计专业人员、建筑院校相关专业的学生参考使用。

* * *

责任编辑：丁洪良
责任设计：李志立
责任校对：焦 乐 关 健

民用建筑热工设计规范技术导则
《民用建筑热工设计规范》编制组 编

*

中国建筑工业出版社出版、发行（北京海淀三里河路 9 号）
各地新华书店、建筑书店经销
北京红光制版公司制版
北京君升印刷有限公司印刷

*

开本：787×1092 毫米 1/16 印张：14½ 字数：351 千字
2017 年 11 月第一版 2017 年 11 月第一次印刷
定价：**48.00** 元
ISBN 978-7-112-21248-4
（30897）

目　　录

第一篇 规范编制概况

一、编制背景

《民用建筑热工设计规范》GB 50176—93（以下简称"原规范"）是一本重要的基础性规范，是指导建筑热工设计的应用基础。

该规范的编制工作开始于 20 世纪 80 年代，定稿于 90 年代初。原规范的编制组阵容强大，汇集了当时全国建筑热工领域绝大多数知名专家。原规范的主要内容包括建筑物及其围护结构的保温、隔热和防潮设计。从多年来的工程实践看，原规范是一本高水平的标准，理论性和实用性得到了很好的兼顾，为建筑热工学奠定了很好的工程应用基础，在建筑设计中发挥了很重要的作用。

但也不容否认，原规范实施至今已经二十几年了，目前的技术水平、条件以及人们对建筑的要求与 20 年前不可同日而语，建筑热工专业需要解决的问题发生了很大变化。原规范已经不能满足当前工程建设的发展需要。例如：建筑大量使用的透光围护结构的热工计算原规范很少涉及，原规范非透光围护结构的隔热指标是在自然通风条件下提出的，最小热阻仅保证北方地区一般民用建筑在采暖期内表面不结露等。

限于当时的计算条件，原规范在计算和评价蓄热、隔热、热桥效应、结露、冷凝等方面均做了很多的简化，最终达到可以手工计算的目的。但由于问题本身具有的复杂性，最后的简化计算公式还是很复杂，而且有些计算结果与实际情况相差较大，甚至很不准确，而这些问题在今天可以采用计算机得到又快又好的结果。

此外，在过去的二十几年中，建筑工程实践对建筑热工提出了许多新的问题，人们对建筑的要求与以前相比发生了很大变化，产生了许多新的需求。特别是随着建筑节能、绿色建筑工作的蓬勃发展，作为这些领域的理论基础与技术支撑，修订和完善原规范使之满足当前相关工作的要求，在行业内外需求强烈。

行业的发展对《民用建筑热工设计规范》提出了更多的需求和更高的要求，技术的进步为此提供了可能性。在这种背景下，有必要对原规范进行全面的修订。修订完成的《民用建筑热工设计规范》将为提高我国的建筑节能设计、室内热环境设计水平奠定坚实的理论基础。

二、任务来源及编制过程

根据住房和城乡建设部《关于印发〈2009 年工程建设标准规范制订、修订计划的通知〉》（建标〔2009〕88 号）的要求，由中国建筑科学研究院为主编单位，会同 14 个单位共同修编本规范。

本规范立项时，计划按照行业和技术发展状况，对原规范进行修改和增补，以满足建筑热工、室内热环境设计的需求。确定的主要技术内容包括：优化墙体保温、隔热性能指标；增加透光围护结构热工设计要求；增加自然通风设计要求；正确评价遮阳效果，统一遮阳计算方法；注意与其他标准规范相衔接，提高热工设计的水平。

2010年4月16日，在成都市中国建筑西南设计研究院召开了《民用建筑热工设计规范》编制组成立暨第一次工作会议。本次会议成立了由1个主编单位、14个参编单位和4个参加单位共同组成的规范编制组，并就规范修编的基本原则，主要修编内容、规范的框架，以及任务分工和时间安排等达成一致意见。

2012年4月18日在北京中国建筑科学研究院召开了《民用建筑热工设计规范》编制组第二次工作会议。会上各章节承担单位介绍了编制工作的进展情况，并就规范编制中的关键技术问题提出了各自的观点和建议，编制组成员据此展开了热烈的讨论。会议明确了本规范在建筑热工领域的基础性地位，内容应当包括热工专业所涉及的计算理论、计算方法、边界条件、评价指标等；提出作为一本设计规范，内容中尚应包括具体的热工设计指标要求。在热工设计分区方面，明确了大区不动、细分子区的修订原则；认为子区的划分不宜太细，在二级区划指标方面尚应做进一步的研究工作，以保证区划指标与已有二级区划间的协调；分区表现形式上，提出在保留现有分区图的同时，给出全国主要城镇区划区属表，做到图表共存，并协调好图与表的关系。认为对某一具体问题，可以根据不同的条件给出不同的计算方法；规范中不涉及空调房间的各项要求与计算方法等内容。会议最后就下一阶段开展的条文及条文说明编制工作进行了分工，并调整了修编工作的时间进度安排。

2013年5月10日在北京中国建筑科学研究院召开了《民用建筑热工设计规范》编制组第三次工作会议。会上编制组按照章节顺序对规范草稿逐条进行了讨论。通过讨论，编制组就规范草稿形成以下主要修改意见：调整第3章的章节结构，按统计数据、计算参数分节；增加计算边界条件和热工基本计算方法内容。热工设计分区大区指标不变、区划基本保持原状；二级区划指标采用 $HDD18$、$CDD26$；一级区划采用分区图、二级区划采用区属表的形式表达。应按照二级气候区划提相应设计原则要求。明确轻质、重质的划分，给出隔热计算软件。增加室外自然通风要求一节。调整遮阳设计要求，并给出遮阳计算软件。最后，就下一阶段开展的条文修改工作，编制组提出应按照设计要求、计算方法、设计措施的顺序对各章节内容重新进行组织和编写。

第三次工作会议后，编制组在2013年8月完成了规范征求意见稿，并于2013年9月2日正式向社会发函，公开征求意见。同时，向业内熟悉热工设计的50余位专家定向征求意见。编制组共收到反馈意见表34份，各类问题汇总接近400条。征求意见回函单位涵盖设计院、科研院所、大专院校、协会、厂商等，反馈意见的都是关心建筑热工设计的专家和技术人员，他们从各方面提出了十分具体的意见。在认真考虑反馈意见的情况下，经编制组逐条讨论，对征求意见稿进行了大幅的修改，形成送审稿。

2013年10月在北京中国建筑科学研究院召开了第四次工作会议。会上编制组以征求意见稿回复意见和编制组成员认为尚需讨论的问题为主线，按照章节顺序对规范征求意见稿逐条进行了讨论。其中，对于意见统一、问题较少的条文即时进行了修改；将仍需慎重考虑、补充编制依据的条文作为接下来的工作重点。

会后，编制组内部通过邮件、电话等方式完成了反馈意见的处理意见。主编人员根据编制组的处理意见对征求意见稿进行修改，并于2014年3月形成送审稿初稿。之后，编制组成员之间又通过电子邮件多次交换了意见，于4月初完成了正式的送审稿。

2014年4月29日，在北京召开了《民用建筑热工设计规范》（送审稿）审查会议。审查委员会对《民用建筑热工设计规范》（送审稿）进行了逐章、逐条认真细致的审查，并建议编制组对送审稿进行修改和完善，尽快完成报批稿上报主管部门。

会后，编制组针对审查专家提出的意见逐条进行了认真思考。同时，对一些技术问题（如：自然通风设计、隔热计算的表述、室外计算参数和导热系数修正系数的确定）和热工基本概念（如：遮阳系数、太阳得热系数等）进行了专门的研究和讨论，并形成一致意见。最终在编制组全体成员的共同努力下，于2014年12月完成了《民用建筑热工设计规范》（报批稿）。

在标准编制过程中，除全体编制组会议外，编制组还召开了多次不同形式的讨论会，广泛交流、及时修改和总结，解决了许多专项问题和难点。

三、修订的基本原则

本规范修订过程中，确定了以下基本原则：

1. 理论性和实用性相结合，与国际标准接轨，深入和浅出，具有可操作性。
2. 补充完善建筑热工所涉及的领域，使修编后的规范形成较完整的理论体系。
3. 已有的成熟内容增补进来，尚不成熟的内容暂不涉及。
4. 规范的相关内容可借鉴ISO标准，与之衔接。
5. 在尊重原规范热工分区指标和原则的基础上，依据各气候区热工设计的特点进一步细分子气候区。
6. 为适应社会的发展与进步，需要增加原规范没有涉及的内容（如透光围护结构的热工性能要求和计算方法、新材料的热物理性能、新的技术措施等）。
7. 本规范除了为建筑热工设计提供统一、科学、完善的计算方法外，尚应注意规范的操作性、易用性。可通过提供软件、图表的方式简化设计过程。
8. 本规范不涉及有关热舒适、热环境、设备等方面的问题。

四、规范主要内容

本规范适用于新建、改建和扩建民用建筑的热工设计，不适用于室内温湿度有特殊要求和特殊用途的建筑，以及简易的临时性建筑。规范内容包括以下9章和4个附录。即：

◇ 1　总则

◇ 2　术语和符号

◇ 3　热工计算基本参数和方法

◇ 4   建筑热工设计原则
◇ 5   围护结构保温设计
◇ 6   围护结构隔热设计
◇ 7   围护结构防潮设计
◇ 8   自然通风设计
◇ 9   建筑遮阳设计
◇ 10   附录A   热工设计区属及室外气象参数
◇ 11   附录B   热工设计计算参数
◇ 12   附录C   热工设计计算公式
◇ 13   附录D   围护结构热阻最小值

与原规范相比，本次修编在内容上主要有以下几个方面的变化：

1. 调整完善了热工设计的理论体系，在原规范保温、隔热、防潮设计的基础上，增加了自然通风、遮阳的设计内容。

2. 注重与国际上相关标准的借鉴与衔接，在非匀质复合围护结构平均热阻、结构性热桥的线传热系数、透光围护结构传热系数、透光围护结构太阳得热系数、空气间层热阻等方面参照了 ISO、ASHRAE 标准。

3. 调整和细化了热工设计分区，提出了"大区不动、细分子区"的调整原则。采用 HDD18、CDD26 为二级区划指标，将原有 5 个大区细分为 11 个子区。并按照二级区划对热工设计各方面提出相应的要求。

4. 按照社会经济发展的状况，细分了保温、隔热的设计要求。将原规范中"保证人们生活和工作所需的最低限度的热环境要求"，细化为"最低限度"和"基本热舒适"两档。

5. 增补透光围护结构热工设计要求，确定了透光围护结构保温隔热设计的指标要求，并给出了透光围护结构热工性能的计算方法。

6. 借助数值计算方法的发展，修改了热桥、隔热设计的计算方法。将原规范中的简化计算方法，修改为采用多维、动态方法计算。并利用计算机程序进行数值求解，降低了计算工作量，提高了设计精度。

7. 为了利于规范的执行，从简化设计工作的角度考虑，规范中给出了计算结果表格和计算软件，方便设计人员使用。

8. 与修改后计算方法相对应，规范中补充了建筑热工计算所需的各种参数值。包括：全国主要城镇热工设计区属及室外计算用气象参数、典型玻璃的热工参数、典型整窗的传热系数、种植屋面热工参数、空气间层热阻、常用保温材料导热系数修正系数等。

9. 增补了建筑热工的术语，为今后节能设计标准和其他相关标准修订时统一术语的物理概念提供基础。

五、规范的特点

1. 作为一本基础性规范，内容中包括建筑热工学的基本术语、基本计算方法、基本参数。

规范对建筑热工学的常用基本术语进行了定义，特别是第一次比较系统化地定义了建筑遮阳系数、透光围护结构遮阳系数、透光围护结构太阳得热系数、内遮阳系数、综合遮阳系数等术语，明确了术语的概念，理清了术语之间的相互关系和界限，为建筑热工和节能行业的使用以及与其他行业的交流创造了条件。

规范第3.4节给出了建筑热工常用的17项热工参数的计算方法，包括：热阻、传热系数、蓄热系数、热惰性指标、蒸汽渗透阻等基本导出量，这些参数是热工设计、节能设计的重要参数和指标，给出这些参数的基本计算方法既便于设计时使用，也便于设计师理解参数的内容和含义。

此外，为了便于热工设计计算，规范附录中给出了本规范所有涉及的热工计算公式中用到的计算参数，主要包括：354个城镇13项室外气象参数、17大类90种建筑材料热物理性能参数、4种厚度5种辐射率在5种工况下的封闭空气间层热阻、按照海拔高度取值的围护结构表面换热系数和表面换热阻、太阳辐射吸收系数、蒸汽渗透阻、饱和水蒸气分压和种植屋面热工参数等。这些附录可以基本保证常规的热工设计无需依靠其他参考资料即可完成，增强了规范的易用性。

2. 通过对规范体系的调整和对规范内容的增加、补充，基本涵盖了建筑热工学科的绝大部分内容，完善了建筑热工设计规范的理论体系。

在原规范保温、隔热、防潮三大块内容的基础上，新增加了自然通风、建筑遮阳、透光围护结构保温隔热设计等章节。一方面完善了建筑围护结构热工设计的主要内容；另一方面也将建筑热工设计的内容进行了扩展和延伸，将热工设计领域中成熟的技术以标准的形式予以规范，也为实际工程中亟待解决的问题提供了方法。使新规范基本涵盖了民用建筑热工设计主要涉及的内容，整本规范的理论体系更加完整。

3. 对"全国建筑热工设计分区"进行了细化，将5个一级区划细分为11个二级子区。

我国地域辽阔，相对于960万平方公里的国土面积而言，却仅有5个热工分区，每个热工区划的面积非常大，导致即使在同一热工区划内，由于地理跨度广，不同城市的气候状况差别很大。设计时，采用相同的设计要求显然是不合适的。近年来随着建筑节能、绿色建筑工作的开展，5个热工分区的概念被广泛使用、深入人心，对既有5个热工分区的调整需慎重，应避免由于热工区划的调整，给相关工作的开展带来过多的影响。在细化分区时，尽量保持现有严寒、寒冷、夏热冬冷、夏热冬暖、温和5个区划的延续和稳定是非常必要的。

从热工和节能设计的角度，本规范在原热工设计分区的基础上，采用采暖（空调）度日数作为二级区划指标，将5个一级区划细分为11个二级区划。度日数中包括了温度和时间两个要素，可以充分满足节能设计的需求；而且该指标与一级区划指标不同，细分时可以避免二级区划与一级区划间出现矛盾，较好地保持5个一级区划的稳定。新增加的二级区划，可以满足建筑节能和热工设计的需求，为进一步提高设计的质量和标准创造了条件。

4. 根据社会经济的发展状况，调整了保温、隔热设计标准。

原规范采用保证围护结构内表面不结露的最小热阻作为围护结构保温性能的要求与当

时的社会经济发展状况是相适宜的。随着我国社会经济的发展，人们对居住环境和建筑质量的要求也在快速提高。特别是随着建筑节能工作的开展，建筑围护结构的保温性能早已大幅提高。将保证围护结构内表面不结露作为围护结构保温设计的目标，据此计算得到的"最小热阻"指标已经无法满足当前及未来一段时期人们对室内热环境和建筑保温性能的需求。

同时还应注意到，国内在不同地区间经济社会发展水平仍然非常不平衡。此外，民用建筑类型丰富，不同建筑的空间、体量和使用方式差异非常大，围护结构热工性能对使用者热舒适的影响程度也不尽相同，即使是同一栋建筑中的不同房间在使用模式和频次上也不完全一样。面对如此复杂多样的热工需求，都采取同样的设计标准显然也是不科学的。

因此，本规范将保温、隔热设计的标准调整为"最低限度"和"基本热舒适"两档，既符合当前的社会需求，又为不同类型建筑提供了不同的选择。

5. 充分利用数值计算方法的发展，为建筑热工设计提供了更为准确、快速、便捷的计算方法和工具。

受限于计算手段和工具，原规范中的热工设计尽量采用一些简化的方法，以保证设计人员可以通过手工计算来解决热工设计问题。这些方法都是基于当时的实际情况提出的，在一定条件下，产生的误差没有超出实际工程的可接受范围。因此，原规范的计算方法在当时大多数情况下是可行的。随着社会发展，建筑所用的材料和构造发生了很大变化，出现了计算结果与实际情况偏差较大的情况。

与20世纪八九十年代相比，在设计领域计算机早已取代了笔、纸、计算器，成了日常工具。便捷的操作和友好的界面让计算机的使用不再有"门槛"，"即插即用"、"所见即所得"成为计算机软硬件的起码要求。因此，当前以计算机作为工具采用更为复杂的计算方法，既可以带来设计精度的提高，也不会对热工设计造成障碍。

本次规范修订在热桥结露验算、围护结构平均传热系数、夏季围护结构内表面温度计算、建筑遮阳系数等的计算上都引入了比较复杂但更为精确的方法。同时，规范中还提供了两个计算软件，以便于设计师完成建筑围护结构的热工设计计算工作。

六、相关研究课题

1. 多影响因素的建筑节能设计气候分区方法与指标研究

完成单位：中国建筑科学研究院、中国建筑西南设计研究院

课题充分考虑区划对建筑节能设计的影响，对建筑热工二级区划的指标选择和二级区划指标值的确定进行深入研究，建立中国建筑热工分区的细化方法。同时，结合中国行政区划，在综合考虑建筑节能工作现状和发展态势的情况下，对气候区划进行合理的深化和调整。分析建筑热工分区调整后，不同地区围护结构的热工性能、设置集中采暖的区域范围、被动式节能技术的使用范围和利用程度等可能产生的变化，及对当地建筑节能潜力影响。

研究成果直接支持了规范第3.1节、第4.1节和附录A的编制。

2. 新型建筑节能围护结构关键技术研究

完成单位：中国建筑科学研究院、重庆大学

课题研究开发一批适合我国各气候区的建筑节能围护结构方面的先进适用的技术和产品，开发一批建筑节能围护结构节能设计相关的计算软件，编制一批节能建筑围护结构的保温构造设计手册、标准图集，建立一个建筑材料热工性能参数的数据库。促进先进适用的技术和产品在建筑工程中大规模应用，降低建筑物的采暖空调负荷。

研究成果中自行开发、拥有全部知识产权的 PTemp 和 Kvalue 软件作为规范的配套软件，与规范同时发布。

研究成果中的建筑材料热物理性能数据库直接支持了规范附录 B.1 的编制。

研究成果中开发的绿化屋面技术及其产品直接形成了规范第 6.2.4 条、第 6.2.5 条、附录 B.7 的内容。

3. 建筑外遮阳系数的确定方法

完成单位：华南理工大学

课题研究从常用建筑外遮阳形式入手，提出了解决建筑遮阳系数计算的基本思路。详细研究了水平遮阳和垂直遮阳的直射辐射透射比、散射辐射投射比计算方法，百叶遮阳的太阳辐射透射比和反射比的计算方法。提出了基于包括直射辐射和散射辐射在内的太阳总辐射的水平遮阳、垂直遮阳、组合遮阳、挡板遮阳和百叶遮阳遮阳系数的计算方法。并开发了用于计算目前常用外遮阳构件遮阳系数的可视化程序：Visual shade。

研究成果直接形成了规范第 9.1 节、附录 C.8、C.9、C.10 的内容。

4. 太阳能富集地区居住建筑墙体节能分析与构造优化研究

完成单位：西安建筑科技大学

研究针对我国现行设计标准对于在以拉萨为例的太阳能富集地区节能建筑设计存在的不足和问题，提出了非平衡保温的概念、原理和适用范围，并给出了计算非平衡保温条件下传热系数限值的原则。根据冬季现场考察测试结果，验证了拉萨强太阳辐射对建筑节能有突出的有利影响。同时，详尽分析了拉萨典型年气温和太阳辐射资料，研究了日照对采暖期能耗影响的根本因素及理论依据，并和同属寒冷区的内地典型城市西安、北京进行了对比，总结出拉萨的气象特点和当地居住建筑不同于内地城市的热工特性。通过研究传热系数与有效传热系数之间的关系，计算得出在考虑太阳辐射的条件下等效于现有传热系数限值的非平衡保温传热系数限值。

研究成果直接形成规范第 4.2.15 条、附录 C.4 的内容。

5. 太阳辐射直散分离模型研究

完成单位：中国建筑科学研究院

本研究填补了辐射观测方面的空白。自主开发出准确、可靠、实用的分朝向太阳辐射观测仪，并展开太阳辐射观测，积累观测数据为研究工作提供实测数据支持。对现有各种辐射模型进行分析、比较，掌握不同模型的优缺点及适用性，筛选出适合我国使用的辐射模型作为后续工作的基础。以实测数据为基础，对现有辐射模型进行修改完善，使之符合中国的气象条件，解决将太阳总辐射值拆分为直射辐射和散射辐射两部分（即：直散分离计算），计算直射辐射和散射辐射在各个朝向上的分量（辐射分朝向计算）的问题。利用确定的辐射模型完成国内主要城市典型气象年数据库，以及严寒、寒冷地区采暖期各朝向辐射值和隔热设计典型日各朝向逐时太阳辐射值。

研究成果支持了规范附录 A 中室外计算参数的统计计算。

6. 保温材料导热系数的修正系数确定方法研究

完成单位：中国建筑科学研究院

研究通过调研和分析，分别研究常见保温材料的导热系数在不同条件下的变化情况，确定影响因素的种类。通过温湿度培养等试验模拟不同影响因素对保温材料的作用，并测试不同条件下材料的导热系数变化，定量分析影响因素的影响程度。在定量分析影响程度的基础上，利用合理有效的数学分析模型，提出合理的定量修正系数的确定方法。利用提出的修正系数确定方法，通过试验测试与分析，最终确定国内常用保温材料的导热系数修正系数。

研究成果支持了附录 B.2 的内容。

七、规范实施及后续工作

建筑热工设计是建筑热环境设计、建筑节能设计，以及绿色建筑设计的主要基础内容之一。修编完成后的《民用建筑热工设计规范》有助于推动相关行业的技术进步和发展；有助于创造优良的建筑室内热环境质量，提升人们的居住、生活质量；有助于建筑节能工作的深入开展，符合国家"节能减排"的大政方针。规范的实施具有重要意义。

由于本规范是基础性规范，其中包括了大量的计算方法等内容。特别是本次修订，对保温、隔热、遮阳等方面的计算方法进行了大幅度修改。对于从事建筑热工、节能专业的设计人员来说，理解掌握新规范有一定的难度。规范颁布后仍需要积极开展相关的宣贯和培训工作，以保证规范的正确执行和顺利实施。

此外，由于目前高校所用教材在热工部分仍然沿用原规范中的内容，必须尽快对教材进行修订，保证在校学生的知识内容能够跟上规范修编的步伐，为未来的工作打好基础、做好准备。

本规范内容多为建筑热工学科中的基本问题、基本方法、基本参数，对于这些基础性内容的研究存在周期长、投入大、经济效益少的特点，特别是规范编制的前期科研准备工作一直未得到稳定、充足的经费支持，建筑热工领域内诸多技术问题的研究进展缓慢。本规范的编制过程中，也额外补充了多项必需的专题研究，对提高规范的技术水平作用显著。今后，随着国家和行业在应用基础研究方面投入的增长和建筑热工研究工作的深入，规范中存在的一些不足之处和实际工程中存在的问题也应设立专项研究项目，逐步地对规范进行完善和提高。

第二篇 规范内容释义

1 总 则

1.0.1 为使民用建筑热工设计与地区气候相适应，保证室内基本的热环境要求，符合国家节能减排的方针，制定本规范。

【释义】建筑与当地气候相适应是建筑设计应当遵循的基本原则；创造良好的室内热环境是建筑的基本功能。本规范的主要目的就在于使民用建筑的热工设计与地区气候相适应，保证室内基本的热环境要求。建筑热工设计主要包括建筑物及其围护结构的保温、防热和防潮设计。

建筑热工设计方法和要求是随着技术、经济条件的改善而相应变化的。本次修订时，将保温、隔热设计的标准分为"最低限度"和"基本热舒适"两档。设计方法也结合计算手段的更新进行了相应的修改。

近年来建筑节能工作力度大、关注度高。建筑热工设计作为建筑节能设计的重要基础之一，本规范的修编也充分考虑了对节能设计标准的支撑。

1.0.2 本规范适用于新建、扩建和改建民用建筑的热工设计。本规范不适用于室内温湿度有特殊要求和特殊用途的建筑，以及简易的临时性建筑。

【释义】本规范的适用范围是民用建筑的热工设计。与上一版相比，不适用对象中删除了地下建筑。修改主要是考虑到目前绝大部分高层建筑均包含有地下室，特别是在公共建筑中，很多地下室与地上建筑一样被作为主要功能房间使用，规范中应当给出相应的设计要求和方法。为此，本规范第5章中也相应增加了地下室外墙、地面的设计要求和方法。因此，地下建筑的热工设计可以参照本规范执行。

对于室内温湿度有特殊要求和特殊用途的建筑（例如：浴室、游泳池等），以及简易的临时性建筑，因其使用条件和建筑标准与一般民用建筑有较大差别，故本规范不适用于这些建筑。

1.0.3 民用建筑的热工设计，除应符合本规范的规定外，尚应符合国家现行有关标准的规定。

【释义】本条在于保证标准间的相互协调，提醒使用者尚需遵守其他标准规范中的规定。

2 术语和符号

2.1 术语

2.1.1 建筑热工 building thermal engineering

研究建筑室外气候通过建筑围护结构对室内热环境的影响、室内外热湿作用对围护结构的影响，通过建筑设计改善室内热环境方法的学科。

【释义】建筑热工是建筑物理中声、光、热三个基本研究领域之一。从理论层面上讲：主要研究室外气候通过建筑围护结构对室内热环境的影响，以及室内外热、湿共同作用对建筑围护结构的影响。从技术层面上讲：主要研究通过合理的建筑设计和采用合适的建筑围护结构来削弱室外气候对室内热环境的不利影响，以及通过采用合适的材料和构造来削弱室内外热湿共同作用对建筑围护结构的不利影响。

2.1.2 围护结构 building envelope

分隔建筑室内与室外，以及建筑内部使用空间的建筑部件。

【释义】围护结构就是将建筑以及建筑内部各个房间（或空间）包围起来的墙、窗、门、屋面、楼板、地板等各种建筑部件的统称。

分隔室内和室外的围护结构称为外围护结构，分隔室内空间的围护结构称为内围护结构。习惯上，不特殊注明时，围护结构常常是指外围护结构，尤其是指外围护结构中的墙和屋面部分。围护结构又可分为透光和非透光两类：透光围护结构有玻璃幕墙、窗户、天窗等；非透光围护结构有墙、屋面和楼板等。

实际使用过程中，围护结构的指代很灵活，既可以指整面外墙、屋面，也可以指其中的特定部分。

2.1.3 热桥 thermal bridge

围护结构中热流强度显著增大的部位。

【释义】见第2.1.4条释义。

2.1.4 围护结构单元 building envelope unit

围护结构的典型组成部分，由围护结构平壁及其周边梁、柱等节点共同组成。

【释义】在建筑热工领域中，多习惯用"围护结构主体部位"来描述外墙中的墙体部分，例如：砖混结构中的砌体部分、框架结构中的填充墙部分。它与其周边的梁、柱等"热桥部位"相对，两者共同构成了围护结构单元。

随着建筑类型的多样化，一方面由于在部分建筑中外窗所占面积很大，围护结构单元中墙体部分所占面积的比例可能与热桥部位相差不大、甚至更少；另一方面在剪力墙结构的围护结构单元中，一面外墙可能是由两种不同材料的墙体构成（混凝土墙和填充墙），两种材料墙体的面积相差不大。这种情况下"主体部位"一词的使用显得有些牵强。

此外，随着建筑节能要求的逐步提高，外墙中墙体部分与经过保温处理的热桥部位热阻的差值在减少，一些经过处理的热桥部位热阻值并不低于周边墙体，"主体部位"与"热桥部位"的界定变得非常模糊。

但是，围护结构又必须通过各种构造将不同部位组合起来构成一个整体，不同构造处的热工性能各不相同。因此，在进行热工设计和计算时，有必要将一块板壁与其周边构造区分开，有与之一一对应的概念和术语是非常必要的。

由于围护结构分割了室内-室外、室内-室内空间，而非透光围护结构（外墙、内墙、屋面、楼板、地板等）的基本构成通常是多层板壁，以及与这些多层板壁连接在一起的构造节点。因此，可使用"平壁"一词来指代不考虑周边构造的墙体、楼板、屋面板等多层板壁。实际的建筑中，当围护结构"平壁"周边的构造节点对传热的影响非常大时，称其为"热桥"部位。

整栋建筑的外围护结构可以分解为若干个平面，每个平面又可细分为若干个单元，非透光外围护结构单元包括平壁，以及平壁与窗、阳台、屋面、楼板、地板以及其他墙体等连接部位的构造节点。外围护结构单元可以是一个房间开间的外墙，也可以是连在一起的多个房间的外墙。涉及多个房间时，室内和室外涉及传热的条件分别一致。这样可以用一个公式来计算通过围护结构单元的传热。

2.1.5 导热系数 thermal conductivity, heat conduction coefficient

在稳态条件和单位温差作用下，通过单位厚度、单位面积匀质材料的热流量。

【释义】导热系数是材料的基本物理性能参数之一，一般通过实验的方法得到。需要注意的是：同一种材料的导热系数会随着温度、湿度等的不同而发生变化。因此，测试标准中对实验的条件都有详细的规定。实际使用中材料所处的环境与实验时是有差别的，需要进行修正。

2.1.6 蓄热系数 coefficient of heat accumulation

当某一足够厚度的匀质材料层一侧受到谐波热作用时，通过表面的热流波幅与表面温度波幅的比值。

2.1.7 热阻 thermal resistance

表征围护结构本身或其中某层材料阻抗传热能力的物理量。

2.1.8 传热阻 heat transfer resistance

表征围护结构本身加上两侧空气边界层作为一个整体的阻抗传热能力的物理量。

2.1.9 传热系数 heat transfer coefficient

在稳态条件下，围护结构两侧空气为单位温差时，单位时间内通过单位面积传递的热量。传热系数与传热阻互为倒数。

2.1.10 线传热系数 linear heat transfer coefficient

当围护结构两侧空气温度为单位温差时，通过单位长度热桥部位的附加传热量。

【释义】在建筑中，常见的热桥部位大多都是呈线性的。例如：砌体结构中的构造柱、圈梁，窗洞口边缘、檐口等。从建筑整体看，这些热桥部位通常表现为：在一个方向上的尺度比另外两个方向大得多，通常可以用其在某个平面内的断面图和它的长度来描述这些部位。因此，可以近似将这种类型的热桥看成是线性的。这样就可以通过对热桥节点典型断面的传热分析，进而基本掌握整个热桥的热工状况。

线传热系数就是基于上述考虑，用来表征热桥断面的传热状况的参数。它反映了当围护结构两侧空气温差为1K时，通过单位长度热桥部位的附加传热量。线传热系数的计算见规范第C.2节。从计算公式中可知，线传热系数反映了与主体结构相比，由于热桥的存在而额外增加的传热量。通过线传热系数值的大小，可以直观地了解某种热桥对主体传热系数的影响程度。

2.1.11　导温系数　thermal diffusivity

材料的导热系数与其比热容和密度乘积的比值，表征物体在加热或冷却时，各部分温度趋于一致的能力，也称热扩散系数。

2.1.12　热惰性　thermal inertia

受到波动热作用时，材料层抵抗温度波动的能力，用热惰性指标（D）来描述。

【释义】当围护结构（或单一材料层）外表面受到室外温度波作用时，内表面（背波面）温度会产生相应波动。热惰性表征了不同材料层抵抗波动热作用的能力，其表现为背波面温度波动的大小。

根据围护结构对室内热稳定性的影响，习惯上将热惰性指标 $D \geqslant 2.5$ 的围护结构称为重质围护结构；$D < 2.5$ 的称为轻质围护结构。

2.1.13　表面换热系数　surface coefficient of heat transfer

围护结构表面和与之接触的空气之间通过对流和辐射换热，在单位温差作用下，单位时间内通过单位面积的热量。

【释义】表面换热系数和换热阻的确定是一个非常复杂的问题，它受很多因素影响，如：表面的形状、粗糙度、空气状态及各换热表面的温度等。

在高海拔地区，太阳辐射、大气压力、空气密度等与低海拔地区存在较大的差异，引起的空气状态变化造成高原地区围护结构表面与环境之间的对流换热与低海拔地区相比存在较大的差异。因此，本规范附录 B.4.2 条给出了海拔高度 3000m 以上时围护结构内、外表面换热系数、换热阻值。

2.1.14　表面换热阻　surface resistance of heat transfer

物体表面层在对流换热和辐射换热过程中的热阻，是表面换热系数的倒数。

【释义】见第 2.1.13 条释义。

2.1.15　太阳辐射吸收系数　solar radiation absorbility factor

表面吸收的太阳辐射热与投射到其表面的太阳辐射热之比。

2.1.16　温度波幅　temperature amplitude

当温度呈周期性波动时，最高值与平均值之差。

【释义】"平均值"是指一个周期内温度的积分平均。

2.1.17　衰减倍数　damping factor

围护结构内侧空气温度稳定，外侧受室外综合温度或室外空气温度周期性变化的作用，室外综合温度或室外空气温度波幅与围护结构内表面温度波幅的比值。

2.1.18　延迟时间　time lag

围护结构内侧空气温度稳定，外侧受室外综合温度或室外空气温度周期性变化的作用，其内表面温度最高值（或最低值）出现时间与室外综合温度或室外空气温度最高值（或最低值）出现时间的差值。

2.1.19　露点温度　dew-point temperature

在大气压力一定、含湿量不变的条件下，未饱和空气因冷却而到达饱和时的温度。

2.1.20　冷凝　condensation

围护结构内部存在空气或空气渗透过围护结构，当围护结构内部的温度达到或低于空气的露点温度时，空气中的水蒸气析出形成凝结水的现象。

【释义】冷凝和结露从物理过程看其本质是一样的，都是空气中的水蒸气遇冷凝结。规范中的定义按照凝结发生的位置不同进行了区分，目的是便于在热工学中的使用和交流。

2.1.21 结露 dewing

围护结构表面温度低于附近空气露点温度时，空气中的水蒸气在围护结构表面析出形成凝结水的现象。

【释义】见第2.1.20条释义。

2.1.22 水蒸气分压 partial vapor pressure，partial pressure of water vapor

在一定温度下，湿空气中水蒸气部分所产生的压强。

2.1.23 蒸汽渗透系数 coefficient of vapor permeability

单位厚度的物体，在两侧单位水蒸气分压差作用下，单位时间内通过单位面积渗透的水蒸气量。

2.1.24 蒸汽渗透阻 vapor resistivity

一定厚度的物体，在两侧单位水蒸气分压差作用下，通过单位面积渗透单位质量水蒸气所需要的时间。

2.1.25 辐射温差比 the ratio of vertical solar radiation and indoor outdoor temperature difference

累年1月南向垂直面太阳平均辐照度与1月室内外温差的比值。

【释义】1月南向垂直面太阳平均辐照度的含义是指一月份31d所有时段内的南向垂直面太阳辐照度平均值。

2.1.26 建筑遮阳 shading

在建筑门窗洞口室外侧与门窗洞口一体化设计的遮挡太阳辐射的构件。

【释义】"建筑遮阳"也常被称为"建筑外遮阳"，或简称为"外遮阳"。

2.1.27 水平遮阳 overhang shading

位于建筑门窗洞口上部，水平伸出的板状建筑遮阳构件。

【释义】水平遮阳能够有效地遮挡高度角较大的、从门窗洞口上方照射下来的阳光。

2.1.28 垂直遮阳 flank shading

位于建筑门窗洞口两侧，垂直伸出的板状建筑遮阳构件。

【释义】垂直遮阳能够有效地遮挡高度角较小、从门窗洞口侧向照射过来的阳光。但不能遮挡高度角较大、从门窗洞口上方照射下来的阳光，或接近日出日落时分正对门窗洞口平射过来的阳光。

2.1.29 组合遮阳 combined shading

在门窗洞口的上部设水平遮阳、两侧设垂直遮阳的组合式建筑遮阳构件。

【释义】组合遮阳对遮挡高度角中等、从门窗洞口前斜射下来的阳光比较有效，遮阳效果比较均匀。

2.1.30 挡板遮阳 front shading

在门窗洞口前方设置的与门窗洞口面平行的板状建筑遮阳构件。

【释义】挡板遮阳能够有效地遮挡高度角比较低、正射窗口的阳光。

2.1.31 百叶遮阳 blade shading

由若干相同形状和材质的板条，按一定间距平行排列而成面状的百叶系统，并将其与门窗洞口面平行设在门窗洞口外侧的建筑遮阳构件。

【释义】百叶遮阳分为活动式和固定式两种。百叶板条可分水平排列和垂直排列两种。活动式百叶遮阳是通过调节系统控制百叶板条的翻转或位移，能根据需要调节百叶系统的遮阳系数，适用于各气候区建筑门窗洞口的遮阳。固定式百叶遮阳的板条不能翻转和移动，可根据建筑地点、门窗洞口朝向和太阳位置以及遮阳要求，通过设计计算百叶的偏转角度和间距，确定夏季遮阳系数小、冬季遮阳系数大的百叶系统形式。

2.1.32 建筑遮阳系数 shading coefficient of building element

在照射时间内，同一窗口（或透光围护结构部件外表面）在有建筑外遮阳和没有建筑外遮阳的两种情况下，接收到的两个不同太阳辐射量的比值。

【释义】由于太阳的高度角和方位角都是缓缓地变化着的，严格地讲，即使是一个固定的建筑外遮阳（例如窗口上方的一个水平挑檐）其遮阳系数数值也是不停地在变的。对于不同的工程应用，用不同的"照射时间"来处理。例如，对于以小时为步长的建筑热过程模拟程序，为精确计算某个带水平挑檐的窗口每个小时所接收到的太阳辐射量，理论上可以采用每个小时不同的建筑遮阳系数。这种情况下"照射时间"就是1h。而对于建筑节能设计标准这样的应用，使用者更关心的是一个月甚至一个冬季（或夏季）平均的遮阳系数，这种情况下"照射时间"就是一个月、一个冬季（或夏季）。因此，确定遮阳系数的数值要靠测试和计算的结合。

定义中的"太阳辐射量"均是指太阳辐射全波段（300nm～2500nm）的能量，且包括直射辐射和散射辐射两部分。"透光围护结构部件外表面"适用于玻璃幕墙类建筑，"透光围护结构部件"系指幕墙中某一指定的部分。

遮阳系数越小，遮阳效果越好；遮阳系数越大，遮阳效果越差。

2.1.33 透光围护结构遮阳系数 shading coefficient of transparent envelope

在照射时间内，透过透光围护结构部件（如：窗户）直接进入室内的太阳辐射量与透光围护结构外表面（如：窗户）接收到的太阳辐射量的比值。

【释义】透光围护结构遮阳系数既可以指一片幕墙的遮阳系数，也可以指一樘窗的遮阳系数，对这两者而言，遮阳系数的物理概念是完全一致的。

透光围护结构部件（如：窗户）接收到的太阳辐射能量可以分成三部分：第一部分透过透光围护结构部件（如：窗户）的透光部分，以辐射的形式直接进入室内，称为"太阳辐射室内直接得热量"；第二部分则被透光围护结构部件（如：窗户）吸收，提高了透光围护结构部件（如：窗户）的温度，然后以温差传热的方式分别传向室内和室外，这个过程称为"二次传热"，其中传向室内的那部分又可称为"太阳辐射室内二次传热得热量"；第三部分反射回室外。透光围护结构遮阳系数只涉及第一部分太阳辐射能量，不涉及"二次传热"。

2.1.34 透光围护结构太阳得热系数 solar heat gain coefficient（SHGC）of transparent envelope

在照射时间内，通过透光围护结构部件（如：窗户）的太阳辐射室内得热量与透光围护结构外表面（如：窗户）接收到的太阳辐射量的比值。

【释义】太阳辐射室内得热量由两部分组成，直接进入室内的太阳辐射室内直接得热量和间接进入室内的太阳辐射室内二次传热得热量。透光围护结构太阳得热系数涉及这两部分热量。由于透光围护结构太阳得热系数既包括直接透射得热，又包括二次传热得热，得热量的概念完整清晰，但计算比较复杂。

根据上述定义，通过透光围护结构的室内得热量可表述为下式：

$$Q_{g \cdot T} = Q_{g \cdot d} + Q_{g \cdot t} \tag{1}$$

式中：$Q_{g \cdot T}$——太阳辐射室内得热量；

$Q_{g \cdot d}$——太阳辐射室内直接得热量；

$Q_{g \cdot t}$——太阳辐射室内二次传热得热量。

之所以将太阳辐射室内得热量分成室内直接得热量和室内二次传热得热量，是因为：

1. 一般情况下，"太阳辐射室内得热量"中的"太阳辐射室内直接得热量"远大于"太阳辐射室内二次传热得热量"。因此，"太阳辐射室内二次传热得热量"存在着可以简化计算而又不造成太阳辐射室内得热量计算产生过大误差的可能性，方便热工设计。

2. 虽然从能量的角度看，直接得热量和二次传热得热量都是一样的，但从室内热环境的角度看，两者还是不同的。直接得热量以辐射的形式出现，人体直接感受到，二次传热则主要以温差传热的形式出现，人体间接感受到。这个差别从内遮阳挡住直接辐射但基本上不影响室内得热最容易体现。坐在靠近大玻璃附近的人，很习惯将内遮阳展开，甚至秋冬季都这样，主要原因显然是过强的直接辐射让人感觉到不舒服。

3. 由于要区分直接得热量和二次传热得热量，所以透光围护结构部件（窗户）除了太阳得热系数还不得不需要遮阳系数，而遮阳系数的物理概念对建筑遮阳、透光围护结构部件（窗户）、内遮阳三者都是统一的，也很容易理解和接受。

对于目前使用越来越多的中置遮阳，可当作透光围护结构部件（窗户）本身的构件来处理，即根据中置遮阳展开的不同情况，透光围护结构部件（窗户）可以有若干个透光围护结构遮阳系数和透光围护结构太阳得热系数。

与遮阳系数的定义相比，透光围护结构太阳得热系数多考虑了二次传热部分的室内得热。严格来说，透光围护结构太阳得热系数也是随着边界条件的不同在变化。例如：直接得热部分随着太阳入射角度的不同而有所差异；二次得热量的大小也随着透光围护结构表面换热系数的改变而发生变化。因此，按照定义计算透光围护结构太阳得热系数是非常复杂的。对于一般的透光围护结构而言，这种变化（特别是二次得热部分）在总得热量中所占比例较小，从便于应用的角度考虑，可以采取适当简化的方法来计算。本规范附录C第C.7节即给出了工程中门窗、幕墙太阳得热系数的计算方法。

门窗、幕墙太阳得热系数应按下式计算：

$$SHGC = \frac{\Sigma g \cdot A_g + \Sigma \rho_s \cdot \dfrac{K}{\alpha_e} \cdot A_f}{A_w} \tag{2}$$

式中：$SHGC$——门窗、幕墙的太阳得热系数，无量纲；

g——门窗、幕墙中透光部分的太阳辐射总透射比，无量纲，应按现行国家标准《建筑玻璃 可见光透射比、太阳光直接透射比、太阳能总透射比、紫外线透射比及有关窗玻璃参数的测定》GB/T 2680 的规定计算，典型玻璃系统的太阳辐射总透射比可按附录C表C.5.3-3的规定取值；

ρ_s——门窗、幕墙中非透光部分的太阳辐射吸收系数，无量纲；

K——门窗、幕墙中非透光部分的传热系数 $[W/(m^2 \cdot K)]$；

α_e——外表面对流换热系数 $[W/(m^2 \cdot K)]$；

A_g——门窗、幕墙中透光部分的面积（m^2）；

A_f——门窗、幕墙中非透光部分的面积（m^2）；

A_w——门窗、幕墙的面积（m^2）。

2.1.35 内遮阳系数 shading coefficient of curtain

在照射时间内，透射过内遮阳的太阳辐射量和内遮阳接收到的太阳辐射量的比值。

【释义】内遮阳系数是用于判定内遮阳构件对指定的门窗洞口面遮挡太阳辐射效果的参数。

2.1.36 综合遮阳系数 general shading coefficient

建筑遮阳系数和透光围护结构遮阳系数的乘积。

【释义】对于一个设置了遮阳装置的窗口而言，对太阳辐射的遮挡包括了各种建筑遮阳、窗框、玻璃的综合作用。因此，通常会用"综合遮阳系数"一词来描述各构件的综合遮阳效果。"综合遮阳系数"也是描述围护结构综合遮阳能力，评价其对室内热环境影响的指标。

"综合遮阳系数"的计算应当将建筑遮阳的遮阳作用、窗户的遮阳作用（包括窗框、玻璃的遮阳作用）进行叠加。按照第 2.1.32～2.1.35 条的定义，可以按照以下方法计算各种情况下室内得热量：

1. 无内、外遮阳的情况

$$Q_{g\cdot T} = I \cdot SHGC \tag{3}$$

$$Q_{g\cdot d} = I \cdot SC_T = I \cdot SC_w \tag{4}$$

式中：$Q_{g\cdot T}$——太阳辐射室内得热量；

$Q_{g\cdot d}$——太阳辐射室内直接得热量；

I——门窗洞口（透光围护结构部件外表面）朝向的太阳辐射量；

$SHGC$——透光围护结构太阳得热系数；

SC_T——综合遮阳系数；

SC_w——透光围护结构遮阳系数。

2. 有外遮阳无内遮阳的情况

$$Q_{g\cdot T} = I \cdot SC_s \cdot SHGC \tag{5}$$

$$Q_{g\cdot d} = I \cdot SC_T = I \cdot SC_s \cdot SC_w \tag{6}$$

式中：SC_s——建筑遮阳系数。

3. 无外遮阳有内遮阳的情况

$$Q_{g \cdot T} = I \cdot SHGC \tag{7}$$

$$Q_{g \cdot d} = I \cdot SC_T \cdot SC_c = I \cdot SC_w \cdot SC_c \tag{8}$$

式中：SC_c——内遮阳系数。

4. 有外、内遮阳的情况

$$Q_{g \cdot T} = I \cdot SC_s \cdot SHGC \tag{9}$$

$$Q_{g \cdot d} = I \cdot SC_T \cdot SC_c = I \cdot SC_s \cdot SC_w \cdot SC_c \tag{10}$$

3 热工计算基本参数和方法

3.1 室外气象参数

3.1.1 最冷、最热月平均温度的确定应符合下列规定：

　1 最冷月平均温度$t_{min \cdot m}$应为累年一月平均温度的平均值；

　2 最热月平均温度$t_{max \cdot m}$应为累年七月平均温度的平均值。

【释义】"累年"即多年，特指整编气象资料时，所采用的以往一段连续年份的累积。"最冷（热）月平均温度"指：以往连续多年（通常为 10 年以上）的一（七）月平均温度的平均值。

　　本次规范修编，所采用的室外气象参数为 1995 年～2004 年的数据。

　　影响室外空气温度的气候因素很多，从多年的统计资料看，每年的最冷（热）月并不一定总是一（七）月份。但例外情况很少，且温度的差值不大。如：本规范统计计算的 450 个台站 10 年的数据中，仅有 5 个台站最冷月不是一月，且最冷月的月平均温度与一月平均温度差值的平均值仅有 0.16℃；有 46 个台站最热月不是七月，且最热月的月平均温度与七月平均温度差值的平均值仅有 0.44℃。同时，本规范上一版第 3.1.1 条条文说明中也明确指出："最冷月（即一月）"、"最热月（即七月）"，并将该参数作为热工设计分区的主要指标。因此，从规范衔接的角度考虑，本次修编仍然沿用了旧版"最冷（热）月平均温度"的概念。

3.1.2 采暖、空调度日数的确定应符合下列规定：

　1 采暖度日数 $HDD18$ 应为历年采暖度日数的平均值；

　2 空调度日数 $CDD26$ 应为历年空调度日数的平均值。

【释义】"历年"即逐年，特指整编气象资料时，所采用的以往一段连续年份中的每一年。采暖（空调）度日数指：每年中，当室外日平均温度低（高）于冬季采暖（夏季空调）室内计算温度 18℃（26℃）时，将日平均温度与冬季采暖（夏季空调）室内计算温度 18℃（26℃）的差值累加，得到该年的年采暖（空调）度日数。然后，计算以往连续多年（通常为 10 年以上）中每一年的采暖（空调）度日数的平均值，即为采暖（空调）度日数。

3.1.3 全国主要城市室外气象参数应按本规范附录 A 的规定选用。

【释义】附录 A 中列出了 354 个城镇 3 项地理信息、1 项气候区属和 4 项室外气象参数。

3.2 室外计算参数

3.2.1 冬季室外计算参数的确定应符合下列规定：

　1 采暖室外计算温度t_w应为累年年平均不保证 5d 的日平均温度；

　2 累年最低日平均温度$t_{e \cdot min}$应为历年最低日平均温度中的最小值。

【释义】物候学中的"冬季"指：连续 5 日平均温度低于 10℃的时期。

　　采暖室外计算温度的挑选是将累年日平均温度从小到大排序，数列中第"5N+1"天

（N 为年数）的日平均温度值即为采暖室外计算温度 t_w。例如：当采取 10 年数据进行挑选时，选取第 51 天的日平均温度作为 t_w。

累年最低日平均温度的挑选是将累年日平均温度从小到大排序，数列中的最小值即为累年最低日平均温度 $t_{e \cdot min}$。

3.2.2 冬季室外热工计算温度 t_e 应按围护结构的热惰性指标 D 值的不同，依据表 3.2.2 的规定取值。

表 3.2.2　冬季室外热工计算温度

围护结构热稳定性	计算温度（℃）
$6.0 \leqslant D$	$t_e = t_w$
$4.1 \leqslant D < 6.0$	$t_e = 0.6 t_w + 0.4 t_{e \cdot min}$
$1.6 \leqslant D < 4.1$	$t_e = 0.3 t_w + 0.7 t_{e \cdot min}$
$D < 1.6$	$t_e = t_{e \cdot min}$

【释义】本条规定是为了满足建筑保温设计目标，保证建筑外围护结构应具有抵御冬季室外气温作用和气温波动的能力。

3.2.3 夏季室外计算参数的确定应符合下列规定：

　　1 夏季室外计算温度逐时值应为历年最高日平均温度中的最大值所在日的室外温度逐时值；

　　2 夏季各朝向室外太阳辐射逐时值应为与温度逐时值同一天的各朝向太阳辐射逐时值。

【释义】物候学中的"夏季"指：连续 5 日平均温度超过 22℃ 的时期。

夏季室外计算温度逐时值的挑选是将累年日平均温度从大到小排序，数列中的最大值所在日的室外温度逐时值，即为夏季室外计算温度逐时值。

3.2.4 全国主要城市室外计算参数应按本规范附录 A 的规定选用。

【释义】附录 A 中列出了 354 个城镇 5 项室外计算参数。145 个城市隔热设计用室外逐时空气温度和各朝向太阳辐射数据量比较大，全部印刷出来篇幅过多也不便于使用，因此将其收录在本规范配套光盘的软件中。

3.3　室　内　计　算　参　数

3.3.1 冬季室内热工计算参数应按下列规定取值：

　　1 温度：采暖房间应取 18℃，非采暖房间应取 12℃；

　　2 相对湿度：一般房间应取 30%～60%。

【释义】本条规定了热工设计计算时冬季室内计算参数的取值。

条文中给出的参数值用于进行热工计算以评价建筑物围护结构的热性能是否符合规范要求。该参数既不是建筑运行时的实际状况，也不是建筑室内热环境的控制目标。

相对湿度给出了一个区间，主要是考虑到不同地区冬季室外空气相对湿度存在较大差别，采暖建筑室内相对湿度人工调节的情况较少，室内空气相对湿度主要受室外空气相对湿度的影响。因此，在进行热工设计时，允许设计人员根据建筑所在地的实际情况选择不同的室内相对湿度计算值。

3.3.2 夏季室内热工计算参数应按下列规定取值：

1 非空调房间：空气温度平均值应取室外空气温度平均值＋1.5K、温度波幅应取室外空气温度波幅－1.5K，并将其逐时化；

2 空调房间：空气温度应取26℃；

3 相对湿度应取60%。

【释义】本条规定了热工设计计算时夏季室内计算参数的取值。

自然通风工况下，建筑的室内温度除了受到室外温度的影响，更与建筑平立面布置、建筑的使用功能、自然通风的能力等密不可分。本条沿用了上一版规范的规定。

3.4 基本计算方法

3.4.1 单一匀质材料层的热阻应按下式计算：

$$R=\frac{\delta}{\lambda} \tag{3.4.1}$$

式中：R——材料层的热阻（m²·K/W）；

δ——材料层的厚度（m）；

λ——材料的导热系数[W/(m·K)]，应按本规范附录B表B.1的规定取值。

3.4.2 多层匀质材料层组成的围护结构平壁的热阻应按下式计算：

$$R=R_1+R_2+\cdots\cdots+R_n \tag{3.4.2}$$

式中：R_1，$R_2\cdots\cdots R_n$——各层材料的热阻（m²·K/W），其中，实体材料层的热阻应按本规范第3.4.1条的规定计算，封闭空气间层热阻应按本规范附录表B.3的规定取值。

3.4.3 由两种以上材料组成的、二（三）向非均质复合围护结构的热阻$\bar{R}$应按本规范附录第C.1节的规定计算。

【释义】非均质复合围护结构的热阻之前多采用按面积加权的方法进行计算。这一方法的基本前提是：两种不同材料的界面是绝热的。这一假设在两种材料的导热系数差别不大时误差较小，是可以接受的。但当不同材料的导热系数差别较大时，其计算的误差非常大，这时候必须考虑两种材料件的传热。

因此，规范附录C.1节按照相邻部分热阻的比值来划分计算方法。当热阻的比值大于1.5时，热阻计算必须按照二维或三维传热来进行计算。当热阻的比值小于1.5时，热阻计算可以进行简化。附录C.1.1条的方法参考了ISO 6946—2007中的内容。

3.4.4 围护结构平壁的传热阻应按下式计算：

$$R_0=R_i+R+R_e \tag{3.4.4}$$

式中：R_0——围护结构的传热阻（m²·K/W）；

R_i——内表面换热阻（m²·K/W），应按本规范附录B第B.4节的规定取值；

R_e——外表面换热阻（m²·K/W），应按本规范附录B第B.4节的规定取值；

R——围护结构平壁的热阻（m²·K/W），应根据不同构造按本规范第3.4.1～3.4.3条的规定计算。

3.4.5 围护结构平壁的传热系数应按下式计算：

$$K = \frac{1}{R_0}$$
(3.4.5)

式中：K——围护结构平壁的传热系数[W/(m²·K)]；

R_0——围护结构的传热阻(m²·K/W)，应按本规范第3.4.4条的规定计算。

3.4.6 围护结构单元的平均传热系数应考虑热桥的影响，并应按下式计算：

$$K_m = K + \frac{\sum \psi_j l_j}{A}$$
(3.4.6)

式中：K_m——围护结构单元的平均传热系数 [W/(m²·K)]；

K——围护结构平壁的传热系数 [W/(m²·K)]，应按本规范第3.4.5条的规定计算；

ψ_j——围护结构上的第 j 个结构性热桥的线传热系数 [W/(m·K)]，应按本规范第C.2节的规定计算；

l_j——围护结构第 j 个结构性热桥的计算长度(m)；

A——围护结构的面积(m²)。

【释义】原规范于1993年颁布，采用了面积加权平均的方法计算热桥传热系数。20多年过去了，随着建筑围护结构材料的更新和保温水平的不断提高，这一方法的局限性逐渐显现。可以证明，随着保温层厚度的增加，建筑围护结构保温性能越好，热桥的影响就越大。研究表明，在目前建筑围护结构保温水平情况下，上述计算方法的误差可达到10%～30%，而在20年前，上述计算方法的误差则小于10%。工程实践和检测都表明，在保温性能较好的节能建筑中，热桥的附加耗热量损失占建筑围护结构能耗的比例在增大。因此，本规范规定围护结构单元的平均传热系数应考虑热桥的影响，采用线传热系数法来计算和评价热桥对围护结构的影响。

3.4.7 材料的蓄热系数应按下式计算：

$$S = \sqrt{\frac{2\pi\lambda c\rho}{3.6T}}$$
(3.4.7)

式中：S——材料的蓄热系数[W/(m²·K)]，应按本规范附录B表B.1的规定取值；

λ——材料的导热系数[W/(m·K)]；

c——材料的比热容[kJ/(kg·K)]，应按本规范附录B表B.1的规定取值；

ρ——材料的密度(kg/m³)；

T——温度波动周期(h)，一般取 $T=24$ h；

π——圆周率，取 $\pi = 3.14$。

3.4.8 单一匀质材料层的热惰性指标应按下式计算：

$$D = R \cdot S$$
(3.4.8)

式中：D——材料层的热惰性指标，无量纲；

R——材料层的热阻(m²·K/W)，应按本规范第3.4.1条的规定计算；

S——材料层的蓄热系数[W/(m²·K)]，应按本规范第3.4.7条的规定计算。

3.4.9 多层匀质材料层组成的围护结构平壁的热惰性指标应按下式计算：

$$D = D_1 + D_2 + \cdots\cdots + D_n$$
(3.4.9)

式中：D_1，D_2……D_n——各层材料的热惰性指标，无量纲，其中，实体材料层的热惰性指标应按本规范第3.4.8条的规定计算，封闭空气层的热惰性指标应为零。

3.4.10 计算由两种以上材料组成的、二（三）向非均质复合围护结构的热惰性指标$\overline{D}$值时，应先将非匀质复合围护结构沿平行于热流方向按不同构造划分成若干块，再按下式计算：

$$\overline{D} = \frac{D_1 A_1 + D_2 A_2 + \cdots\cdots + D_n A_n}{A_1 + A_2 + \cdots\cdots + A_n} \tag{3.4.10}$$

式中：　　　$\overline{D}$——非匀质复合围护结构的热惰性指标，无量纲；

A_1，A_2……A_n——平行于热流方向的各块平壁的面积（m²）；

D_1，D_2……D_n——平行于热流方向的各块平壁的热惰性指标，无量纲，应根据不同构造按本规范第3.4.8～3.4.9条的规定计算。

3.4.11 室外综合温度应按下式计算：

$$t_{se} = t_e + \frac{\rho_s I}{\alpha_e} \tag{3.4.11}$$

式中：t_{se}——室外综合温度（℃）；

t_e——室外空气温度（℃）；

I——投射到围护结构外表面的太阳辐射照度（W/m²）；

ρ_s——外表面的太阳辐射吸收系数，无量纲，应按本规范附录B表B.5的规定取值；

α_e——外表面换热系数[W/(m²·K)]，应按本规范附录B第B.4节的规定取值。

3.4.12 围护结构的衰减倍数应按下式计算：

$$\nu = \frac{\Theta_e}{\Theta_i} \tag{3.4.12}$$

式中：ν——围护结构的衰减倍数，无量纲；

Θ_e——室外综合温度或空气温度波幅（K）；

Θ_i——室外综合温度或空气温度影响下的围护结构内表面温度波幅（K），应采用围护结构周期传热计算软件计算。

3.4.13 围护结构的延迟时间应按下式计算：

$$\xi = \xi_i - \xi_e \tag{3.4.13}$$

式中：ξ——围护结构的延迟时间（h）；

ξ_e——室外综合温度或空气温度达到最大值的时间（h）；

ξ_i——室外综合温度或空气温度影响下的围护结构内表面温度达到最大值的时间（h），应采用围护结构周期传热计算软件计算。

3.4.14 单一匀质材料层的蒸汽渗透阻应按下式计算：

$$H = \frac{\delta}{\mu} \tag{3.4.14}$$

式中：H——材料层的蒸汽渗透阻(m²·h·Pa/g)，常用薄片材料和涂层的蒸汽渗透阻应按本规范附录表B.6的规定选用；

δ——材料层的厚度（m）；

μ——材料的蒸汽渗透系数[g/(m·h·Pa)]，应按本规范附录 B 表 B.1 的规定取值。

3.4.15 多层匀质材料层组成的围护结构的蒸汽渗透阻应按下式计算：

$$H = H_1 + H_2 + \cdots\cdots + H_n \tag{3.4.15}$$

式中：H_1、H_2……H_n——各层材料的蒸汽渗透阻（m^2·h·Pa/g），其中，实体材料层的蒸汽渗透阻应按本规范第 3.4.14 条的规定计算或选用，封闭空气层的蒸汽渗透阻应为零。

3.4.16 冬季围护结构平壁的内表面温度应按下式计算：

$$\theta_i = t_i - \frac{R_i}{R_0}(t_i - t_e) \tag{3.4.16}$$

式中：θ_i——围护结构平壁的内表面温度（℃）；

R_0——围护结构平壁的传热阻（m^2·K/W）；

R_i——内表面换热阻（m^2·K/W）；

t_i——室内计算温度（℃）；

t_e——室外计算温度（℃）。

3.4.17 夏季围护结构平壁的内表面温度应按本规范附录 C 第 C.3 节的规定计算。

【释义】附录 C.3 节规定了隔热设计时，外墙、屋面内表面温度应采用一维非稳态方法计算，并应按房间的运行工况确定相应的边界条件，并给出了相应的规定。其中，外墙、屋面内表面温度可采用本规范配套光盘中提供的一维非稳态传热计算软件计算。

4 建筑热工设计原则

4.1 热 工 设 计 分 区

4.1.1 建筑热工设计区划分为两级。建筑热工设计一级区划指标及设计原则应符合表4.1.1的规定，建筑热工设计一级区划可参考本规范附录A图A.0.3。

表 4.1.1 建筑热工设计一级区划指标及设计原则

一级区划名称	区划指标		设计原则
	主要指标	辅助指标	
严寒地区 (1)	$t_{\min \cdot m} \leqslant -10℃$	$145 \leqslant d_{\leqslant 5}$	必须充分满足冬季保温要求，一般可以不考虑夏季防热
寒冷地区 (2)	$-10℃ < t_{\min \cdot m} \leqslant 0℃$	$90 \leqslant d_{\leqslant 5} < 145$	应满足冬季保温要求，部分地区兼顾夏季防热
夏热冬冷地区 (3)	$0℃ < t_{\min \cdot m} \leqslant 10℃$ $25℃ < t_{\max \cdot m} \leqslant 30℃$	$0 \leqslant d_{\leqslant 5} < 90$ $40 \leqslant d_{\geqslant 25} < 110$	必须满足夏季防热要求，适当兼顾冬季保温
夏热冬暖地区 (4)	$10℃ < t_{\min \cdot m}$ $25℃ < t_{\max \cdot m} \leqslant 29℃$	$100 \leqslant d_{\geqslant 25} < 200$	必须充分满足夏季防热要求，一般可不考虑冬季保温
温和地区 (5)	$0℃ < t_{\min \cdot m} \leqslant 13℃$ $18℃ < t_{\max \cdot m} \leqslant 25℃$	$0 \leqslant d_{\leqslant 5} < 90$	部分地区应考虑冬季保温，一般可不考虑夏季防热

【释义】原规范所做的热工设计分区充分考虑了热工设计的需求，且区划与中国气候状况相契合，较好地区分了不同地区不同的热工设计要求。特别是近年来随着建筑节能工作的开展，5个热工分区的概念被广泛使用、深入人心。因此，本次修订时，首先确定了"大区不动"的区划调整原则，沿用严寒、寒冷、夏热冬冷、夏热冬暖、温和地区的区划方法和指标，并将其作为热工设计分区的一级区划。本规范附录A图A.0.3给出了我国热工设计一级区划在较大尺度上的分布状况，可供设计人员参考。

4.1.2 建筑热工设计二级区划指标及设计要求应符合表4.1.2的规定，全国主要城市的二级区属应符合本规范表A.0.1的规定。

表 4.1.2 建筑热工设计二级区划指标及设计要求

二级区划名称	区划指标	设计要求
严寒A区（1A）	$6000 \leqslant HDD18$	冬季保温要求极高，必须满足保温设计要求，不考虑防热设计
严寒B区（1B）	$5000 \leqslant HDD18 < 6000$	冬季保温要求非常高，必须满足保温设计要求，不考虑防热设计

二级区划名称	区划指标		设计要求
严寒C区（1C）	$3800 \leqslant HDD18 < 5000$		必须满足保温设计要求，可不考虑防热设计
寒冷A区（2A）	2000 $\leqslant HDD18$ < 3800	$CDD26 \leqslant 90$	应满足保温设计要求，可不考虑防热设计
寒冷B区（2B）		$CDD26 > 90$	应满足保温设计要求，宜满足隔热设计要求，兼顾自然通风、遮阳设计
夏热冬冷A区（3A）	$1200 \leqslant HDD18 < 2000$		应满足保温、隔热设计要求，重视自然通风、遮阳设计
夏热冬冷B区（3B）	$700 \leqslant HDD18 < 1200$		应满足隔热、保温设计要求，强调自然通风、遮阳设计
夏热冬暖A区（4A）	$500 \leqslant HDD18 < 700$		应满足隔热设计要求，宜满足保温设计要求，强调自然通风、遮阳设计
夏热冬暖B区（4B）	$HDD18 < 500$		应满足隔热设计要求，可不考虑保温设计，强调自然通风、遮阳设计
温和A区（5A）	$CDD26 < 10$	$700 \leqslant HDD18$ < 2000	应满足冬季保温设计要求，可不考虑防热设计
温和B区（5B）		$HDD18 < 700$	宜满足冬季保温设计要求，可不考虑防热设计

【释义】 由于我国地域辽阔，每个热工一级区划的面积非常大。例如：同为严寒地区的黑龙江漠河和内蒙古额济纳旗，最冷月平均温度相差 18.3℃、$HDD18$ 相差 4110。对于寒冷程度差别如此大的两个地区，采用相同的设计要求显然是不合适的。因此，规范修订提出了"细分子区"的区划调整目标。

热工设计二级分区采用"$HDD18$、$CDD26$"作为区划指标，将建筑热工各一级区划进行细分。与一级区划指标（最冷、最热月平均温度）相比，该指标既表征了气候的寒冷和炎热的程度，也反映了寒冷和炎热持续时间的长短。采用该指标在一级区划的基础上进行细分，保证了与"大区不动"的指导思想一致；同时，该指标也与《严寒和寒冷地区居住建筑节能设计标准》JGJ 26 - 2010 中的细化分区指标相同。

需要指出的是：影响气候的因素很多，地理距离的远近并不是造成气候差异的唯一因素。海拔高度、地形、地貌、大气环流等对局地气候影响显著。因此，各区划间一定会出现相互参差的情况。这在只有 5 个一级区划时已经有所表现，但由于一级区划的尺度较大，现象并不明显。当将一级区划细分后，这一现象非常突出。因此，二级区划没有再采用分区图的形式表达，改用表格的形式给出每个城市的区属。这样避免了复杂图形可能带来的理解偏差，各城市的区属明确、边界清晰，且便于规范的执行和管理。

4.1.3 本规范附录A表A.0.1中未涉及的目标城镇，可根据本规范附录A表A.0.2的规定确定参考城镇，目标城镇的建筑热工设计二级分区区属和室外气象参数可按参考城镇选取。当参考其他城镇的区属和气象参数时，设计中应注明被参考城镇的名称。

【释义】 本规范附录A表A.0.1的气象参数均是以气象观测数据为基础通过一定的统计方法计算出来的。受所掌握气象观测资料的限制，本规范了提供表中所列的354个城镇的气象参数。而在我国的行政区划中，至2009年底，全国31个省级行政区中（不包括港、澳、台地区），有333个地级行政区划单位，2858个县级行政区划单位。从城市数量看，截至2009年，我国城市数量达到654个（其中：4个直辖市、283个地级市、367个县级市）。因此，本标准所给出的城镇数量远远不及城镇的实际数量，更无法覆盖全部行政区。

按行业标准《建筑气象参数标准》JGJ 35-87的规定，当建设地点与拟引用数据的气象台站水平距离在50km以内，海拔高度差在100m以内时可以直接引用。附录A中的表A.0.2给出了附录表A.0.1中未涉及的我国县级以上城镇的地理信息，以及与之距离最近的已知气象数据地点的列表。从表中可以看到，未知城市与参考地点之间符合行业标准《建筑气象参数标准》JGJ 35-87中关于数据直接引用的规定。

4.2 保 温 设 计

4.2.1 建筑外围护结构应具有抵御冬季室外气温作用和气温波动的能力，非透光外围护结构内表面温度与室内空气温度的差值应控制在本规范允许的范围内。

【释义】 在冬季，室外空气温度持续低于室内气温，并在一定范围内波动。与之对应的是围护结构中热流始终从室内流向室外，其大小随室内外温差的变化也会产生一定的波动。除受室内气温的影响外，围护结构内表面的冷辐射对人体热舒适影响也很大。为了降低采暖负荷并将人体的热舒适维持在一定的水平，建筑围护结构应当尽量减少由内向外的热传递，且当室外温度急剧波动时，减小室内和围护结构内表面温度的波动，保证人体的热舒适水平。

4.2.2 严寒、寒冷地区建筑设计必须满足冬季保温要求，夏热冬冷地区、温和A区建筑设计应满足冬季保温要求，夏热冬暖A区、温和B区宜满足冬季保温要求。

4.2.3 建筑物的总平面布置、平面和立面设计、门窗洞口设置应考虑冬季利用日照并避开冬季主导风向。

4.2.4 建筑物宜朝向南北或接近朝向南北，体形设计应减少外表面积，平、立面的凹凸不宜过多。

4.2.5 严寒地区和寒冷地区的建筑不应设开敞式楼梯间和开敞式外廊，夏热冬冷A区不宜设开敞式楼梯间和开敞式外廊。

4.2.6 严寒地区建筑出入口应设门斗或热风幕等避风设施，寒冷地区建筑出入口宜设门斗或热风幕等避风设施。

4.2.7 外墙、屋面、直接接触室外空气的楼板、分隔采暖房间与非采暖房间的内围护结构等非透光围护结构应按本规范第5.1节和第5.2节的要求进行保温设计。

4.2.8 外窗、透光幕墙、采光顶等透光外围护结构的面积不宜过大，应降低透光围护结构的传热系数值、提高透光部分的遮阳系数值，减少周边缝隙的长度，且应按本规范第

5.3 节的要求进行保温设计。

4.2.9 建筑的地面、地下室外墙应按本规范第 5.4 节和第 5.5 节的要求进行保温验算。

4.2.10 围护结构的保温形式应根据建筑所在地的气候条件、结构形式、供暖运行方式、外饰面层等因素选择，并应按本规范第 7 章的要求进行防潮设计。

4.2.11 围护结构中的热桥部位应进行表面结露验算，并采取保温措施确保热桥内表面温度高于房间空气露点温度。

【释义】热桥部位是围护结构热工性能的薄弱环节，确保热桥部位在冬季不结露是避免围护结构内表面霉变的必要条件。从保证建筑正常使用、保证健康室内环境的角度考虑，将冬季热桥内表面温度高于房间空气露点温度设置为强制性条文。

4.2.12 围护结构热桥部位的表面结露验算应符合本规范第 7.2 节的规定。

【释义】热桥部位的热流密度比较集中，一般热桥节点的传热多为二维或三维。热桥内表面温度的计算不能简单地按照一维稳态传热的方法计算，本规范第 7.2 节规定了热桥结露验算的方法和要求。为了便于工程设计，本规范附带的光盘中提供了节点结露验算的程序。

4.2.13 建筑及建筑构件应采取密闭措施，保证建筑气密性要求。

【释义】建筑的气密性不好，冬季通过冷风渗透散失的热量就越多。特别是随着建筑外围护结构保温性能的提高，冷风渗透耗热量在建筑采暖耗热量中的比例越来越高，甚至成为采暖能耗最主要的部分。此外，建筑的气密性不好还会对人体产生强烈的吹风感，降低建筑的热舒适水平。在高层建筑中，由于外窗漏风而产生的啸叫也影响建筑室内的声环境。

4.2.14 日照充足地区宜在建筑南向设置阳光间，阳光间与房间之间的围护结构应具有一定的保温能力。

4.2.15 对于南向辐射温差比(ITR)大于等于 4W/(m² · K)，且 1 月南向垂直面冬季太阳辐射强度大于等于 60 W/m² 的地区，可按本规范附录 C 第 C.4 节的规定采用"非平衡保温"方法进行围护结构保温设计。

【释义】非平衡保温是根据不同朝向外墙和屋面单位面积净失热量相等原理，进行围护结构热工设计的方法。现行相关标准规定了不同地区采暖建筑围护结构传热系数的限值，但由于传热系数限值的确定是基于室内外空气温差，所以建筑围护结构的传热系数限值没有朝向的区分。以外墙为例，不同朝向外墙以相同的传热系数进行构造设计，虽然能够简化构造设计难度，但对于太阳能资源丰富的地区，这种方法不利于实现节能墙体构造的优化。

非平衡保温是指太阳辐射热作用较大的地区，因太阳热作用随采暖建筑围护结构朝向不同而差异明显，为使不同朝向外墙及屋面传热失热热流密度相等，而对不同朝向外墙及屋面采用了不同的传热系数。其实质是一种"等热流"设计方法，即：在考虑了各朝向太阳辐射作用下，不同朝向外墙的传热系数不同，其中南向较大、北向较小、东西向居中。

非平衡保温设计的基本原理如式（11）～式（14）所示：

$$q = K_d^* (t_i - \bar{t}_{sa \cdot d}) = K_s^* (t_i - \bar{t}_{sa \cdot s}) = K_n^* (t_i - \bar{t}_{sa \cdot n})$$
$$= K_e^* (t_i - \bar{t}_{sa \cdot e}) = K_w^* (t_i - \bar{t}_{sa \cdot w}) \tag{11}$$

$$K_s^* = \frac{(t_i - \bar{t}_{sa \cdot n})}{(t_i - \bar{t}_{sa \cdot s})} K_n^* = \frac{(t_i - \bar{t}_{sa \cdot e})}{(t_i - \bar{t}_{sa \cdot s})} K_e^* = \frac{(t_i - \bar{t}_{sa \cdot w})}{(t_i - \bar{t}_{sa \cdot s})} K_w^* \tag{12}$$

式中：q——不同朝向外墙与屋面的单位面积传热失热量（W/m²）。

由于 $\bar{t}_{sa\cdot e}$ 和 $\bar{t}_{sa\cdot w}$ 相差较小，所以为简化设计与墙体建造，两者取相同的值，即取两者的平均值：$\bar{t}_{sa\cdot e\cdot w}$（$\bar{t}_{sa\cdot e\cdot w} = \dfrac{\bar{t}_{sa\cdot e} + \bar{t}_{sa\cdot w}}{2}$）。

$$K_{e\cdot w}^* = K_e^* = K_w^* \tag{13}$$

$$K_s^* = \frac{(t_i - \bar{t}_{sa\cdot n})}{(t_i - \bar{t}_{sa\cdot s})}K_n^* = \frac{(t_i - \bar{t}_{sa\cdot e\cdot w})}{(t_i - \bar{t}_{sa\cdot s})}K_{e\cdot w}^* \tag{14}$$

按上式计算可得出不同朝向外墙和屋面非平衡传热系数相关性。

太阳能资源丰富地区建筑的节能墙体采用非平衡保温设计方法，有利于降低围护结构内壁面不对称辐射对室内热舒适的影响。符合条文中所给出的两个可进行"非平衡保温设计"气候条件的地区主要集中在青藏高原及其周边地区，典型城市有：拉萨、日喀则、林芝、昆明、大理、西昌、甘孜、松潘、阿坝、若尔盖、康定、西宁、格尔木、敦煌、民勤、哈密、银川等。

由于本规范并非节能标准，其实质是对建筑热工性能的最基本要求，因此对于"不同朝向保温"问题，本规范侧重于提供不同朝向保温的热工设计方法。

4.3 防 热 设 计

4.3.1 建筑外围护结构应具有抵御夏季室外气温和太阳辐射综合热作用的能力。自然通风房间的非透光围护结构内表面温度与室外累年日平均温度最高日的最高温度的差值，以及空调房间非透光围护结构内表面温度与室内空气温度的差值应控制在本规范允许的范围内。

【释义】建筑外围护结构包括屋顶、外墙和外窗等。夏季室内热环境的变化主要是室外气温和太阳辐射综合热作用的结果，外围护结构防热能力越强，室外综合热作用对室内热环境影响越小，不易造成室内过热。围护结构内表面温度是衡量围护结构隔热水平的重要指标，夏季内表面温度太高，易造成室内过热，影响人体健康。应把围护结构内表面温度与室内空气温度的差值控制在规范允许的范围内，防止室内过热，保持室内舒适度要求。

建筑热工设计主要任务之一，是要采取措施提高外围护结构防热能力。对屋面、外墙（特别是西墙）要进行隔热处理，应达到防热所要求的热工指标，减少传进室内的热量和降低围护结构的内表面温度，因此要合理选择外围护结构的材料和构造形式。最理想的是白天隔热好而夜间散热快的构造形式。

自然通风是排除房间余热，改善室内热湿环境的主要途径之一。要合理设计围护结构热工参数，且利于房间的通风散热。把围护结构内表面温度与室内空气温度的差值控制在规范允许的范围内，防止室内过热，保持室内舒适度要求。

本规范将设计目标确定为不结露和基本热舒适两档。除保证围护结构内表面温度不低于室内空气露点温度外，在基本热舒适条件下，墙体的内表面温度与室内空气温度的允许温差为≤3℃，楼面、屋面的内表面温度与室内空气温度的允许温差为≤4℃。

4.3.2 夏热冬暖和夏热冬冷地区建筑设计必须满足夏季防热要求，寒冷B区建筑设计宜考虑夏季防热要求。

【释义】本条规定主要是根据建筑热工设计的实际需要，以及与现行有关标准规范相协调。隔热与夏季的室外温度、太阳辐射密切相关。建筑设计应合理选择建筑的朝向和建筑群的布局，防止过度日晒。同时要绿化周围环境，以降低环境辐射和空气温度。对外围护结构的表面，应采用浅颜色以减少对太阳辐射的吸收，从而减少进入围护结构的传热量。

夏热冬暖地区和夏热冬冷地区最热月平均气温在25℃～30℃之间，太阳辐射强烈，例如夏热冬暖和夏热冬冷地区夏季实测屋面外表面温度南京可达62℃、武汉64℃、重庆61℃、广州60℃、南宁60℃以上，西墙外表面温度南京可达51℃、武汉55℃、重庆56℃、广州52℃、南宁54℃以上，建筑设计应采取防热措施，尽量降低室外温度和太阳辐射对室内热环境影响。寒冷地区许多城市夏季最高温度都超过35℃，太阳辐射也很强烈，围护结构外表面亦可达50℃以上，建筑设计时也应适当兼顾夏季防热。

4.3.3 建筑物防热应综合采取有利于防热的建筑总平面布置与形体设计、自然通风、建筑遮阳、围护结构隔热和散热、环境绿化、被动蒸发、淋水降温等措施。

【释义】在当前我国技术经济条件和能源短缺形势下，建筑设计采取被动式节能方式符合国情和"节能减排"方针。要合理选择建筑的布局形式，建筑的平面和剖面、房间开口位置和面积，以及采用各种通风、遮阳构造措施。诸如结合不同开敞的平面和剖面产生风压通风、热压通风或两者兼有的混合通风；组织贯通室内水平向穿堂风的建筑开口；通过建筑互相遮蔽或建筑自遮阳方式减少从建筑开口进入的太阳辐射；采用种植屋面、蓄水屋面、多孔材料气候调节围护结构降低内表面温度，改善室内热环境等。

实践证明，采用有利于防热的建筑总平面布置与形体设计、自然通风、建筑遮阳、围护结构隔热和散热、环境绿化、被动蒸发、淋水降温等综合性的技术措施，可以取得很好的防热效果，降低建筑空调能耗。

4.3.4 建筑朝向宜采用南北向或接近南北向，建筑平面、立面设计和门窗设置应有利于自然通风，避免主要房间受东、西向的日晒。

【释义】我国位于北半球，建筑采用南北向或接近南北向，充分利用夏季盛行东南风和西南风的气候条件，结合良好的建筑平、立面设计和门窗设置，可以增强室内外自然通风，提高室内环境质量，并缩短建筑空调降温时间，达到节能目的。

建筑朝向的选择应顺应场地环境的具体条件，并充分考虑到冬季利用太阳能采暖并有效防止冷风侵袭，夏季利用阴影和空气流动降低建筑物表面和室内空气温度。朝向选择应遵循以下原则：

(1) 冬季能有充足的强烈阳光射入室内；

(2) 夏季尽量避免太阳直射室内以及外墙面；

(3) 建筑长立面尽量迎向夏季主导风向，短立面朝向冬季主导风向；

(4) 我国大部分地区建筑的最佳朝向可取南向偏东或偏西15°范围。为减少室内温度波动，应尽可能避免西向。因此建筑最佳朝向范围为南偏西15°至南偏东15°。

4.3.5 非透光围护结构（外墙、屋面）应按本规范第6.1节和第6.2节的要求进行隔热设计。

4.3.6 建筑围护结构外表面宜采用浅色饰面材料，屋面宜采用绿化、涂刷隔热涂料、遮阳等隔热措施。

【释义】在夏季，当有太阳辐射时，采用浅色饰面材料的建筑屋面和外墙面，能反射较多的太阳辐射热，从而降低空调负荷和自然通风时的内表面温度；当无太阳辐射时，它又能把屋面和外墙内部所积蓄的太阳辐射热较快地向外辐射出去，因此，围护结构采用浅色饰面对降低夏季空调耗电量和改善室内热环境都起着重要作用。在夏热冬暖地区非常适宜采用这个技术。夏热冬冷地区浅色饰面建筑物的冬季采暖能耗会有所增大，但与夏季空调能耗综合比较，突出的矛盾仍是在夏季。

屋面绿化、涂刷隔热涂料、遮阳是解决屋面隔热问题非常有效的方法。绿化屋面可以降低内表面的温度，而且使昼夜温度稳定；涂刷隔热涂料，可以反射大量的太阳辐射，屋面遮阳可以有效遮挡太阳辐射，降低屋面外表面温度，减少热量进入室内，改善室内热环境。

4.3.7 透光围护结构（外窗、透光幕墙、采光顶）隔热设计应符合本规范第6.3节的要求。

4.3.8 建筑设计应综合考虑外廊、阳台、挑檐等的遮阳作用。建筑物的向阳面，东、西向外窗（透光幕墙），应采取有效的遮阳措施。

【释义】窗户是建筑围护结构中热工性能最薄弱的构件。透过窗户进入室内的太阳辐射热，构成夏季室内空调的主要负荷。建筑各立面朝向中，东、西向易受太阳直射，因此东、西向建筑外墙面和外窗（透光幕墙）设置外遮阳，是减少太阳辐射热进入室内的有效措施。外遮阳形式多种多样，如结合建筑外廊、阳台、挑檐遮阳，外窗设置固定遮阳或活动遮阳等。随着建筑节能的发展，遮阳的形式和品种越来越多，各地可结合当地条件加以灵活采用。

4.3.9 房间天窗和采光顶应设置建筑遮阳，并宜采取通风和淋水降温措施。

【释义】房间的天窗和采光顶位于太阳辐射最大的朝向，采取活动式遮阳既满足采光需要也防止室内过热，但即便设置了遮阳的天窗或采光顶，在外侧半球空间的散射辐射和内侧集聚的高温空气作用下，天窗或采光顶构件的温度高于室内表面温度对室内产生热辐射，所以应采取设置通风装置或开设天窗等措施排除天窗顶部的热空气，设置淋水、喷雾装置降低天窗和采光顶的温度，以降低天窗或采光顶表面对室内环境的热辐射作用。

4.3.10 夏热冬冷、夏热冬暖和其他夏季炎热的地区，一般房间宜设置电扇调风改善热环境。

【释义】电扇调风是指利用房间设置的吊扇、壁扇、摆扇等调节室内风场分布状态，弥补自然通风不稳定缺陷，以风速补偿作用提高室内环境热舒适度。采用电扇调风是传统建筑自然通风状态下改善室内热环境提高热舒适的一种有效措施，也是节约空调能耗的有效措施，在欧美、日本等发达国家以及东南亚地区应用较为普遍，南方地区民用建筑在没有特殊要求的房间宜设置电扇调风。

4.4 防 潮 设 计

4.4.1 建筑构造设计应防止水蒸气渗透进入围护结构内部，围护结构内部不应产生冷凝。

【释义】建筑围护结构在使用过程中，当围护结构两侧出现温度与湿度差时，会造成围护结构内部温湿度的重新分布。若围护结构内部某处温度低于空气露点温度，围护结构内部空气中的水分或渗入围护结构内部的空气中的水分将发生冷凝。因此，应防止水蒸气渗透进入围护结构内部，并控制围护结构内部不产生冷凝。

在建筑设计中，可采取以下构造措施来改善围护结构内部的湿度状况。

（1）合理布置材料层的相对位置。尽量在蒸汽渗透的通路上做到"进难出易"，即导热系数大、蒸汽渗透系数小的密实材料布置在水蒸气流入一侧，而导热系数小、蒸汽渗透系数大的材料层（保温层）布置在水蒸气流出的一侧。

（2）设置隔汽层。在保温层蒸汽流入的一侧设置隔汽层（如沥青或隔汽涂料等）。

（3）设置通风间层或泄气沟道。对于湿度高的房间，在保温层的外侧设置通风间层，从室内渗入的蒸汽，可借不断与室外空气交换的气流带走，对保温层起到风干的作用。

（4）冷侧设置密闭空气层。在冷侧设有空气层，可使处于较高温度侧的保温材料长期干燥。

4.4.2 围护结构内部冷凝验算应符合本规范第7.1节的要求。

4.4.3 建筑设计时，应充分考虑建筑运行时的各种工况，采取有效措施确保建筑外围护结构内表面温度不低于室内空气露点温度。

【释义】建筑无论是自然通风，还是在采暖或空调条件下，当空气中水蒸气接触围护结构表面时，只要表面温度低于空气露点温度，便会有水析出，表面发生凝结，使围护结构受潮，因此，外围护结构内表面温度不应低于室内空气露点温度。

外围护结构容易发生内表面结露的情况主要有两种，北方冬季热桥的内表面和南方过渡季围护结构的内表面。

围护结构的热桥部位系指嵌入墙体的混凝土或金属梁、柱，墙体和屋面板中的混凝土肋或金属件，装配式建筑中的板材接缝以及墙角、屋面檐口、墙体勒脚、楼板与外墙、内隔墙与外墙连接处等部位。这些部位保温薄弱，热流密集，内表面温度较低，可能产生程度不同的结露和长霉现象，影响室内卫生条件和围护结构的耐久性。设计时，应对这些部位的内表面温度进行验算，以便确定其是否低于室内空气露点温度。

南方过渡季节，当室外温度快速升高、湿度接近饱和时，由于围护结构的内表面温度略低于空气温度，当室外高温、高湿的空气与围护结构内表面接触时，也会发生表面结露现象。设计时，也应当采取合理的措施，避免发生结露。

4.4.4 建筑围护结构的内表面结露验算应符合本规范第7.2节的要求。

4.4.5 围护结构防潮设计应遵循下列基本原则：

1 室内空气湿度不宜过高；

2 地面、外墙表面温度不宜过低；

3 可在围护结构的高温侧设隔汽层；

4 可采用具有吸湿、解湿等调节空气湿度功能的围护结构材料；

5 应合理设置保温层，防止围护结构内部冷凝；

6 与室外雨水或土壤接触的围护结构应设置防水（潮）层。

【释义】围护结构的受潮除了直接被雨（水）浸透外，从建筑热工角度来讲，围护结构内部冷凝、围护结构表面结露和泛潮是建筑防潮设计时应考虑的主要问题。围护结构受潮会降低材料性能、滋生霉菌，进而影响建筑的美观和正常使用，甚至影响使用者的健康。本条仅给出了围护结构防潮设计的基本原则，在围护结构防潮设计过程中，为控制和防止围护结构的冷凝、结露与泛潮，必须根据围护结构使用功能的热湿特点，针对性地采取防冷凝、防结露与防泛潮等综合措施。

4.4.6 夏热冬冷长江中、下游地区、夏热冬暖沿海地区建筑的通风口、外窗应可以开启和关闭。室外或与室外连通的空间，其顶棚、墙面、地面应采取防止返潮的措施或采用易于清洗的材料。

【释义】在我国长江中、下游夏热冬冷地区春夏之交季节，夏热冬暖沿海地区初春季节，由于气候受热带气团控制，湿空气吹向大陆且骤然增加，房间在开窗情况下，较湿的空气流过围护结构内表面，当围护结构内表面温度低于室内空气露点温度时，就会在外墙内表面、地面上产生结露现象，俗称泛潮。例如在我国长江中、下游以南的夏热冬冷地区，在五、六月间的梅雨季节，华南沿海地区初春季节的回南（潮）天应关闭通风口和外窗，减少潮湿空气进入室内，提高建筑围护结构内表面温度，降低室内空气湿度，减少室内表面结露。同时，在可能出现返潮的部位应采取适当措施以减少返潮对围护结构带来的危害。

5 围护结构保温设计

5.1 墙 体

5.1.1 墙体的内表面温度与室内空气温度的温差 Δt_w 应符合表 5.1.1 的规定。

表 5.1.1 墙体的内表面温度与室内空气温度温差的限值

房间设计要求	防结露	基本热舒适
允许温差 Δt_w(K)	$\leqslant t_i - t_d$	$\leqslant 3$

注：$\Delta t_w = t_i - \theta_{i \cdot w}$。

【释义】 原规范保温设计指标是围护结构的最小传热阻。在最小传热阻计算中，除了跟室内外计算温度、表面换热阻相关外，主要受室内空气与围护结构内表面之间的允许温差控制。随着国家经济技术水平的提高，原保温设计仅保证围护结构内表面不结露的标准偏低。因此，本规范将设计目标确定为不结露和基本热舒适两档，设计时可根据建筑的具体情况酌情选用。

与原规范中采用最小传热阻作为非透光围护结构保温设计的指标不同，本规范中将内表面温度与室内空气温度的温差作为设计指标。这样，既明确了不同限值的设计目标，也可以与隔热设计的控制指标统一起来。

在基本热舒适条件下，围护结构不同部位与室内空气温度的温差限值的确定参照了ASHRAE55-2004 中的相关内容。

5.1.2 未考虑密度和温差修正的墙体内表面温度可按下式计算：

$$\theta_{i \cdot w} = t_i - \frac{R_i}{R_{0 \cdot w}}(t_i - t_e) \tag{5.1.2}$$

式中：$\theta_{i \cdot w}$——墙体内表面温度（℃）；

t_i——室内计算温度（℃），应按本规范第 3.3.1 条的规定取值；

t_e——室外计算温度（℃），应按本规范第 3.2.2 条的规定取值；

R_i——内表面换热阻（m²·K/W），应按本规范附录 B 第 B.4 节的规定取值；

$R_{0 \cdot w}$——墙体传热阻（m²·K/W）。

5.1.3 不同地区，符合本规范第 5.1.1 条要求的墙体热阻最小值 $R_{min \cdot w}$ 应按下式计算或按本规范附录 D 表 D.1 的规定选用。

$$R_{min \cdot w} = \frac{(t_i - t_e)}{\Delta t_w} R_i - (R_i + R_e) \tag{5.1.3}$$

其中：$R_{min \cdot w}$——满足 Δt_w 要求的墙体热阻最小值（m²·K/W）；

R_e——外表面换热阻（m²·K/W），应按本规范附录 B 第 B.4 节的规定取值。

【释义】 墙体热阻最小值主要与建筑所在地的室外计算温度和墙体的内表面温度与室内空气温度的允许温差有关。附录 D.1 列出了典型允许温差下，不同室内外温差时墙体、屋面的热阻最小值，方便设计时查阅。

5.1.4 不同材料和建筑不同部位的墙体热阻最小值应按下式进行修正计算：

$$R_{\mathrm{w}} = \varepsilon_1 \varepsilon_2 R_{\mathrm{min \cdot w}} \qquad (5.1.4)$$

其中：R_{w} ——修正后的墙体热阻最小值（$\mathrm{m^2 \cdot K/W}$）；

ε_1 ——热阻最小值的密度修正系数，可按本规范表 5.1.4-1 选用；

ε_2 ——热阻最小值的温差修正系数，可按本规范表 5.1.4-2 选用。

表 5.1.4-1　热阻最小值的密度修正系数 ε_1

密度（$\mathrm{kg/m^3}$）	$\rho \geqslant 1200$	$1200 > \rho \geqslant 800$	$800 > \rho \geqslant 500$	$500 > \rho$
修正系数 ε_1	1.0	1.2	1.3	1.4

注：ρ 为围护结构的密度。

表 5.1.4-2　热阻最小值的温差修正系数 ε_2

部　位	修正系数 ε_2
与室外空气直接接触的围护结构	1.0
与有外窗的不采暖房间相邻的围护结构	0.8
与无外窗的不采暖房间相邻的围护结构	0.5

【释义】为了保证建筑外围护结构具有抵御冬季室外气温波动的能力，在进行围护结构保温设计时，对按照上述围护结构内表面温度与室内空气温度温差限值计算出的围护结构热阻最小值，还需要按照不同材料和建筑不同部位进行密度和温差修正。

在按照围护结构的密度确定密度修正系数 ε_1 时，对于内保温、外保温和夹心保温体系，应按扣除保温层后的构造计算围护结构的密度；对于自保温体系，应按围护结构的实际构造计算密度。

当围护结构构造中存在空气间层时，若空气间层完全位于墙体（屋面）材料层一侧时，应按扣除空气间层后的构造计算围护结构的密度；否则应按实际构造计算密度。

5.1.5　提高墙体热阻值可采取下列措施：

1　采用轻质高效保温材料与砖、混凝土、钢筋混凝土、砌块等主墙体材料组成复合保温墙体构造；

2　采用低导热系数的新型墙体材料；

3　采用带有封闭空气间层的复合墙体构造设计。

5.1.6　外墙宜采用热惰性大的材料和构造，提高墙体热稳定性可采取下列措施：

1　采用内侧为重质材料的复合保温墙体；

2　采用蓄热性能好的墙体材料或相变材料复合在墙体内侧。

5.2　楼、屋面

5.2.1　楼、屋面的内表面温度与室内空气温度的温差 Δt_{r} 应符合表 5.2.1 的规定。

表 5.2.1　楼、屋面的内表面温度与室内空气温度温差的限值

房间设计要求	防结露	基本热舒适
允许温差 Δt_{r}（K）	$\leqslant t_{\mathrm{i}} - t_{\mathrm{d}}$	$\leqslant 4$

注：$\Delta t_{\mathrm{r}} = t_{\mathrm{i}} - \theta_{\mathrm{i \cdot r}}$。

5.2.2 未考虑密度和温度修正的楼、屋面内表面温度可按下式计算：

$$\theta_{i \cdot r} = t_i - \frac{R_i}{R_{0 \cdot r}}(t_i - t_e) \qquad (5.2.2)$$

式中：$\theta_{i \cdot r}$——楼、屋面内表面温度（℃）；

$R_{0 \cdot r}$——楼、屋面传热阻（m² · K/W）。

5.2.3 不同地区，符合本规范第 5.2.1 条要求的楼、屋面热阻最小值$R_{min \cdot r}$应按下式计算或按本规范附录 D 表 D.1 的规定选用。

$$R_{min \cdot r} = \frac{(t_i - t_e)}{\Delta t_r} R_i - (R_i + R_e) \qquad (5.2.3)$$

其中：$R_{min \cdot r}$——满足 Δt_r 要求的楼、屋面热阻最小值（m² · K/W）。

5.2.4 不同材料和建筑不同部位的楼、屋面热阻最小值应按下式进行修正计算：

$$R_r = \varepsilon_1 \varepsilon_2 R_{min \cdot r} \qquad (5.2.4)$$

其中：R_r——修正后的楼、屋面热阻最小值（m² · K/W）；

ε_1——热阻最小值的密度修正系数，可按本规范表 5.1.4-1 选用；

ε_2——热阻最小值的温差修正系数，可按本规范表 5.1.4-2 选用。

5.2.5 屋面保温设计应符合下列规定：

1 屋面保温材料应选择密度小、导热系数小的材料；

2 屋面保温材料应严格控制吸水率。

5.3 门窗、幕墙、采光顶

5.3.1 各个热工气候区建筑内对热环境有要求的房间，其外门窗、透光幕墙、采光顶的传热系数宜符合表 5.3.1 的规定，并应按表 5.3.1 的要求进行冬季的抗结露验算。严寒地区、寒冷 A 区、温和地区门窗、透光幕墙、采光顶的冬季综合遮阳系数不宜小于 0.37。

表 5.3.1 建筑外门窗、透光幕墙、采光顶
传热系数的限值和抗结露验算要求

气候区	K [W/(m² · K)]	抗结露验算要求
严寒 A 区	≤2.0	验算
严寒 B 区	≤2.2	验算
严寒 C 区	≤2.5	验算
寒冷 A 区	≤3.0	验算
寒冷 B 区	≤3.0	验算
夏热冬冷 A 区	≤3.5	验算
夏热冬冷 B 区	≤4.0	不验算
夏热冬暖地区	—	不验算
温和 A 区	≤3.5	验算
温和 B 区	—	不验算

【释义】本条规定了各个气候区建筑门窗、玻璃幕墙、采光顶的保温性能（传热系数）宜达到的最低要求以及是否需要进行抗结露验算。其中对门窗、玻璃幕墙传热系数的要求是按照基本不结露的原则而确定的。需要明确的是：为了保证室内基本的热舒适要求，本条是对一栋建筑中所有门窗传热系数的限值要求，不是各朝向的平均门窗传热系数，也就避免了建筑节能设计时进行权衡判断而导致出现保温性能太差的外门窗。

由于"建筑遮阳系数"规定了其计算是"在照射时间内"。因此，当严寒、寒冷 A、温和地区不需要考虑夏季隔热时，本条对其门窗、幕墙、采光顶的冬季综合遮阳系数规定了最小值，以保证这些地区建筑的冬季日照不受影响。

5.3.2 门窗、透光幕墙的传热系数应按本规范附录 C 第 C.5 节的规定进行计算，抗结露验算应按本规范附录 C 第 C.6 节的规定计算。

【释义】现行行业标准《建筑门窗玻璃幕墙热工计算规程》JGJ/T 151 中将门窗、幕墙的热工计算方法都进行了详细规定，并已经在幕墙门窗行业得到广泛应用。本规范附录 C 第 C.5 节和第 C.6 节根据现行行业标准《建筑门窗玻璃幕墙热工计算规程》JGJ/T 151 给出了透光和非透光的门窗、幕墙的传热系数计算公式，以及门窗、玻璃幕墙的抗结露验算方法。

门窗、幕墙传热系数的计算按下式计算：

$$K = \frac{\sum K_{gc}A_g + \sum K_{pc}A_p + \sum K_f A_f + \sum \psi_g l_g + \sum \psi_p l_p}{\sum A_g + \sum A_p + \sum A_f} \tag{15}$$

式中：K——幕墙单元、门窗的传热系数 [W/ (m² · K)]；

A_g——透光面板面积（m²）；

l_g——透光面板边缘长度（m）；

K_{gc}——透光面板中心的传热系数 [W/ (m² · K)]；

ψ_g——透光面板边缘的线传热系数 [W/ (m · K)]；

A_p——非透光明面板面积（m²）；

l_p——非透光面板边缘长度（m）；

K_{pc}——非透光面板中心的传热系数 [W/ (m² · K)]；

ψ_p——非透光面板边缘的线传热系数 [W/ (m · K)]；

A_f——框面积（m²）；

K_f——框的传热系数 [W/ (m² · K)]。

本规范附录 C 中还给出了采用典型玻璃、配合不同窗框，在典型窗框面积比情况下的整窗传热系数，以及典型玻璃系统的光学、热工性能参数。

对于严寒、寒冷地区来说，铝合金窗框在冬季完全不结露，要求过于苛刻。因此按现行行业标准《建筑门窗玻璃幕墙热工计算规程》JGJ/T 151 的要求，将门窗、幕墙各部件分类进行要求，比较合理。也就是允许框、面板中部及面板边缘区域各部分的 10% 面积出现结露。

可采用二维稳态传热程序计算门窗或幕墙各个框、面板及面板边缘区域的表面温度场，与露点温度进行比较，确定是否出现结露。或者计算出框、面板及面板边缘区域的热阻值 R，代入公式（16），若不等式成立，则判断满足结露性能要求，反之不满足。

$$t_i - \frac{t_i - t_e}{R \cdot \alpha_i} \geqslant t_d \tag{16}$$

式中：R ——门窗、幕墙框或面板的热阻（$m^2 \cdot K/W$）；

α_i ——门窗、幕墙框或面板内表面换热系数 $[W/(m^2 \cdot K)]$；

t_i ——室内计算温度（℃）；

t_e ——室外计算温度（℃）；

t_d ——室内露点温度（℃）。

一般情况下，窗框更容易出现结露，特别是铝合金窗框，如果已知窗框的传热系数的大概数值时，可按下列方法简单判断其是否结露：

1. 根据窗框的传热系数 K_f，计算窗框热阻 R_f：

$$R_f = \frac{1}{K_f} - \frac{1}{\alpha_i} - \frac{1}{\alpha_e} \tag{17}$$

式中：α_i ——门窗、幕墙框或面板内表面换热系数 $[W/(m^2 \cdot K)]$，可取3.6；

α_e ——门窗、幕墙框或面板外表面换热系数 $[W/(m^2 \cdot K)]$，可取16。

2. 将 R_f 代入公式（16），若不等式成立，则判断满足结露性能要求，反之不满足。

5.3.3 严寒地区、寒冷地区建筑应采用木窗、塑料窗、铝木复合门窗、铝塑复合门窗、钢塑复合门窗和断热铝合金门窗等保温性能好的门窗。严寒地区建筑采用断热金属门窗时宜采用双层窗。夏热冬冷地区、温和Ａ区建筑宜采用保温性能好的门窗。

【释义】严寒、寒冷地区的门窗应以保温为主，门窗的保温性能主要受窗框、玻璃两部分热工性能的影响。以窗框材料来看，木窗、塑料窗的保温性能明显优于铝合金门窗，如果采用中空玻璃，传热系数一般可以达到 $2.0 W/(m^2 \cdot K) \sim 2.5 W/(m^2 \cdot K)$。铝木复合门窗、铝塑复合门窗、钢塑复合门窗是在木窗、金属窗的基础上发展起来的，保温性能一般是在 $2.8 W/(m^2 \cdot K)$ 以下，基本能满足严寒、寒冷地区的热工要求。普通的铝合金窗框保温性能较差，一般是 $10 W/(m^2 \cdot K)$ 以上，做了断热处理之后，框的传热系数基本可做到 $4.0 W/(m^2 \cdot K) \sim 5.0 W/(m^2 \cdot K)$，使用中空玻璃之后，断热铝合金门窗的传热系数一般在 $2.5 W/(m^2 \cdot K) \sim 3.5 W/(m^2 \cdot K)$ 之间，在寒冷地区比较适用，但是对于严寒地区就很难满足要求，因此建议严寒地区建筑采用断热金属门窗时宜采用双层窗。对于夏热冬冷地区、温和Ａ区，也有一定的保温要求，因此建议设计时综合考虑，宜采用保温性能较好的门窗，不宜直接采用单片玻璃窗。夏热冬暖地区、温和Ｂ区一般无特别的保温要求。

5.3.4 严寒地区、寒冷地区、夏热冬冷地区、温和Ａ区的玻璃幕墙应采用有断热构造的玻璃幕墙系统，非透光的玻璃幕墙部分、金属幕墙、石材幕墙和其他人造板材幕墙等幕墙面板背后应采用高效保温材料保温。幕墙与围护结构平壁间（除结构连接部位外）不应形成热桥，并宜对跨越室内外的金属构件或连接部位采取隔断热桥措施。

【释义】与本规范第5.3.3条类似，对于严寒地区应加强保温，幕墙应使用断热构造或断热铝合金型材，进一步提高幕墙系统的保温性能，同时减少型材处的结露问题。对于非透光部分的幕墙，在设计时是作为墙体来要求其热工性能，因此使用高效保温材料，技术易实现，成本也低，并且能达到很好的保温效果，提高建筑的整体热工性能。幕墙与主体结构之间的连接部位、跨越室内外的金属构件是幕墙传热的薄弱部位，应进行保温处理，防止形成热桥，导致冬季结露。

5.3.5 有保温要求的门窗、玻璃幕墙、采光顶采用的玻璃系统应为中空玻璃、Low-E 中空玻璃、充惰性气体 Low-E 中空玻璃等保温性能良好的玻璃，保温要求高时还可采用三玻两腔、真空玻璃等。传热系数较低的中空玻璃宜采用"暖边"中空玻璃间隔条。

【释义】根据本规范附录表 C.5.3-3 的数据，中空玻璃的保温性能远远优于单片玻璃，单片普通玻璃传热系数在 $5.5W/(m^2 \cdot K) \sim 5.8W/(m^2 \cdot K)$，单片 Low-E 玻璃可达到 $3.5W/(m^2 \cdot K)$ 左右。以 12mm 气体层为例，普通中空玻璃可以达到 $2.8W/(m^2 \cdot K)$ 左右，Low-E 中空玻璃可以达到 $1.8W/(m^2 \cdot K)$ 左右，充氩气的中空玻璃可以达到 $1.4W/(m^2 \cdot K)$ 左右，三层双中空的 Low-E 中空玻璃可以达到 $1.0W/(m^2 \cdot K) \sim 1.4W/(m^2 \cdot K)$，真空玻璃更是可以降低到 $0.4W/(m^2 \cdot K) \sim 0.6W/(m^2 \cdot K)$。对于保温要求较高的建筑，所使用的门窗、玻璃幕墙、采光顶应当考虑气候区、建筑热工设计等综合要求，选择合适的玻璃系统，以提高整体的保温性能。

对于保温性能优良的中空玻璃，如果搭配了"暖边"中空玻璃间隔条，可减少玻璃与框结合部位的结露问题，并且进一步降低门窗、幕墙的整体传热系数。

采用典型玻璃、配合不同窗框，在典型窗框面积比的情况下，整窗传热系数可按表 C.5.3-1、表 C.5.3-2 的规定选用。典型玻璃系统的光学、热工性能参数可按表 C.5.3-3 的规定选用。

5.3.6 严寒地区、寒冷地区、夏热冬冷地区、温和 A 区的门窗、透光幕墙、采光顶周边与墙体、屋面板或其他围护结构连接处应采取保温、密封构造；当采用非防潮型保温材料填塞时，缝隙应采用密封材料或密封胶密封。其他地区应采取密封构造。

【释义】门窗、玻璃幕墙周边与墙体或其他围护结构连接处，如果不做特殊处理，易形成热桥，对于严寒地区、寒冷地区、夏热冬冷地区、温和 A 区来说，冬季就会造成结露，因此要求对这些特殊部位采用保温、密封构造，特别是一定要采用防潮型保温材料，如果是不防潮的保温材料，在冬季就会吸收凝结水变得潮湿，降低保温效果。这些构造的缝隙必须采用密封材料或密封胶密封，杜绝外界的雨水、冷凝水等影响。

5.3.7 严寒地区、寒冷地区可采用空气内循环的双层幕墙，夏热冬冷地区不宜采用双层幕墙。

【释义】现在有一些大型的公共建筑大量使用双层幕墙，如果使用的形式不合适，反而会对室内热环境产生不利影响。在这里提出建议，严寒、寒冷地区可采用空气内循环双层幕墙。

夏热冬冷地区由于在过渡季节有自然通风要求，夏季双层幕墙的隔热作用不大，因此这一地区不宜采用双层幕墙。

5.4 地 面

5.4.1 建筑中与土体接触的地面内表面温度与室内空气温度的温差 Δt_g 应符合表 5.4.1 的规定。

表 5.4.1　地面的内表面温度与室内空气温度温差的限值

房间设计要求	防结露	基本热舒适
允许温差 $\Delta t_g(K)$	$\leqslant t_i - t_d$	$\leqslant 2$

注：$\Delta t_g = t_i - \theta_{i\cdot g}$。

5.4.2　地面内表面温度可按下式计算：

$$\theta_{i\cdot g} = \frac{t_i \cdot R_g + \theta_e \cdot R_i}{R_g + R_i} \qquad (5.4.2)$$

式中：$\theta_{i\cdot g}$——地面内表面温度（℃）；

R_g——地面热阻（$m^2 \cdot K/W$）；

θ_e——地面层与土体接触面的温度（℃），应取本规范附录 A 表 A.0.1 中的最冷月平均温度。

【释义】与土体接触的地面、地下室外墙的传热计算比较复杂，主要是与围护结构外表面接触的土体的温度难以准确计算。一方面，土体本身以及土体与室外空气间的传热比较复杂；另一方面，土体的物性参数也影响着计算结果。本规范在进行地面和地下室外围护结构热工设计时，采取了一些简化以降低设计的复杂程度。

国内外对土壤温度的相关研究表明：土壤温度变化较大的区域通常在距地表层 1m 以内，其下部的温度基本接近该地区的地表面温度的平均值。本规范对与建筑外围护结构接触处的温度取值是偏保守的。

5.4.3　不同地区，符合本规范第 5.4.1 条要求的地面层热阻最小值 $R_{min\cdot g}$ 可按下式计算或按本规范附录 D 表 D.2 的规定选用。

$$R_{min\cdot g} = \frac{(\theta_{i\cdot g} - \theta_e)}{\Delta t_g} R_i \qquad (5.4.3)$$

式中：$R_{min\cdot g}$——满足 Δt_g 要求的地面热阻最小值（$m^2 \cdot K/W$）。

5.4.4　地面层热阻的计算只计入结构层、保温层和面层。

5.4.5　地面保温材料应选用吸水率小、抗压强度高、不易变形的材料。

5.5　地　下　室

5.5.1　距地面小于 0.5m 的地下室外墙保温设计要求同外墙；距地面超过 0.5m、与土体接触的地下室外墙内表面温度与室内空气温度的温差 Δt_b 应符合表 5.5.1 的规定。

表 5.5.1　地下室外墙的内表面温度与室内空气温度温差的限值

房间设计要求	防结露	基本热舒适
允许温差 Δt_b （K）	$\leqslant t_i - t_d$	$\leqslant 4$

注：$\Delta t_b = t_i - \theta_{i\cdot b}$。

5.5.2　地下室外墙内表面温度可按下式计算：

$$\theta_{i\cdot b} = \frac{t_i \cdot R_b + \theta_e \cdot R_i}{R_b + R_i} \qquad (5.5.2)$$

式中：$\theta_{i \cdot b}$——地下室外墙内表面温度（℃）；

R_b——地下室外墙热阻（$m^2 \cdot K/W$）；

θ_e——地下室外墙与土体接触面的温度（℃），应取本规范附录 A 表 A.0.1 中的最冷月平均温度。

5.5.3 不同地区，符合本规范第 5.5.1 条要求的地下室外墙热阻最小值 $R_{min \cdot b}$ 可按下式计算或按本规范附录 D 表 D.2 的规定选用。

$$R_{min \cdot b} = \frac{(\theta_{i \cdot b} - \theta_e)}{\Delta t_b} R_i \qquad (5.5.3)$$

式中：$R_{min \cdot b}$——满足 Δt_b 要求的地下室外墙热阻最小值。

5.5.4 地下室外墙热阻的计算只计入结构层、保温层和面层。

6 围护结构隔热设计

6.1 外 墙

6.1.1 在给定两侧空气温度及变化规律的情况下，外墙内表面最高温度应符合表 6.1.1 的规定。

表 6.1.1 在给定两侧空气温度及变化规律的情况下，外墙内表面最高温度限值

房间类型	自然通风房间	空调房间	
		重质围护结构 $(D \geqslant 2.5)$	轻质围护结构 $(D < 2.5)$
内表面最高温度 $\theta_{i \cdot max}$	$\leqslant t_{e \cdot max}$	$\leqslant t_i + 2$	$\leqslant t_i + 3$

【释义】本条为强制性条文。建筑围护结构隔热性能是体现建筑和围护结构在夏季室外热扰动条件下的防热特性最基本的指标，主要是指外围护结构在室外非稳态热扰动条件下抵抗室外热扰动能力的一种特性，通常采用外围护结构内表面温度，以及温度波和热流波在围护结构中传播时的衰减和延迟特性来表示。

在我国南方地区夏季屋面外表面综合温度会达到 60℃以上，西墙外表面温度达 50℃以上，围护结构外表面综合温度的波幅可超过 20℃，在这种强波动作用下，会造成围护结构内表面温度出现较大的波动，使护结构内表面平均辐射温度大大超过人体热舒适热辐射温度，直接影响室内热环境和建筑能耗的大小。因此，把建筑外围护结构内表面最高温度作为控制围护结构隔热性能最重要的指标，用强制性条文给予规定。

衰减与延迟也是体现围护结构隔热性能特性的基本指标，主要影响围护结构内表面温度的波幅大小和峰值出现的时间，它与围护结构材料热物性和构造形式有关。在围护结构热阻相同的条件下，围护结构材料的热物性和构造形式不同，衰减倍数与延迟时间是不同的。由于其热过程机理和计算过程比较复杂，在工程中评价围护结构的防热特性时，没有围护结构内表面温度对室内热环境的影响大。从工程应用的角度出发，本规范把衰减与延迟作为评价围护结构隔热性能特性的主要指标，但未作为强制性条文给予规定。

由于围护结构材料的热物性和构造形式不同，围护结构所体现出的隔热特性也不同。在我国夏热冬冷和夏热冬暖地区，无论是自然通风、连续空调还是间歇空调，热稳定性好的厚重围护结构与加气混凝土、混凝土空心砌块以及金属夹心板等热稳定性差的轻质围护结构相比，外围护结构内表面温度波幅差别很大。规范编制组通过计算分析和实验、工程现场测试，在热阻相同条件下（0.52m² · K/W），连续空调室内温度为 26℃时，实心页岩砖外墙内表面温度波幅值为 1℃以内，加气混凝土外墙内表面温度波幅为 2.0℃以上，金属夹心板外墙内表面温度波幅为 3.0℃以上。可以看出在热阻相同条件下，轻质围护结构比重质围护结构抵抗室外热扰动能力要差得多，所以对轻质围护结构内表面最高温度比重质围护表面最高温度的限值要宽松。

在《民用建筑热工设计规范》GB 50176-93中，隔热设计将围护结构内表面最高温度低于当地夏季室外计算温度最高值作为评价指标，相当于在自然通风条件下240mm实心砖墙（清水墙，内侧抹20mm石灰砂浆）的隔热水平。随着经济水平的发展和国家对建筑节能工作的重视，240mm砖墙的隔热水平远远达不到今天节能建筑墙体的热工性能，而且越来越多的建筑采用了空调方式进行室内环境的控制，这些情况都与30多年前发生了根本性的改变。但自然通风条件下围护结构隔热性能同样重要，尤其在评价被动建筑热性能时具有重要的作用，在南方还有许多建筑利用自然通风来改善室内热环境。因此，本规范采用自然通风和空调两种工况条件来评价围护结构的隔热性能。

随着计算流体动力学技术的发展，虽然在传热计算上有得天独厚的优势，在自然通风状态下，对建筑物室内外的换热这样一个耦合换热过程分析已经能够做到比较准确的数值计算，但在实际计算过程中，面临着边界条件参数难以确定等问题，而且对于建筑设计人员来讲掌握计算流体动力学分析也是一件复杂的工作。所以本规范提出了在给定边界条件下围护结构隔热性能的评价方法。

本规范表6.1.1给出了隔热设计的评价标准，评价仅围绕围护结构本身的隔热性能，只反映出围护结构固有的热特性，而不是整个房间的热特性。分别按空调房间和自然通风房间给出不同的设计限值。具体评价标准的基准条件是外墙的两侧分别给定空气温度及变化规律，即外墙外表面为当地的夏季最热月典型日的逐时室外综合温度，自然通风房间外墙内侧空气温度平均值比室外空气温度平均值高1.5℃、波幅小1.5℃；空调房间外墙内侧空气温度为固定的26℃。由于围护结构重质与轻质对热稳定性影响很大，所以分别对重质围护结构和轻质围护结构的内表面最高温度作出不同的规定。

6.1.2 外墙内表面最高温度 $\theta_{i,max}$ 应按本规范附录C第C.3节的规定计算。

【释义】本规范规定了外墙内表面最高温度 $\theta_{i,max}$ 的计算方法。考虑到工程设计中的可操作性和计算的准确性，采用一维非稳态方法计算外墙内表面最高温度 $\theta_{i,max}$ 完全能满足工程设计的计算精度要求。

在外墙内表面最高温度 $\theta_{i,max}$ 计算时，规定按照自然通风房间和空调房间两种不同的工况，以选取不同的计算边界条件进行计算。并规定隔热计算应符合以下要求：

1. 计算软件：

(1) 软件的算法应符合本规范C.3.1条的规定；

(2) 计算软件应经过验证，以确保计算的正确性；

(3) 软件的输入、输出应便于检查，计算结果清晰、直观。

2. 边界条件：

(1) 外表面：第三类边界条件，室外空气逐时温度和各朝向太阳辐射按本规范第3.2.3条的规定确定，对流换热系数为19.0W/（m²·K）；

(2) 内表面：第三类边界条件，室内空气温度按照本规范第3.3.2条的规定取用，对流换热系数为8.7W/（m²·K）；

(3) 其他边界：第二类边界条件，热流密度为0W/m²。

3. 计算模型：

(1) 计算模型应选取外墙、屋面的平壁部分；

(2) 计算模型的几何尺寸、材料应与节点构造设计一致；

（3）当外墙、屋面采用两种以上不同构造，且各部分面积相当时，应对每种构造分别进行计算，内表面温度的计算结果取最高值。

4. 计算参数：

（1）常用建筑材料的热物理性能参数应按本规范表 B.1 的规定取值；

（2）当材料的热物理性能参数有可靠来源时，也可以采用。

本规范规定在进行隔热设计时，按照不同的运行工况，设计指标有不同的限值要求。因此，在进行隔热性能计算时，需要区分房间在夏季是否设置了空调系统，据此来确定是自然通风房间还是空调房间，以选取不同的计算边界条件。

6.1.3 外墙隔热可采用下列措施：

1 宜采用浅色外饰面。

2 可采用通风墙、干挂通风幕墙等。

3 设置封闭空气间层时，可在空气间层平行墙面的两个表面涂刷热反射涂料、贴热反射膜或铝箔。当采用单面热反射隔热措施时，热反射隔热层应设置在空气温度较高一侧。

4 采用复合墙体构造时，墙体外侧宜采用轻质材料，内侧宜采用重质材料。

5 可采用墙面垂直绿化及淋水被动蒸发墙面等。

6 宜提高围护结构的热惰性指标 D 值。

7 西向墙体可采用高蓄热材料与低热传导材料组合的复合墙体构造。

【释义】所提出的几种外墙隔热措施，是工程中普遍采用、经测试和实际应用证明行之有效的。有些措施隔热效果显著，但应注意使用条件，如墙面垂直绿化及淋水墙面等，使用时应加强管理等。

外墙浅色外饰面隔热主要是利用浅色外饰材料高太阳反射率，阻止太阳辐射热量进入围护结构，降低围护结构外表面温度，以达到隔热的目的。目前浅色外饰面有浅色涂料或热反射涂料、浅色饰面砖等，通常材料的太阳反射率、可见光反射率和近红外反射率达到0.7就具有良好的隔热性能。规范编制组通过模拟计算分析、工程现场测试，使用浅色外饰面隔热能够将典型夏日午后外墙外表面温度降低 20℃ 以上，表明浅色外饰面反射隔热在我国夏季炎热的地区具有良好的节能效果。

采用通风墙、干挂通风幕墙等也是一种利用围护结构通风，减少进入室内的热量，以到达隔热的目的。

空气层的隔热性是利用空气层中空气的绝热作用。空气层中除了空气的分子可以导热外，还有对流传热和热辐射传热，大量的实验和工程表明，在建筑围护结构封闭空气间层中，辐射导热占主要地位。因此，在空气间层平行墙面的两个表面涂刷热反射涂料、贴热反射膜或铝箔，也是为了降低辐射换热，减少进入室内的热量。热反射隔热层设置在空气温度较高一侧，是因为建筑空气层围护结构中有湿空气存在，会产生热辐射吸收现象，在有气体吸收热辐射的空气层中，将辐射系数小的材料布置在空气层的高温侧时，空气层中有较低的热辐射吸收效果，会提高空气层的隔热性能。

轻质材料一般具有良好的绝热性能，墙体外侧采用轻质材料所产生的升温隔热，有利于抵抗室外夏季强太阳辐射造成的综合温度强扰动，提高墙体对室外综合温度强扰动温度的衰减；重质材料围护结构具有良好的蓄热特性和热稳定性，对提高房间的热稳定性有利。因此，采用复合墙体构造时，墙体外侧宜采用轻质材料，内侧宜采用重质材料。

绿化遮阳隔热与淋水被动蒸发墙面隔热是由植被或淋水墙面吸收太阳辐射而产生的被动蒸发散热，可大大减少外围护结构所吸收的太阳辐射热量，它能克服反射隔热和吸收升温隔热对环境的不利影响，隔热效果更佳。但在采用墙面垂直绿化和淋水被动蒸发墙面隔热措施时，要做到与建筑一体化设计，与建筑有机结合，防止墙体受潮带来的负面影响。

6.2 屋　　面

6.2.1 在给定两侧空气温度及变化规律的情况下，屋面内表面最高温度应符合表 6.2.1 的规定。

表 6.2.1　在给定两侧空气温度及变化规律的情况下，
屋面内表面最高温度限值

房间类型	自然通风房间	空调房间	
		重质围护结构 $(D \geqslant 2.5)$	轻质围护结构 $(D < 2.5)$
内表面最高温度 $\theta_{i \cdot max}$	$\leqslant t_{e \cdot max}$	$\leqslant t_i + 2.5$	$\leqslant t_i + 3.5$

【释义】本条为强制性条文。把屋面内表面最高温度作为控制围护结构隔热性能的强制性条文给予规定，是由于屋面所受到的太阳辐射比外墙更大，而且屋面内表面的表面放热系数小于外墙内表面，屋面的内表面温度比外墙的内表面温度更难控制。在气候相同条件下屋面内表面平均辐射温度大于外墙内表面平均辐射温度，对室内热环境影响更大，所以将屋面的内表面最高温度限值在外墙基础上提高了 0.5°。

6.2.2 屋面内表面最高温度 $\theta_{i \cdot max}$ 应按本规范附录 C 第 C.3 节的规定计算。

【释义】本规范规定屋面内表面最高温度 $\theta_{i,max}$ 的计算方法与外墙内表面最高温度 $\theta_{i,max}$ 计算方法一样，只是边界条件按照屋面条件输入。

6.2.3 屋面隔热可采用下列措施：

1 宜采用浅色外饰面。

2 宜采用通风隔热屋面。通风屋面的风道长度不宜大于 10m，通风间层高度应大于 0.3m，屋面基层应做保温隔热层，檐口处宜采用导风构造，通风平屋面风道口与女儿墙的距离不应小于 0.6m。

3 可采用有热反射材料层（热反射涂料、热反射膜、铝箔等）的空气间层隔热屋面。单面设置热反射材料的空气间层，热反射材料应设在温度较高的一侧。

4 可采用蓄水屋面。水面宜有水浮莲等浮生植物或白色漂浮物。水深宜为 0.15m～0.2m。

5 宜采用种植屋面。种植屋面的保温隔热层应选用密度小、压缩强度大、导热系数小、吸水率低的保温隔热材料。

6 可采用淋水被动蒸发屋面。

7 宜采用带老虎窗的通气阁楼坡屋面。

8 采用带通风空气层的金属夹芯隔热屋面时，空气层厚度不宜小于 0.1 m。

【释义】所提出的几种屋面隔热措施，经测试和实际应用证明行之有效。有些措施隔热效果显著，但应注意因地制宜，如通风屋面中的导风檐口，宜在夏季多风地区采用；蓄水屋面和植被屋面，使用时应加强管理等。

1. 通风屋面在我国夏热冬冷地区和夏热冬暖地区广泛使用，尤其是在气候炎热多雨的夏季，这种屋面构造形式更显示出它的优越性。由于屋盖由实体结构变为带有封闭或通风的空气间层的结构，大大地提高了屋盖的隔热能力。通过实验测试表明，通风屋面和实砌屋面相比虽然两者的热阻相等，但它们的热工性能有很大的不同，以重庆大学某建筑为例，在自然通风条件下，实砌屋面内表面温度平均值为 35.1℃，最高温度达 38.7℃，而通风屋面为 33.3℃，最高温度为 36.4℃，在连续空调情况，通风屋面内表面温度比实砌屋面平均低 2.2℃。而且，通风屋面内表面温度波的最高值比实砌屋面要延后 3h～4h，显然通风屋面具有隔热好散热快的特点。

从南方通风隔热屋面使用效果来看，通风屋面宜在夏季多风地区采用，在通风屋面的设计施工中应考虑以下几个问题：

（1）通风屋面的架空层设计应根据基层的承载能力，架空板便于生产和施工，构造形式要简单；

（2）通风屋面风道长度不宜大于 10m，空气间层以 300mm 左右为宜；

（3）通风屋面基层上面应有保证节能标准的保温隔热基层，一般按冬季节能传热系数进行校核；

（4）屋檐口处宜采用导风构造，通风平屋面风道口与女儿墙应有一定的距离；

（5）架空支座的布置应整齐划一，条形支座应沿纵向平直排列，点式支座应沿纵横向排列整齐，保证通风顺畅无阻；

（6）架空隔热层施工过程中，要做好已完工防水层的保护工作。

2. 种植屋面是利用屋顶植草、栽花，形成的"草场屋顶"或屋顶花园，它不仅绿化改善环境，还能吸收遮挡太阳辐射进入室内，同时还吸收太阳热量用于植物的光合作用、蒸腾作用和呼吸作用，辐射热能转化成植物的生物能和空气的有益成分，实现太阳辐射资源性的转化，改善了建筑室外热环境和空气质量。由于植被的蒸发与蒸腾作用，形成了良好的被动隔热性能，种植植被隔热性能比架空通风间层的屋顶还好，具有良好的夏季隔热、冬季保温特性，是一种生态型的节能屋面，已广泛在我国南方地区应用。植被屋顶分覆土种植和无土种植两种：覆土种植是在钢筋混凝土屋顶上覆盖种植土壤 100mm～150mm 厚，然后进行种植植被；无土种植，具有自重轻、屋面温差小，有利于防水防渗的特点，它是采用水渣、蛭石或者是木屑代替土壤，重量减轻了而隔热性能有所提高。

3. 蓄水屋面就是在屋面上蓄一薄层水，用来提高屋面的隔热能力。水在屋顶上能起隔热作用的原因，主要是水在蒸发时要吸收大量的汽化热，而这些热量大部分从屋面所吸收的太阳辐射中摄取，所以大大减少了经屋顶传入室内的热量，相应地降低了屋面的内表面温度。

4. 通气阁楼坡屋面是国内外传统屋面形式之一，但阁楼坡屋面在夏季强太阳辐射下，阁楼内空气温度很高，因此，采用老虎窗加强阁楼的通气，以起到隔热作用。

5. 近年来，国内外大量采用轻质金属夹心隔热屋面，尤其是大型公共建筑，如机场航站楼、车站候车室、体育场馆、大型博览建筑屋顶普遍采用金属夹心隔热屋面，对于这类轻质屋面，由于其热稳定性差，对室内热环境影响很大。为了提高金属夹心屋面的隔热性能，采用金属夹心复合空气层的隔热屋面，会大大提高屋面的隔热性能，但空气层的厚度太小不利于通风隔热，所以对空气层的厚度作出了规定，以保证屋面的隔热效果。

6.2.4 种植屋面的布置应使屋面热应力均匀、减少热桥，未覆土部分的屋面应采取保温隔热措施使其热阻与覆土部分接近。

【释义】为了保证种植屋面的隔热效果，避免屋面出现较大的热应力差，避免对屋面力学性能的破坏影响，所以对屋面未覆土部分的热工性能作出了规定。

6.2.5 种植屋面的热阻和热惰性指标可按下列公式计算：

$$R = \frac{1}{A} \sum_i R_{\text{green},i} A_i + \sum_j R_{\text{soil},j} + \sum_k R_{\text{roof},k} \tag{6.2.5-1}$$

$$D = \sum_j D_{\text{soil},j} + \sum_k D_{\text{roof},k} \tag{6.2.5-2}$$

式中：R——种植屋面热阻（m²·K/W）；

A——种植屋面的面积（m²）；

$R_{\text{green},i}$——种植屋面各种绿化植被层的附加热阻（m²·K/W），应按本规范附录 B 表 B.7.1 的规定取值；

A_i——种植屋面各种绿化植被层在屋面上的覆盖面积（m²）；

$R_{\text{soil},j}$——绿化构造层各层热阻（m²·K/W），其中：种植材料层的导热系数应按本规范附录 B 表 B.7.2-1 取值计算，排（蓄）水层的热阻（导热系数）应按本规范附录 B 表 B.7.2-2 取值计算；

$R_{\text{roof},k}$——屋面构造层各层热阻（m²·K/W）；

D——种植屋面热惰性指标，无量纲；

$D_{\text{soil},j}$——绿化构造层各层热惰性指标，无量纲，其中：种植材料层的蓄热系数应按本规范附录表 B.7.2-1 取值计算，排（蓄）水层的蓄热系数应按本规范附录表 B.7.2-2 取值计算；

$D_{\text{roof},k}$——屋面构造层各层热惰性指标，无量纲。

【释义】绿化屋面进行计算时应加入植被层和种植覆土等的附加热阻。热容方面，植被层可以假设为零，土层表面蒸发的作用归入植被层的附加热阻中。

植被层的可选植物丰富，各种植被层的作用有差别，并且不一定覆盖整个屋面，因此屋面绿化植被层的附加热阻采用各种植被层的附加热阻按面积加权平均计算。各种植被层的附加热阻分冬、夏两季考虑。冬季植物处于休眠状态，植被层有减少种植层表面空气流动的作用，夏季植被层的隔热效果主要受植被冠层茂密程度的影响。本规范附录 B 表 B.7.1 是根据植被特征、种植情况和茂密程度给出的附加热阻参考值，其中佛甲草种植屋面的附加热阻是根据热工测量得出。

种植构造层包括种植土层、过滤层、排（蓄）水层等，应分别计算各层热阻。根据现行行业标准《种植屋面工程技术规程》JGJ 155，应用于屋面绿化的种植土有两类：改良土（湿密度为 750kg/m³～1300kg/m³，有效水分为 37%）和无机复合种植土（450kg/m³

$\sim 650 kg/m^3$，有效水分为 45%）。分别取两类土的样品材料，测量其含水量符合要求的材料导热系数和蓄热系数，作为本规范附录 B 表 B.7.2-1 中夏季参考值。考虑到南方地区冬季降雨的影响，雨水进入土层后会使屋面热损失增加 30% 左右，种植土的导热系数用 1.2 进行修正。常用的排（蓄）水层材料有两类：塑料排（蓄）水板和陶粒，本规范表 B.7.2-2 给出了相应的热工参数值。其中凹凸型排（蓄）水板与屋面形成空气层，具有空气层热阻，陶粒按 30% 含湿量给出导热系数和蓄热系数参考值。

6.3 门窗、幕墙、采光顶

6.3.1 透光围护结构太阳得热系数与夏季建筑遮阳系数的乘积宜小于表 6.3.1 规定的限值。

表 6.3.1 透光围护结构太阳得热系数与
夏季建筑遮阳系数乘积的限值

气候区	朝 向			
	南	北	东、西	水平
寒冷 B 区	—	—	0.55	0.45
夏热冬冷 A 区	0.55	—	0.50	0.40
夏热冬冷 B 区	0.50	—	0.45	0.35
夏热冬暖 A 区	0.50	—	0.40	0.30
夏热冬暖 B 区	0.45	0.55	0.40	0.30

【释义】夏季室内外温差与冬季相比要小，透光围护结构夏季隔热主要是控制太阳辐射进入室内。因此，本条规定了需要考虑夏季隔热的各气候区透光围护结构隔热性能（即：透光围护结构太阳得热系数与夏季建筑遮阳系数的乘积）宜满足的要求。其中透光围护结构太阳得热系数的计算应采用夏季计算条件。建筑遮阳系数应采用夏季时段的结果。

太阳得热系数与建筑遮阳系数分别是评价透光围护结构隔热性能的两个重要指标，仅考虑某一个指标可能会对透光围护结构的隔热设计或建筑立面设计带来一定的限制，尤其是公共建筑往往受到社会历史、文化、建筑技术和使用功能等多种因素的影响，要求透光围护结构更为丰富，材料及构造形式多样化，如机械地限制每个部位透光围护结构单一的热工性能，将给建筑创作、丰富建筑特色带来不利的影响。为了让透光围护结构的隔热设计更为灵活，建筑立面更加美观，建筑形态更为丰富，所以采用太阳得热系数与建筑遮阳系数的乘积应小于表 6.3.1 规定的限值，用一种综合性评价的方法来进行透光围护结构隔热性能设计。

6.3.2 透光围护结构的太阳得热系数应按本规范附录 C 第 C.7 节的规定计算；建筑遮阳系数应按本规范第 9.1 节的规定计算。

【释义】本条规定了透光围护结构的太阳得热系数 SHGC 和建筑遮阳系数的计算方法。

门窗、幕墙太阳得热系数应按下式计算：

$$SHGC = \frac{\sum g \cdot A_g + \sum \rho_s \sum \dfrac{K}{\alpha_e} \sum A_f}{A_w}$$ (18)

式中：$SHGC$——门窗、幕墙的太阳得热系数，无量纲；

g——门窗、幕墙中透光部分的太阳辐射总透射比，无量纲，应按现行国家标准《建筑玻璃可见光透射比、太阳光直接透射比、太阳能总透射比、紫外线透射比及有关窗玻璃参数的测定》GB/T 2680 的规定计算，典型玻璃系统的太阳辐射总透射比可按附录C 表 C.5.3-3 的规定取值；

ρ_s——门窗、幕墙中非透光部分的太阳辐射吸收系数，无量纲；

K——门窗、幕墙中非透光部分的传热系数 [W/（m²·K）]；

α_e——外表面对流换热系数 [W/（m²·K）]；

A_g——门窗、幕墙中透光部分的面积（m²）；

A_f——门窗、幕墙中非透光部分的面积（m²）；

A_w——门窗、幕墙的面积（m²）。

6.3.3 对遮阳要求高的门窗、玻璃幕墙、采光顶隔热宜采用着色玻璃、遮阳型单片 Low-E 玻璃、着色中空玻璃、热反射中空玻璃、遮阳型 Low-E 中空玻璃等遮阳型的玻璃系统。

【释义】保温性能好的玻璃未必遮阳性能就优良。比如普通的透光中空玻璃，其传热系数可以达到 2.8W/（m²·K）左右，遮阳系数值也较高；单片绿色玻璃传热系数高达 5.7W/（m²·K），但其遮阳系数值较透明中空玻璃大幅降低。对于夏季，透光围护结构的隔热以遮阳隔热为主，因此从玻璃遮阳隔热的角度来看，着色玻璃、遮阳型单片 Low－E 玻璃、着色中空玻璃、热反射中空玻璃、遮阳型 Low-E 中空玻璃更加合适，建议不要使用普通的透光中空玻璃。

6.3.4 向阳面的窗、玻璃门、玻璃幕墙、采光顶应设置固定遮阳或活动遮阳。固定遮阳设计可考虑阳台、走廊、雨棚等建筑构件的遮阳作用，设计时应进行夏季太阳直射轨迹分析，根据分析结果确定固定遮阳的形状和安装位置。活动遮阳宜设置在室外侧。

【释义】建筑遮阳的目的在于防止直射阳光透过玻璃进入室内，减少阳光过分照射加热建筑室内，是门窗隔热的主要措施。由于太阳的高度角和方位角不同，投射到建筑物水平面、西向、东向、南向和北向立面的太阳辐射强度各不相同。夏季，太阳辐射强度随朝向不同有较大差别，一般以水平面最高，东、西向次之，南向较低，北向最低。但我国幅员辽阔，有部分地区处于北回归线以南，该部分地区夏季北向也会有较大的太阳辐射，也该予以一定的关注。建筑遮阳设计、选择的优先顺序应根据投射的太阳辐射强度确定，所以设计应进行夏季太阳直射轨迹分析。

透过窗户进入室内的太阳辐射热，是夏季室内过热和空调负荷的主要原因。设置遮阳不仅要考虑降低空调负荷，改善室内的热舒适性，减少太阳直射；同时也需要考虑非空调时间的采光以及冬季的阳光照射需求。

6.3.5 对于非透光的建筑幕墙，应在幕墙面板的背后设置保温材料，保温材料层的热阻应满足墙体的保温要求，且不应小于 1.0（m²·K）/W。

【释义】在玻璃幕墙、石材幕墙、金属板幕墙等各种幕墙构造背后添加保温材料之后，都属于非透光幕墙，在计算时都当作墙体进行热工计算。如果背后添加的保温材料的热阻不小于 $1.0\text{m}^2 \cdot \text{K/W}$，再考虑幕墙本身的热阻，也就是基本保证此非透光幕墙构造的传热系数不大于 $0.7\text{W/}(\text{m}^2 \cdot \text{K})$，基本能满足隔热要求。如果室内侧还有实体墙，隔热效果就更好了。

7 围护结构防潮设计

7.1 内部冷凝验算

7.1.1 采暖建筑中，对外侧有防水卷材或其他密闭防水层的屋面、保温层外侧有密实保护层或保温层的蒸汽渗透系数较小的多层外墙，当内侧结构层的蒸汽渗透系数较大时，应进行屋面、外墙的内部冷凝验算。

【释义】冬季采暖建筑通常室内温、湿度高于室外环境，外围护结构受到室内热湿作用，热量和水蒸气经围护结构流向室外。若围护结构内侧构造层为蒸汽渗透系数较大的材料（如加气混凝土和黏土砖等多孔材料），当建筑物室内外存在水蒸气分压力差时，室内水蒸气会进入围护结构内部；如果围护结构外侧有卷材或其他密闭防水层的屋顶结构，以及保温层外侧有密实保护层或蒸汽渗透系数较小的保温层的多层墙体结构时，进入围护结构的水蒸气由于受外侧有密实保护层或蒸汽渗透系数较小的围护结构的阻碍，无法穿透围护结构，内部可能出现湿累积问题，会发生冷凝受潮现象，故应进行屋顶、外墙的内部冷凝验算。

7.1.2 采暖期间，围护结构中保温材料因内部冷凝受潮而增加的重量湿度允许增量，应符合表7.1.2的规定。

表 7.1.2 采暖期间，围护结构中保温材料因内部
冷凝受潮而增加的重量湿度允许增量

保温材料	重量湿度的允许增量 $[\Delta w]$（％）
多孔混凝土（泡沫混凝土、加气混凝土等）（$\rho_0 = 500kg/m^3 \sim 700kg/m^3$）	4
水泥膨胀珍珠岩和水泥膨胀蛭石等（$\rho_0 = 300kg/m^3 \sim 500kg/m^3$）	6
沥青膨胀珍珠岩和沥青膨胀蛭石等（$\rho_0 = 300kg/m^3 \sim 400kg/m^3$）	7
矿渣和炉渣填料	2
水泥纤维板	5
矿棉、岩棉、玻璃棉及制品（板或毡）	5
模塑聚苯乙烯泡沫塑料（EPS）	15
挤塑聚苯乙烯泡沫塑料（XPS）	10
硬质聚氨酯泡沫塑料（PUR）	10
酚醛泡沫塑料（PF）	10
玻化微珠保温浆料（自然干燥后）	5
胶粉聚苯颗粒保温浆料（自然干燥后）	5
复合硅酸盐保温板	5

【释义】材料的耐久性和保温性与潮湿状况密切相关。湿度过高会明显降低材料机械强度，产生破坏性变形，有机材料会遭致腐朽。同时，湿度过高会使材料的保温性能显著降低。

因此，对于一般采暖建筑，虽然允许结构内部含有一定的水分，但是为了保证材料的耐久性和保温性，材料的湿度不得超过一定限度。重量湿度的允许增量系指经过一个采暖期，保温材料重量湿度的增量在允许范围之内，以便采暖期过后，保温材料中的冷凝水逐渐向内侧和外侧散发，而不致在内部逐年积聚，导致湿度过高。

关于保温材料重量湿度允许增量值的规定，本规范在修编时增加了近年来建筑领域广泛使用的材料。通过对不同含水率下保温材料导热系数的变化研究，当材料在重量湿度的增加量小于表 7.1.2 中的规定值时，导热系数的变化对围护结构的热工性能影响较小。

7.1.3 围护结构内任一层内界面的水蒸气分压分布曲线不应与该界面饱和水蒸气分压曲线相交。围护结构内任一层内界面饱和水蒸气分压 P_s，应按本规范表 B.8 的规定确定。任一层内界面的水蒸气分压 P_m 应按下式计算：

$$P_m = P_i - \frac{\sum_{j=1}^{m-1} H_j}{H_0}(P_i - P_e) \tag{7.1.3}$$

式中：P_m——任一层内界面的水蒸气分压（Pa）；

P_i——室内空气水蒸气分压（Pa），应按本规范第 3.3.1 条规定的室内温度和相对湿度计算确定；

H_0——围护结构的总蒸汽渗透阻（$m^2 \cdot h \cdot Pa/g$），应按本规范第 3.4.15 条的规定计算；

$\sum_{j=1}^{m-1} H_j$——从室内一侧算起，由第一层到第 $m-1$ 层的蒸汽渗透阻之和（$m^2 \cdot h \cdot Pa/g$）；

P_e——室外空气水蒸气分压（Pa），应按本规范附录 A 表 A.0.1 中的采暖期室外平均温度和平均相对湿度确定。

【释义】围护结构的内部冷凝，将直接影响建筑的供暖能耗和使用寿命，而且是一种看不见的隐患。因此，在进行节能建筑围护热工设计时，应分析所设计的构造形式是否产生内部冷凝现象，以便采取相应的预防措施，消除冷凝对围护结构的危害。

关于围护结构中冷凝计算，近年来在建筑传热传湿的研究领域获得了大量的研究成果，但这些成果都有一定的局限性，还不够系统、完整，同时也缺乏必要的材料湿物理性能计算参数，故冷凝计算仍沿用原规范的方法。这是以稳定条件下纯蒸汽扩散过程为基础提出的冷凝受潮分析方法。从理论上讲，此法是不尽合理的，没有正确地反映材料内部的湿迁移机理，但从设计应用的角度考虑，采用此法较为简单和偏于安全。所以在尚未提出一种理想的方法以前，从设计应用的角度考虑，采用此法较为稳妥。

围护结构中冷凝计算与验证的判别方法如下：

（1）根据室内外空气的温湿度确定水蒸气分压 P_i 和 P_e，然后根据公式（7.1.3）计算围护结构各层的水蒸气分压 P 分布曲线，设计中将采暖期室外平均温度和平均相对湿度作为室外计算参数；

（2）根据室内外空气的温度 t_i 和 t_e，确定各层的温度分布曲线，同时应按本规范表 B.8 的规定确定饱和水蒸气分压 P_s 分布曲线；

（3）根据围护结构内水蒸气分压 P 曲线和饱和水蒸气分压 P_s 曲线相交与否来判断围护结构内部是否回发生冷凝；若相交，则内部有冷凝发生。

7.1.4 当围护结构内部可能发生冷凝时，冷凝计算界面内侧所需的蒸汽渗透阻应按下式计算：

$$H_{0\cdot i} = \frac{P_i - P_{s,c}}{\dfrac{10\rho_0\delta_i[\Delta w]}{24Z} + \dfrac{P_{s,c} - P_e}{H_{0\cdot e}}}$$ (7.1.4)

式中：$H_{0\cdot i}$——冷凝计算界面内侧所需的蒸汽渗透阻（$m^2 \cdot h \cdot Pa/g$）；

$\quad\quad H_{0\cdot e}$——冷凝计算界面至围护结构外表面之间的蒸汽渗透阻（$m^2 \cdot h \cdot Pa/g$）；

$\quad\quad \rho_0$——保温材料的干密度（kg/m^3）；

$\quad\quad \delta_i$——保温材料厚度（m）；

$\quad\quad [\Delta w]$——保温材料重量湿度的允许增量（%），应按本规范表7.1.2的规定取值；

$\quad\quad Z$——采暖期天数，应按本规范附录A表A.0.1的规定取值；

$\quad\quad P_{s,c}$——冷凝计算界面处与界面温度θ_c对应的饱和水蒸气分压（Pa）。

【释义】为保证采暖期内围护结构内部保温材料因冷凝受潮而使其重量湿度的增量不超过允许值，冷凝界面内侧所需的水蒸气渗透阻按式（7.1.4）计算确定。当冷凝界面内侧实际具有的水蒸气渗透阻小于所需值时，应设置隔汽层或其他构造措施，以提高内侧的隔汽能力。下表是常用薄片材料和涂层蒸汽渗透阻H_c值。

表1 常用薄片材料和涂层蒸汽渗透阻H_c值

材料及涂层名称	厚度 (mm)	H_c ($m^2 \cdot h \cdot Pa/g$)	材料及涂层名称	厚度 (mm)	H_c ($m^2 \cdot h \cdot Pa/g$)
普通纸板	1	16	环氧煤焦油二道	—	3733
石膏板	8	120	油漆二道（先做抹灰嵌缝、上底漆）	—	640
硬质木纤维板	8	107	聚氯乙烯涂层二道	—	3866
软质木纤维板	10	53	氯丁橡胶涂层二道	—	3466
三层胶合板	3	227	玛琋脂涂层一道	—	600
纤维水泥板	6	267	沥青玛琋脂涂层一道	—	640
热沥青一道	2	267	沥青玛琋脂涂层二道	—	1080
热沥青二道	4	480	石油沥青油毡	1.5	1107
乳化沥青二道	—	520	石油沥青油纸	0.4	293
偏氯乙烯二道	—	1240	聚乙烯薄膜	0.16	733

7.1.5 围护结构冷凝计算界面温度应按下式计算：

$$\theta_c = t_i - \frac{t_i - \bar{t}_e}{R_0}(R_i + R_{c\cdot i})$$ (7.1.5)

式中：θ_c——冷凝计算界面温度（℃）；

$\quad\quad t_i$——室内计算温度（℃），应按本规范第3.3.1条的规定取值；

$\quad\quad \bar{t}_e$——采暖期室外平均温度（℃），应按本规范附录表A.0.1的规定取值；

$\quad\quad R_i$——内表面换热阻（$m^2 \cdot K/W$），应按本规范附录B第B.4节的规定取值；

$\quad\quad R_{c\cdot i}$——冷凝计算界面至围护结构内表面之间的热阻（$m^2 \cdot K/W$）；

$\quad\quad R_0$——围护结构传热阻（$m^2 \cdot K/W$）。

7.1.6 围护结构冷凝计算界面的位置，应取保温层与外侧密实材料层的交界处（图

7.1.6)。

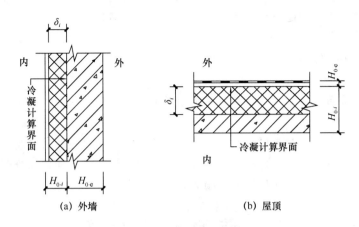

图 7.1.6 冷凝计算界面

7.1.7 对于不设通风口的坡屋面，其顶棚部分的蒸汽渗透阻应符合下式要求：

$$H_{0 \cdot c} > 1.2(P_i - P_e) \tag{7.1.7}$$

式中：$H_{0 \cdot c}$——顶棚部分的蒸汽渗透阻（$m^2 \cdot h \cdot Pa/g$）。

7.2 表面结露验算

7.2.1 冬季室外计算温度 t_e 低于 0.9℃时，应对围护结构进行内表面结露验算。

【释义】 在围护结构自身热阻的作用下，室内计算条件一定，只有当室外空气温度低于某一特定的值时，围护结构内表面温度才有可能低于室内空气露点温度，存在表面结露的风险。因此，可以确定无需进行内表面结露验算的范围，以简化结露验算。在建筑围护结构常用材料中，由于钢筋混凝土的导热系数较大，条文中规定需要进行表面结露验算的室外计算温度临界值是按照 160mm 厚钢筋混凝土为例计算确定的。

7.2.2 围护结构平壁部分的内表面温度应按本规范第 3.4.16 条计算。热桥部分的内表面温度应采用符合本规范附录 C 第 C.2.4 条规定的软件计算，或通过其他符合本规范附录 C 第 C.2.5 条规定的二维或三维稳态传热软件计算得到。

7.2.3 当围护结构内表面温度低于空气露点温度时，应采取保温措施，并应重新复核围护结构内表面温度。

7.2.4 进行民用建筑的外围护结构热工设计时，热桥处理可遵循下列原则：

1 提高热桥部位的热阻；

2 确保热桥和平壁的保温材料连续；

3 切断热流通路；

4 减少热桥中低热阻部分的面积；

5 降低热桥部位内外表面层材料的导温系数。

【释义】 热桥是由于围护结构中不同建筑材料的导热性能差异太大，使围护结构中热流强度显著增大的部位。通常在建筑外墙、屋面或外窗等围护结构中钢筋混凝土或金属梁、柱、框等部位。热桥处理有多种形式，但主要有以下几种方式：

提高热桥部位的自身热阻，如采用导热性能低的材料，加大围护结构构件的相对尺度，改变热桥的位置或构造形式，来增加热阻，提高保温能力。

防止出现贯通式热桥，确保围护结构保温材料的连续性，对热桥构成全封闭，尤其注意对保温系统与围护结构连接的金属龙骨、钢筋、锚固件等的保温处理，达到切断热桥热流通路的目的。

减少热桥断面面积，即热桥中低热阻部分的面积。热桥断面面积越小，通过热桥的热损失越小。

降低热桥部位内外表面层材料的导温系数。导温系数是材料传递温度变化能力大小的指标，材料的导温系数越大，材料中温度变化传播越迅速。通过降低热桥部位内外表面层材料的导温系数，减少热桥部位的热流损失。

7.3 防潮技术措施

7.3.1 采用松散多孔保温材料的多层复合围护结构，应在水蒸气分压高的一侧设置隔汽层。对于有采暖、空调功能的建筑，应按采暖建筑围护结构设置隔汽层。

【释义】 在传统的民居或现代大型公共建筑中，木（金属）骨架组合围护结构、金属夹心围护结构中大量采用矿棉、岩棉、玻璃棉等松散多孔保温材料，这类材料围护结构的蒸汽渗透阻较小，当建筑采暖、空气调节时，分压高的一侧水蒸气会渗透到松散多孔材料的围护结构，可能产生围护结构内部冷凝受潮现象，所以在围护结构水蒸气分压高的一侧设置隔汽层阻止水蒸气进入围护结构，是防止围护结构内部冷凝受潮的一种有效措施。

对于我国部分寒冷地区（如北京、西安等）、夏热冬冷地区建筑有采暖、空气调节功能的需求，但冬季水蒸气渗透量要远大于夏季水蒸气渗透量，因此，应按采暖建筑围护结构设置隔汽层。

7.3.2 外侧有密实保护层或防水层的多层复合围护结构，经内部冷凝受潮验算而必需设置隔汽层时，应严格控制保温层的施工湿度。对于卷材防水屋面或松散多孔保温材料的金属夹芯围护结构，应有与室外空气相通的排湿措施。

【释义】 对于经冷凝受潮验算必须设置隔汽层的外侧有密实保护层或防水层的多层复合围护结构，应采取施工措施和构造措施。在保温施工过程中必须严格控制材料的湿度不得超过设计规定值，设置隔汽层是防止结构内部冷凝受潮的一种措施，但有其副作用，因为设置隔汽层后会影响围护结构中保温材料的干燥速度。如果保温材料存在超过设计所规定的水分时，在采暖或空调工况下，可能会造成保温材料冷凝受潮，甚至结冰膨胀，造成围护结构的破坏，即影响结构的干燥速度。因此，可不设隔汽层的就不设置；当必须设置隔汽层时，对保温层的施工湿度要严加控制，避免湿法施工。在墙体结构中，在保温层和外侧密实层之间留有间隙，对于卷材防水屋面或松散多孔保温材料的金属夹心围护结构，也常常采用在保温层和外侧密实层之间留有间隙或通风空气间层，以切断液态水的毛细迁移，对改善保温层的湿度状况是十分有利的。对于卷材屋面，采取与室外空气相连通的排汽措施，一方面有利于湿气的外逸，对保温层起到干燥作用，另一方面也可以防止卷材屋面的起鼓。

7.3.3 外侧有卷材或其他密闭防水层，内侧为钢筋混凝土屋面板的屋面结构，经内部冷凝受潮验算不需设隔汽层时，应确保屋面板及其接缝的密实性，并应达到所需的蒸汽渗透阻。

【释义】 为了防止钢筋混凝土屋面板的屋面结构在施工时达不到设计所需的蒸汽渗透阻，虽然经冷凝受潮验算无需设隔汽层，但因施工质量问题而造成屋面冷凝受潮。

7.3.4 室内地面和地下室外墙防潮宜采用下列措施：

1　建筑室内一层地表面宜高于室外地坪 0.6m 以上；

2　采用架空通风地板时，通风口应设置活动的遮挡板，使其在冬季能方便关闭，遮挡板的热阻应满足冬季保温的要求；

3　地面和地下室外墙宜设保温层；

4　地面面层材料可采用蓄热系数小的材料，减少表面温度与空气温度的差值；

5　地面面层可采用带有微孔的面层材料；

6　面层宜采用导热系数小的材料，使地表面温度易于紧随空气温度变化；

7　面层材料宜有较强的吸湿、解湿特性，具有对表面水分湿调节作用。

【释义】 室内地面面层防潮是不可忽视的问题，对于有架空层的住宅一层地面来讲，地板直接与室外空气对流，其他楼面也因建筑非集中连续采暖和空调，相邻房间也可能与室外直接相通，相当于外围护结构，应进行必要的保温或隔热处理。即冬季需要暖地面，夏季需要冷地面，而且还要考虑梅雨季节由于湿热空气而产生的凝结。寒冷地区室内地面和地下室外墙如果不进行保温，也会造成室内地面和地下室外墙表面温度太低产生冷凝受潮。

在我国南方长江流域或华南沿海地区，在春末夏初的潮霉季节因大陆上不断有极地大陆气团南下与热带海洋气团赤道接触时的锋面停滞不前所产生，这种阴雨连绵气候，当空气中温，湿度迅速增加，可是室内部分围护结构表面的温度，尤其是地表的温度往往增加较慢，地表温度过低，因此，当较湿润的空气流过地表面时，常在地表面产生结露现象，所以提出相关地面防潮措施

7.3.5 严寒地区、寒冷地区非透光建筑幕墙面板背后的保温材料应采取隔汽措施，隔汽层应布置在保温材料的高温侧（室内侧），隔汽密封空间的周边密封应严密。夏热冬冷地区、温和 A 区的建筑幕墙宜设计隔汽层。

【释义】 对于严寒、寒冷地区，冬季结露问题至关重要，保温材料不做隔汽处理的话，会导致保温材料在冬季变得潮湿，大大降低其保温效果，并且隔汽层应布置在保温材料的室内侧，阻止室内的凝结水，如果布置到了室外侧，就完全没有任何效果了。隔汽密封空间的周边如果密封不严密，就不能有效的隔离室内热湿空气，同样也会造成保温材料潮湿，并可能导致面板背面和金属材料结露。

对于夏热冬冷地区，冬季结露问题虽然没有寒冷、严寒地区严重，但是现在建筑的热工性能都有所提高，也会导致冬季室内外温差较大，特别是室内湿度比较大的公共建筑，也会导致结露问题变得严重，因此建议根据工程的实际情况，尽量也做隔汽设计。

7.3.6 在建筑围护结构的低温侧设置空气间层，保温材料层与空气层的界面宜采取防水、透气的挡风防潮措施，防止水蒸气在围护结构内部凝结。

【释义】 围护结构两面出现温差时，在围护结构中将出现温湿度的重分布，出现水蒸气渗透与液态水分的反向迁移，使高温方向的水蒸气和低温方面的液态水都有减少的趋势，当围护结构中蒸汽水的迁移与液态水的反向迁移得到平衡时，围护结构中的湿度完成了重新

分配。所以，防潮设计就是在围护结构中被保护材料层的两边创造较低的湿度，此材料层才能有较低的平衡湿度。因此，可以根据如下措施获得：

其一是在保温层的高温一边采用隔蒸汽层以消除水蒸气从高温方向进入保温层中，其二是在低温一边采用空气层以产生较低的相对湿度。这两个措施能够保证保温层保持较低的平衡湿度。

前一措施是传统的，基于蒸汽渗透理论而设立，但并没有完全解决问题。热绝缘材料难免受潮，液态水尚可在低温侧产生并浸润保温材料。

在低温侧布置空气层，首先阻断了保温层与其他材料层的联系，截断了液态水的迁移通路。同时，空气层的高温边造成相对湿度较低的空气边界环境，以保证与它接触的材料干燥，将进入热绝缘层中的水蒸气引到此空气层低温侧表面凝结或结霜，控制热绝缘层处于较低湿度而不受潮。

8 自 然 通 风 设 计

8.1 一 般 规 定

8.1.1 民用建筑应优先采用自然通风去除室内热量。

【释义】建筑通风包括主动式通风和被动式通风。主动式通风指的是利用机械设备动力组织室内通风的方法，一般采用风机、空调机作为通风的动力设备。被动式通风（自然通风）指的是采用"天然"的风压、热压作为驱动对房间降温。在我国的大多数地区，自然通风是降低建筑能耗和改善室内热舒适的有效手段。当室外空气温度不超过夏季空调室内设计温度时，只要建筑具有良好的自然通风效果，能够带走室内的发热量，就能获得良好的热舒适性。与机械通风与空调相比较，自然通风具有不耗能、无噪声、卫生条件好等优点。因此，对于发热量不大的民用建筑，应该优先采用自然通风去除室内热量。

8.1.2 建筑的平、立、剖面设计，空间组织和门窗洞口的设置应有利于组织室内自然通风。

【释义】建筑能否进行有效的自然通风，除受室外气象条件制约外，还取决于建筑自身。建筑设计时，若能够充分考虑自然通风的要求，对如何引风入室、如何组织气流通过合理的路径经室内空间流出室外进行必要的设计，有助于提升建筑的自然通风性能。在建筑的平、立、剖面设计，空间组织和门窗洞口的设置时，应对自然通风的组织有所考虑。

8.1.3 受建筑平面布置的影响，室内无法形成流畅的通风路径时，宜设置辅助通风装置。

【释义】受建筑功能、形体等的影响，建筑平面设计中往往会出现通风"短路"、"断路"的情况。此时，在房间中的关键节点设置简单的辅助通风装置，就能够打通"通路"、形成"回路"，改善房间的自然通风性能。如：在通风路径的进、出口处设置风机，在隔墙、内门上设置通风百叶等。此外，当室外气象条件不佳时，采用简单的通风装置，也可以有效地引风入室，达到良好的自然通风效果。

8.1.4 室内的管路、设备等不应妨碍建筑的自然通风。

【释义】许多建筑设置的机械通风或空气调节系统，都破坏了建筑的自然通风性能。因此强调设置的管路、设备等不应妨碍建筑的自然通风。

8.2 技 术 措 施

8.2.1 建筑的总平面布置宜符合下列规定：

1 建筑宜朝向夏季、过渡季节主导风向；

2 建筑朝向与主导风向的夹角：条形建筑不宜大于 30°，点式建筑宜在 30°～60° 之间；

3 建筑之间不宜相互遮挡，在主导风向上游的建筑底层宜架空。

【释义】建筑的总平面布置、朝向、体形、建筑平面的布局、门窗洞口的设置等都是影响自然通风的因素，在设计中应予以考虑。

对于条形建筑，朝向与夏季或过渡季节主导风向一致最有利于自然通风；对于点式建筑，室外风能通过建筑的两个面进入室内时，可以避免部分房间成为通风死角。

8.2.2 采用自然通风的建筑，进深应符合下列规定：

1 未设置通风系统的居住建筑，户型进深不应超过12m；

2 公共建筑进深不宜超过40m，进深超过40m时应设置通风中庭或天井。

【释义】建筑进深对自然通风效果影响显著，建筑进深越小越有利于自然通风。

对于居住建筑，卧室的合理进深为4.5m左右，不超过12m（2个卧室加1个卫生间或走道一般不会超过12m）的户型进深对功能布置是合适的，同时也有利于自然通风。

对于公共建筑，由于功能的要求，进深往往都比较大。但对于大多数建筑而言，设计按40m来控制建筑进深是可以获得比较好的平面功能的。另外，经过对多个项目的模拟分析，不超过40m的建筑进深可以获得较好的自然通风效果。

由于平面功能的需要，大型商场、高层建筑的裙房往往建筑进深都很大，有的甚至接近或超过100m。在这种情况下，仅仅依靠风压难以获得好的自然通风效果，要利用热压来自然通风。利用热压自然通风，就要设置竖向风道。而中庭、天井不仅是丰富室内空间、改善室内环境的设施，也是良好的自然通风竖向风道。

8.2.3 通风中庭或天井宜设置在发热量大、人流量大的部位，在空间上应与外窗、外门以及主要功能空间相连通。通风中庭或天井的上部应设置启闭方便的排风窗（口）。

【释义】在设计中庭、天井时，除了考虑平面和空间的功能关系外，还应考虑改善自然通风效果，即有利于自然通风。作为竖向风道，有利于自然通风首先就应与进排风口（也就是外门、外窗和顶部的排风天窗）直接连通，而且不能与进风口太近以免形成短路；其次要靠近发热量大、人流量大的部位，以利于室内的热湿空气快速从通风天窗排至室外，不致对室内的其他空间造成影响。

8.2.4 进、排风口的设置应充分利用空气的风压和热压以促进空气流动，设计应符合下列规定：

1 进风口的洞口平面与主导风向间的夹角不应小于45°。无法满足时，宜设置引风装置。

2 进、排风口的平面布置应避免出现通风短路。

3 宜按照建筑室内发热量确定进风口总面积，排风口总面积不应小于进风口总面积。

4 室内发热量大，或产生废气、异味的房间，应布置在自然通风路径的下游。应将这类房间的外窗作为自然通风的排风口。

5 可利用天井作为排风口和竖向排风风道。

6 进、排风口应能方便地开启和关闭，并应在关闭时具有良好的气密性。

【释义】通风进、排风口包括可开启的外窗和玻璃幕墙、外门、外围护结构上的洞口。通风开口面积越大，越有利于自然通风，但不一定有利于建筑节能。

建筑进深和室内空间布置，应有利于减小自然通风的阻力，进风开口和排风开口不应在同一朝向，应有利于组织穿堂风、避免"口袋屋"式（即一套房子的所有外窗都设置在一个朝向）的平面布局。

厨房、卫生间、文印室等是有害气体和异味的产生源，流经这些房间的空气应尽快排至室外，避免进入其他空间。

自然通风的作用压力在很多时候是比较小的，在自然通风设计时应尽量减小进排风口和通风路径的阻力。阻力随着流经风速增大而增大，而流经风速与通风量和风口、路径的面积有关。可根据以下公式来确定进风口的最小面积：

$$Q = c\rho L \Delta t / 3600 \tag{19}$$

式中：Q——自然通风从室内带走热量（W）；

    c——空气的比热容 [J/（kg·K）]，取 1030J/（kg·K）；

    ρ——空气的密度 [J/（kg·m³）]，取 1.185kg/m³；

    L——通风量（m³/h）；

    Δt——空气通过室内吸收热量所引起的温升（℃），考虑到当室外温度为 25℃ 时，通过自然通风使室内温度不超过 27℃ 是可以接受的，Δt 取值 2.0K（℃）。

其中，Q 可以按照下式用室内发热量指标来估算：

$$Q = qA \tag{20}$$

式中：q——室内单位面积发热量，包括人体显热、照明发热和设备发热（W/m²）；

    A——通风空间的面积（m²）。

通风量 L 可按下式来计算：

$$L = 3600vF \tag{21}$$

式中：v——进风口处的风速（m/s），为了控制进风口的阻力，取值 1.0m/s；

    F——进风口面积（m²）。

将式（20）和式（21）带入式（19），并整理，可得到以下结果：

$$F = 4.10 \times 10^{-4} \times q \times A \tag{22}$$

只要控制排风口、通风路径的面积不小于进风口面积，就可以将对应于所需最小风量的通风风速（即通风阻力）控制在合理范围之内，以确保通风效果。

对于有供暖或者空调要求的建筑，用于自然通风进、排风口的门窗在供暖系统或者空调系统运行时应能够方便地关闭，关闭时的气密性应满足节能设计标准的要求。否则将影响房间的热舒适性，并增加供暖或空调能耗。

8.2.5 当房间采用单侧通风时，应采取下列措施增强自然通风效果：

  1 通风窗与夏季或过渡季节典型风向之间的夹角应控制在 45°～60° 之间；

  2 宜增加可开启外窗窗扇的高度；

  3 迎风面应有凹凸变化，尽量增大凹口深度；

  4 可在迎风面设置凹阳台。

【释义】在相隔 180° 的两个朝向设置可开启外窗，可在建筑内形成穿堂风，有效改善自然通风效果。条式建筑的大部分房间都可以做到这一点，而点式建筑难以做到这一点。

现在的高层中，由于必不可少的电梯、疏散楼梯间，使得部分房间只能在一个朝向上设置可开启外窗，只能依靠单侧进行自然通风。对于单侧通风，由于不能形成穿堂风，通风窗设在迎风面、增加可开启窗扇的高度都是改善通风效果的必要措施。

另外，近来研究表明，建筑迎风面体形凹凸变化对单侧通风的效果有影响，凹口较深及内折的平面形式更有利于单侧通风。立面上的建筑构件可以增强建筑体形的凹凸变化，从而促进自然通风；设置凹阳台可增强自然通风效果。

8.2.6 室内通风路径的设计应遵循布置均匀、阻力小的原则，应符合下列规定：

1 可将室内开敞空间、走道、室内房间的门窗、多层的共享空间或者中庭作为室内通风路径。在室内空间设计时宜组织好上述空间，使室内通风路径布置均匀，避免出现通风死角。

2 宜将人流密度大或发热量大的场所布置在主通风路径上；将人流密度大的场所布置在主通风路径的上游，将人流密度小但发热量大的场所布置在主通风路径的下游。

3 室内通风路径的总截面积应大于排风口面积。

【释义】室内通风路径与进、排风口一样，也是自然通风系统的重要组成部分，应在平面功能布置时一并考虑。所谓室内通风路径布置均匀、阻力小，就是要将各主要功能房间的通风路径的长短尽量一致，截面积足够大。

室内开敞空间、走道、室内房间的门窗、多层的共享空间或者中庭都可作为室内通风路径。在布置这些功能空间或设施时，应将人员活动流线和通风流线一并综合考虑，达到使用功能和自然通风完美结合。

自然通风的目的就是要给室内活动人员输送新鲜空气，带走室内热量。将人流密度大、发热量大的场所布置在主通风路径上，有利于实现这两个目的。将人员密度大的场所布置在通风主路径的上游，更有利于室内人员呼吸到新鲜空气；将发热量大的场所布置在主通风路径的下游，更有利于改善室内热湿环境。

条文中说的室内通风路径总截面积是指通风主路径上截面积最小处的总面积。室内通风路径截面积越大，风速越低。风速低就意味着通风阻力越小，同时也会有较好的舒适性。

9 建筑遮阳设计

9.1 建筑遮阳系数的确定

9.1.1 水平遮阳和垂直遮阳的建筑遮阳系数应按下列公式计算：

$$SC_s = (I_D \cdot X_D + 0.5 I_d \cdot X_d)/I_0 \tag{9.1.1-1}$$

$$I_0 = I_D + 0.5 I_d \tag{9.1.1-2}$$

式中：SC_s——建筑遮阳的遮阳系数，无量纲；

I_D——门窗洞口朝向的太阳直射辐射（W/m²），应按门窗洞口朝向和当地的太阳直射辐射照度计算；

X_D——遮阳构件的直射辐射透射比，无量纲，应按本规范附录 C 第 C.8 节的规定计算；

I_d——水平面的太阳散射辐射（W/m²）；

X_d——遮阳构件的散射辐射透射比，无量纲，应按本规范附录 C 第 C.9 节的规定计算；

I_0——门窗洞口朝向的太阳总辐射（W/m²）。

【释义】传统的建筑遮阳设计是采用棒影图的方法，这种方法抓住了太阳辐射中的主要能量来源——直射辐射，直射辐射也是造成人体不舒适感的主要因素。但是，从传热量的角度考虑，太阳辐射中的散射辐射也是不能忽视的。从建筑节能和采暖空调设计的角度看，定量计算通过遮阳进入室内的辐射量是进行设计的基础。因此，本规范规定的遮阳系数计算都应是包括直射辐射和散射辐射在内的太阳总辐射。本节及相关附录中给出的建筑遮阳系数计算方法也都是从直射辐射和散射辐射两方面分别计算的。

9.1.2 组合遮阳的遮阳系数应为同时刻的水平遮阳与垂直遮阳建筑遮阳系数的乘积。

9.1.3 挡板遮阳的建筑遮阳系数应按下式计算：

$$SC_s = 1 - (1-\eta)(1-\eta^*) \tag{9.1.3}$$

式中：η——挡板的轮廓透光比，无量纲，应为门窗洞口面积扣除挡板轮廓在门窗洞口上阴影面积后的剩余面积与门窗洞口面积的比值；

η^*——挡板材料的透射比，无量纲，应按表 9.1.3 的规定确定。

表 9.1.3 挡板材料的透射比

遮阳板使用的材料	规　格	η^*
织物面料		0.5 或按实测太阳光透射比
玻璃钢板		0.5 或按实测太阳光透射比
玻璃、有机玻璃类板	0<太阳光透射比≤0.6	0.5
	0.6<太阳光透射比≤0.9	0.8

61

续表 9.1.3

遮阳板使用的材料	规 格	η^*
金属穿孔板	0＜穿孔率≤0.2	0.15
	0.2＜穿孔率≤0.4	0.3
	0.4＜穿孔率≤0.6	0.5
	0.6＜穿孔率≤0.8	0.7
混凝土、陶土釉彩窗外花格		0.6 或按实际镂空比例及厚度
木质、金属窗外花格		0.7 或按实际镂空比例及厚度
木质、竹质窗外帘		0.4 或按实际镂空比例

9.1.4 百叶遮阳的建筑遮阳系数应按下式计算：

$$SC_s = E_\tau / I_0 \tag{9.1.4}$$

式中：E_τ——通过百叶系统后的太阳辐射（W/m²），应按本规范附录 C 第 C.10 节的规定计算。

9.1.5 活动外遮阳全部收起时的遮阳系数可取 1.0，全部放下时应按不同的遮阳形式进行计算。

9.2 建 筑 遮 阳 措 施

9.2.1 北回归线以南地区，各朝向门窗洞口均宜设计建筑遮阳；北回归线以北的夏热冬暖、夏热冬冷地区，除北向外的门窗洞口宜设计建筑遮阳；寒冷 B 区东、西向和水平朝向门窗洞口宜设计建筑遮阳；严寒地区、寒冷 A 区、温和地区建筑可不考虑建筑遮阳。

【释义】确定需要建筑遮阳的地区。北回归线以南地区在夏至日前后各朝向均有太阳辐射直射，且太阳辐射的散射占太阳总辐射的比例高于其他地区，门窗洞口既要控制太阳辐射的直射，也要控制太阳辐射的散射，应在各朝向均采取遮阳措施；北回归线以北的夏热冬暖地区、温和地区、夏热冬冷地区，只有东、西、南和水平朝向有太阳辐射的直射，北向的散射辐射占太阳总辐射的比例较北回归线以南地区小，北向窗口可不采取遮阳措施；寒冷地区的东、西和水平朝向夏季太阳辐射的直射照度大，东西朝向上、下午时段和水平朝向的正午时段直射辐射较易通过透光围护结构进入室内，引起房间过热，应采取遮阳措施。

9.2.2 建筑门窗洞口的遮阳宜优先选用活动式建筑遮阳。

【释义】明确活动式建筑遮阳措施的优先作用。遮阳装置可减少透过建筑透光围护结构的太阳辐射，防止室内过热、降低建筑空调能耗。遮阳形式划分有：固定式、活动式。国内外实践证明，活动式建筑遮阳可按太阳辐射条件的变化调节房间对太阳辐射季节性、时间性需要，提高房间的光、热环境质量，降低房间的夏季空调负荷和冬季采暖负荷，明显优于固定式建筑遮阳，因此在保证安全的前提下，建筑遮阳应优先选用活动式建筑遮阳。

9.2.3 当采用固定式建筑遮阳时，南向宜采用水平遮阳；东北、西北及北回归线以南地区的北向宜采用垂直遮阳；东南、西南朝向窗口宜采用组合遮阳；东、西朝向窗口宜采用挡板遮阳。

【释义】固定遮阳造价低、维护简单，使用方便。但是，设置固定遮阳时必须考虑遮阳的效果，且应在保证夏季有效遮阳的同时，不会对冬季产生不利影响。

确定固定遮阳的形式除了需要考虑建筑朝向、太阳的高度角、方位角以外，还必须考虑当地太阳辐射量的大小、遮阳的时段，并兼顾冬季需求等。

通过计算并统计三种主要固定遮阳形式（水平、垂直、挡板）在夏至日到秋分日，不同纬度各朝向辐射遮挡的总量后发现：南向窗口的水平遮阳、东西向窗口的挡板遮阳，以及北回归线以南地区的垂直遮阳的对太阳辐射的遮挡作用最大，且对冬季太阳辐射（北方）的遮挡很少，属于比较适用的遮阳形式。

9.2.4 当为冬季有采暖需求房间的门窗设计建筑遮阳时，应采用活动式建筑遮阳、活动式中间遮阳，或采用遮阳系数冬季大、夏季小的固定式建筑遮阳。

【释义】规定建筑遮阳措施不应影响供暖房间冬季的太阳辐射得热。严寒和寒冷地区、夏热冬冷地区，建筑遮阳应能遮挡夏季太阳辐射和透过冬季太阳辐射。这些地区建筑室内环境既需要夏季遮阳又需要冬季日照，建筑门窗洞口的遮阳构件或装置，应具有按太阳辐射季节性变化调节遮阳效果的作用，一般应采取活动式遮阳装置或采用固定式偏角形百叶遮阳两种措施（图1、图2），两种措施都能实现按冬季遮阳系数大、夏季

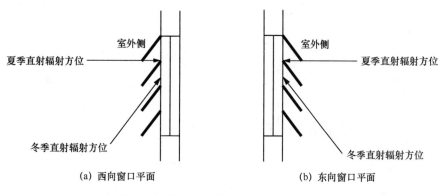

图1　东西朝向固定式偏角百叶板遮阳示意

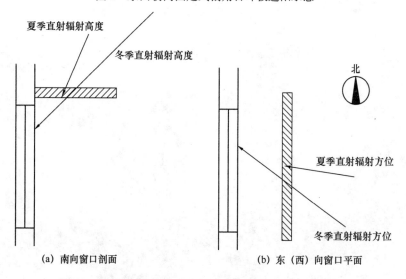

图2　采用固定式偏角百叶板的水平遮阳和挡板遮阳示意

遮阳系数小的要求适应季节性的变化。

9.2.5 建筑遮阳应与建筑立面、门窗洞口构造一体化设计。

【释义】为了确保遮阳措施在工程上有效实施和保证遮阳构造的安全性，必须保证建筑遮阳与建筑物一体化设计、同步施工。

第三篇 专题研究

专题一 建筑热工气候二级区划研究

林海燕 董宏 周辉
中国建筑科学研究院

1 中国建筑气候区划概况

在中国的建筑标准体系中，与气候区划相关的标准有两本，一是《建筑气候区划标准》GB 50178—93；二是《民用建筑热工设计规范》GB 50176—93。对中国建筑气候区划的研究均以上述两本标准中的区划为研究对象展开。

1.1 《建筑气候区划标准》GB 50178—93

《建筑气候区划标准》中建筑气候区划的分区目标是为区分我国不同地区气候条件对建筑影响的差异性，明确各气候区的建筑基本要求，提供建筑气候参数，从总体上做到合理利用气候资源，防止气候对建筑的不利影响。该标准是一本综合性很强的基础标准，主要对建筑的规划、设计与施工起宏观控制和指导作用。所以，标准规定的内容是各有关标准的共性部分，对于各个专业标准中特有的内容，该标准未作规定，仅规定其达到某一专业技术方面的基本要求为止，而不代替相关的专业标准。因此，在执行标准时，尚应符合国家现行有关标准的规定。

建筑气候区划属于应用性部门自然区划，其区划原则一般有主导因素原则、综合性原则及综合分析和主导因素相结合原则等三种不同的原则。该标准采用综合分析和主导因素相结合原则。

该标准是基础性区划，主要用于宏观控制，为了便于应用，分级不宜过多，该标准按二级区划系统划分。一级区划为7个一级区，二级区划为20个二级区。一级区反映全国建筑气候上大的差异，二级区反映各大区内建筑气候上小的不同。

建筑气候区划的一级区划指标以最冷、最热月平均温度为主要指标，以年平均气温大于等于25℃和小于等于5℃的天数为辅助指标。在Ⅰ区（东北和华北北部）、Ⅶ区（西北地区）的主要指标中加入了7月平均相对湿度，在辅助指标中加入了年降水量，从而将全国分为7个一级气候区。在一级区内，又以1月、7月平均气温、冻土性质、最大风速、年降水量等指标，划分成若干二级区，并提出相应的建筑基本要求。建筑气候区划的一、二级区划指标如表2、表3所示。

表2 建筑气候区划一级区划指标

区名	主要指标	辅助指标	各区辖行政区范围
I	1月平均气温≤-10℃ 7月平均气温≤25℃ 7月平均相对湿度≥50%	年降水量200～800mm 年日平均气温≤5℃的日数≥145d	黑龙江、吉林全境；辽宁大部；内蒙中、北部及陕西、山西、河北、北京北部的部分地区
II	1月平均气温-10～0℃ 7月平均气温18～28℃	年日平均气温≥25℃的日数<80d 年日平均气温≤5℃的日数145～90d	天津、山东、宁夏全境；北京、河北、山西、陕西大部；辽宁南部；甘肃中、东部以及河南、安徽、江苏北部的部分地区
III	1月平均气温0～10℃ 7月平均气温25～30℃	年日平均气温≥25℃的日数40～110d 年日平均气温≤5℃的日数90～0d	上海、浙江、江西、湖北、湖南全境；江苏、安徽、四川大部；陕西、河南南部；贵州东部；福建、广东、广西北部和甘肃南部的部分地区
IV	1月平均气温>10℃ 7月平均气温25～29℃	年日平均气温≥25℃的日数100～200d	海南、台湾全境；福建南部；广东、广西大部以及云南西南部和元江河谷地区
V	7月平均气温18～25℃ 1月平均气温0～13℃	年日平均气温≤5℃的日数0～90d	云南大部、贵州、四川西南部、西藏南部一小部分地区
VI	7月平均气温<18℃ 1月平均气温0～-22℃	年日平均气温≤5℃的日数90～285d	青海全境；西藏大部；四川西部、甘肃西南部；新疆南部部分地区
VII	7月平均气温≥18℃ 1月平均气温-5～-20℃ 7月平均相对湿度<50%	年降水量10～600mm 年日平均气温≥25℃的日数<120d 年日平均气温≤5℃的日数110～180d	新疆大部；甘肃北部；内蒙古西部

表3 建筑气候区划二级区划指标

区名	指标	
	1月平均气温	冻土性质
1A	≤-28℃	永冻土
1B	-28～-22℃	岛状冻土
1C	-22～-16℃	季节冻土
1D	-16～-10℃	季节冻土
	7月平均气温	7月平均气温日较差
II A	>25℃	<10℃
II B	<25℃	≥10℃
	最大风速	7月平均气温日较差
III A	>25m/s	26～29℃
III B	<25m/s	≥28℃
III C	<25m/s	<28℃

续表3

区名	指标		
ⅣA	最大风速		
	≥25m/s		
ⅣB	<25m/s		
ⅤA	1月平均气温		
	≤5℃		
ⅤB	>5℃		
ⅥA	7月平均气温	1月平均气温	
	≥10℃	≤−10℃	
ⅥB	<10℃	≤−10℃	
ⅥC	≥10℃	>−10℃	
ⅦA	1月平均气温	7月平均气温日较差	年降水量
	≤−10℃	≥25℃	<200mm
ⅦB	≤−10℃	<25℃	200～600mm
ⅦC	≤−10℃	<25℃	50～200mm
ⅦD	>−10℃	≥25℃	10～200mm

1.2 《民用建筑热工设计规范》GB 50176—93

《民用建筑热工设计规范》中的建筑热工气候分区是为了使建筑热工设计与地区气候相适应，保证室内基本的热环境要求。由于这一分区主要适用于建筑热工设计，因此该区划是根据建筑热工设计的实际需要，以及与现行有关标准相协调，分区名称要直观贴切等要求制定的。

建筑热工设计主要涉及冬季保温和夏季隔热，与冬季和夏季的温度状况有关。因此，用累年最冷月（即1月）和最热月（即7月）平均温度作为分区主要指标，累年日平均温度≤5℃和≥25℃的天数作为辅助指标，将全国划分成五个区，即严寒、寒冷、夏热冬冷、夏热冬暖和温和地区，并提出相应的设计要求。

建筑热工设计分区的区划指标及设计要求见表4。

表4 建筑热工设计区划指标及设计要求

一级区划名称	分区指标		设计要求
	主要指标	辅助指标	
严寒地区	$t_{min \cdot m} \leqslant -10℃$	$145 \leqslant d_{\leqslant 5}$	必须充分满足冬季保温要求，一般可以不考虑夏季防热
寒冷地区	$-10℃ < t_{min \cdot m} \leqslant 0℃$	$90 \leqslant d_{\leqslant 5} < 145$	应满足冬季保温要求，部分地区兼顾夏季防热
夏热冬冷地区	$0℃ < t_{min \cdot m} \leqslant 10℃$ $25℃ < t_{max \cdot m} \leqslant 30℃$	$0 \leqslant d_{\leqslant 5} < 90$ $40 \leqslant d_{\geqslant 25} < 110$	必须满足夏季防热要求，适当兼顾冬季保温

一级区划名称	分区指标		设计要求
	主要指标	辅助指标	
夏热冬暖地区	$10℃ < t_{min·m}$ $25℃ < t_{max·m} \leqslant 29℃$	$100 \leqslant d_{\leqslant 25} < 200$	必须充分满足夏季防热要求，一般可不考虑冬季保温
温和地区	$0℃ < t_{min·m} \leqslant 13℃$ $18℃ < t_{max·m} \leqslant 25℃$	$0 \leqslant d_{\leqslant 5} < 90$	部分地区应考虑冬季保温，一般可不考虑夏季防热

1.3 两个区划之间的关系

《民用建筑热工设计规范》GB 50176—93 中的建筑热工气候分区主要是供热工设计使用，考虑的因素较少，较为简单。《建筑气候区划标准》GB 50178—93 中的建筑气候区划，适用范围更广，涉及的气候参数更多。由于建筑热工设计分区和建筑气候一级区划的主要分区指标一致，因此，两者的区划是相互兼容、基本一致的。建筑热工设计分区中的严寒地区，包含建筑气候区划图中的全部Ⅰ区，以及Ⅵ区中的ⅥA、ⅥB，Ⅶ区中的ⅦA、ⅦB、ⅦC；寒冷地区，包含建筑气候区划图中的全部Ⅱ区，以及Ⅵ区中的ⅥC，Ⅶ区中的ⅦD；夏热冬冷、夏热冬暖、温和地区与建筑气候区划图中的Ⅲ、Ⅳ、Ⅴ区完全一致（表5）。

表5 两个区划关系

热工分区	建筑气候分区
严寒地区	ⅠA，ⅠB，ⅠC，ⅠD；ⅥA，ⅥB；ⅦA，ⅦB，ⅦC
寒冷地区	ⅡA，ⅡB；ⅥC；ⅦD
夏热冬冷地区	ⅢA，ⅢB，ⅢC
夏热冬暖地区	ⅣA，ⅣB
温和地区	ⅤA，ⅤB

1.4 气候区划与地形（貌）、行政区划的关系

为了进一步了解气候区划与中国地形、地貌以及行政区划的关系，将气候区划图与行政区划图、地形图重叠后进行比较，可以发现：两个气候区划的边界与省级行政区划的边界较少重合，但在部分地区存在走向大致相同的情况。例如：青海与甘肃之间、广东与江西、湖南之间等。

将热工区划与中国地形图重叠后，可以发现：热工区划的边界与中国的地形状况高度吻合。例如：东部严寒和寒冷地区的分界线基本与古代北方长城的走向一致，而长城常常是北方农牧区的分界。东部寒冷和夏热冬冷地区的分界线基本与秦岭—淮河走向一致，而秦岭—淮河通常被当作中国南方、北方的分界线。东部夏热冬冷和夏热冬暖的分界线则位于南岭一线。其他几条主要分界线则分别与青藏高原、云贵高原的边缘，以及天山山脉等地理分界线基本一致。

如果将每个热工区划中所包括的气候区划与地形图进行比较，同样可以发现气候区划与地形之间的直接关系。例如：ⅦA区与准格尔盆地范围一致、ⅥA区主要是柴达木盆

地及其东部祁连山与阿尼玛卿山之间的地带。

由此不难看出：受地形对气候的影响，中国的两个气候区划基本是按照气象参数所作出的划分，基本没有考虑省级行政区划的因素。

2 热工区划调整的思路和方向

虽然热工分区从 1993 年《民用建筑热工设计规范》正式颁布就已开始实施，但在其后相当长的一段时期里，热工分区很少被提及和使用。这一现象直到 2000 年左右，随着建筑节能工作的深入开展，才有所改观。居住建筑节能设计标准是分气候区制定的，每个热工区划为一个单行本。公共建筑节能设计标准中则是按照不同气候区提出了规定性指标的限值要求。由于节能设计标准是强制性标准，有专项的审查制度。至此，每个城市属于哪个热工区划开始成为设计阶段最先确定的问题。另一方面，由于节能是绿色建筑中 5 项主要内容之一，相关绿色建筑标准也成为热工分区的主要应用领域。近年来随着绿色建筑备受关注，热工区划的使用也更加广泛。因此，在进行热工区划的调整时，必须充分考虑建筑节能和绿色建筑工作的需求。

通过前述比较，可以看出中国热工区划在区划级别和区划个数方面与建筑气候区划存在较大的差距。由于中国地域辽阔，相对于 960 万平方公里的国土面积，却仅有 5 个热工分区，每个热工区划的面积非常大。导致在同一热工区划内，由于地理跨度广，不同城市的气候状况差别很大。例如：同为严寒地区的黑龙江漠河和内蒙古额济纳旗，最冷月平均温度相差 18.3℃、$HDD18$ 相差 4110。设计时，对于寒冷程度差别如此大的两个地区，采用相同的设计要求显然是不合适的。因此，对热工分区进行细化是非常必要的。

同时又应当考虑到，现有热工设计分区充分考虑了热工设计的需求，且区划与中国气候状况相契合，较好地区分了不同地区不同的热工设计要求。特别是近年来随着建筑节能、绿色建筑工作的开展，5 个热工分区的概念被广泛使用、深入人心。与节能、绿建相关的标准规范均将现行热工设计区划作为基础性依据，5 个热工分区已经成为这两个领域工作的基础。因此，对既有 5 个热工分区的调整需慎重，应避免由于热工区划的调整，给相关工作的开展带来过多的影响。因此，在满足了分区细化的要求后，尽量保持现有严寒、寒冷、夏热冬冷、夏热冬暖、温和 5 个区划的延续和稳定是非常必要的。

综上所述：二级区划的总体原则是"大区不动"、"细分子区"。

3 二级区划指标的选择

按照项目活动一中结论部分提出的"大区不动、细分子区"细化研究建议，本研究首先需要确定热工区划中的二级区划指标。前述研究已经提到，热工区划首先被节能设计标准广泛使用，区划过大的问题也首先在节能设计标准中被提出。截至本研究开始前，节能标准已经在"细分子区"方面有所尝试。

3.1 现行节能标准中的热工二级区划

《夏热冬暖地区居住建筑节能设计标准》JGJ 75—2012 是以 1 月份的平均温度 11.5℃

为分界线，将夏热冬暖地区进一步细分为两个区，等温线的北部为北区，区内建筑要兼顾冬季采暖。南部为南区，区内建筑可不考虑冬季采暖。在分区时，对整个区内的若干个城市进行了全年能耗模拟计算，模拟时设定的室内温度是 16℃～26℃。从模拟结果中发现，处在南区的建筑采暖能耗占全年采暖空调总能耗的 20％以下。处在北区的建筑的采暖能耗占全年采暖空调总能耗的 20％以上，福州市更是占到 45％左右，可见北区内的建筑冬季确实有采暖的需求。表 6 列出了夏热冬暖地区中划入北区的主要城市。

表 6　夏热冬暖地区二级区划中划入北区的地区

省份	福建	广东	广西
划入北区的主要地区	福州、莆田、龙岩	梅州、兴宁、龙川、新丰、英德、怀集	河池、柳州、贺州

《严寒和寒冷地区居住建筑节能设计标准》JGJ 26—2010 中，依据不同的采暖度日数（$HDD18$）和空调度日数（$CDD26$）范围，将严寒地区进一步划分成为 3 个气候子区，寒冷地区划分成 2 个气候子区。分区所用的区划指标和指标值见表 7。

表 7　严寒和寒冷地区二级区划指标

气候子区		分区依据
严寒地区（Ⅰ区）	严寒（A）区	$6000 \leqslant HDD18$
	严寒（B）区	$5000 \leqslant HDD18 < 6000$
	严寒（C）区	$3800 \leqslant HDD18 < 5000$
寒冷地区（Ⅱ区）	寒冷（A）区	$2000 \leqslant HDD18 < 3800, CDD26 \leqslant 90$
	寒冷（B）区	$2000 \leqslant HDD18 < 3800, CDD26 > 90$

标准中提出，将严寒和寒冷地区进一步细分成 5 个子区，目的是使得据此提出的建筑围护结构热工性能要求更合理一些。我国地域辽阔，一个气候区的面积就可能相当于欧洲几个国家，区内的冷暖程度相差也比较大，客观上有必要进一步细分。

在分区指标的选择上，标准解释：衡量一个地方的寒冷的程度可以用不同的指标。从人的主观感觉出发，一年中最冷月的平均温度比较直接地反映了当地的寒冷的程度，以前的几本相关标准用的基本上都是温度指标。但是本标准的着眼点在于控制采暖的能耗，而采暖的需求除了温度的高低这个因素外，还与低温持续的时间长短有着密切的关系。比如说，甲地最冷月平均温度比乙地低，但乙地冷的时间比甲地长，这样两地采暖需求的热量可能相同。划分气候分区的最主要目的是针对各个分区提出不同的建筑围护结构热工性能要求。由于上述甲乙两地采暖需求的热量相同，将两地划入一个分区比较合理。采暖度日数指标包含了冷的程度和持续冷的时间长度两个因素，用它作为分区指标可能更反映采暖需求的大小。对上述甲乙两地的情况，如用最冷月的平均温度作为分区指标容易将两地分入不同的分区，而用采暖度日数作为分区指标则更可能分入同一个分区。因此，本标准用采暖度日数结合空调度日数作为气候分区的指标更为科学。欧洲和北美大部分国家的建筑节能规范都是依据采暖度日数作为分区指标的。

指标值的确定，标准认为：寒冷地区的 $HDD18$ 取值范围是从 2000 到 3800，严寒地区 $HDD18$ 取值范围分三段，C 区从 3800 到 5000，B 区从 5000 到 6000，A 区大于 6000。从上述这 4 段分区范围看，严寒 C 区和 B 区分得比较细，其中的原因主要有两个：一是严寒地区居住建筑的采暖能耗比较大，需要严格地控制；二是处于严寒 C 区和 B 区的城市比较多。至于严寒 A 区的 $HDD18$ 跨度大，是因为处于严寒 A 区的城市比较少，而且最大的 $HDD18$ 也不超过 8000，没必要再细分了。

《严寒和寒冷地区居住建筑节能设计标准》JGJ 26—2010 中没有给出分区图，只是给出了每个城市的气候区属和气象参数表。对此，标准解释为：采用新的气候分区指标并进一步细分气候子区在使用上不会给设计者新增任何麻烦。因为一栋具体的建筑总是落在一个地方，这个地方一定只属于一个气候子区，本标准对一个气候子区提供一张建筑围护结构热工性能表格。换言之，每一栋具体的建筑在设计或审查过程中，只要查一张表格即可。

对于气候区划与行政区划之间的关系，标准认为：如何确定各气候子区 $HDD18$ 的取值范围，只能是相对合理。无论如何取值，总有一些城市靠近相邻分区的边界，如将分界的 $HDD18$ 值作出调整，这些城市就会被划入另一个分区，这种现象也是不可避免的。有时候这种情况的存在会带来一些行政管理上的麻烦，例如有一些省份由于一两个这样的城市的存在，建筑节能工作的管理中就多出了一个气候区，对这样的情况可以在地方性的技术和管理文件中作一些特殊的规定。

3.2 二级区划指标

从两个不同的气候区划指标看，所用到的分区指标主要是最冷（热）月平均温度和采暖（空调）度日数两种。

采用最冷（热）月平均温度作为二级区划指标，优点是该指标与原热工区划指标一致，便于确定合理的区划指标值；指标与《夏热冬暖地区居住建筑节能设计标准》JGJ 75—2012 中的二级区划指标一致，新分区与夏热冬暖地区节能标准中已有的二级区划易于统一。缺点是温度仅反映冷热的程度，但无法体现冷暖时间的长短；采用该指标的分区会与严寒和寒冷地区节能标准中已有的二级区划有所出入。

采用采暖（空调）度日数作为二级区划指标，优点是度日数中包括了温度和时间两个要素，可以弥补一级区划中将时间项（$d_{\leqslant 5}$，$d_{\geqslant 25}$）作为辅助指标所导致的冷热时长没能得到充分体现的不足；指标与《严寒和寒冷地区居住建筑节能设计标准》JGJ 26—2010 中的二级区划指标一致，新分区与严寒和寒冷地区节能标准中已有的二级区划易于统一。缺点是采用该指标的分区会与夏热冬冷地区节能标准中已有的二级区划有所出入。

通过比较研究发现：若按照最冷（热）月平均温度作为二级区划指标，划分出的二级区划与原一级区划大致重合。但在部分地区存在较大的差别，例如：原属于严寒地区的张掖、西宁、张家口等被划入了寒冷地区；原属寒冷地区的青岛、日照、宝鸡、西安、徐州等被划入了夏热冬冷地区；原属夏热冬冷地区的韶关等被划入了夏热冬暖地区；原属寒冷地区的林芝被划入了温和地区。分析其原因可以发现，多数区划出现变动的地区都在原区划分界线附近。受气候变暖的影响，区划边界都有向北偏移的趋势。于是出现了上述细分二级区划时出现的与原一级区划矛盾的问题。

若采用采暖（空调）度日数作为二级区划指标，由于该指标与一级区划指标不同，所以细分时，可以按照原一级区划的结果确定出合理的二级区划指标值即可，可以避免采用最冷（热）月平均温度作为二级区划指标时所出现的问题，可以保证达到"大区不动"的分区原则。

4 度日数分区结果

4.1 指标值的确定

确定指标值时，首先找出原一级区划分界线附近的城市，并分析其采暖（空调）度日数的分布，以此为据初步确定二级区划指标值。完成初步分区后，再对结果进行分析，并作出适当的调整，以确保细化分区与原一级区划不发生冲突。

采用采暖（空调）度日数进行二级区划时，调整确定的指标值如表8所示。

表8　二级区划指标

二级分区名称	区划指标	设计要求
严寒A区（1A）	6000≤HDD18	冬季保温要求极高
严寒B区（1B）	5000≤HDD18<6000	冬季保温要求非常高
严寒C区（1C）	3800≤HDD18<5000	冬季保温要求较高
寒冷A区（2A）	2000≤HDD18<3800 CDD26≤90	冬季保温要求高，无夏季防热要求
寒冷B区（2B）	2000≤HDD18<3800 CDD26>90	冬季保温要求高，有夏季防热要求
夏热冬冷A区（3A）	1200≤HDD18<2000	冬季保温、夏季防热兼顾
夏热冬冷B区（3B）	700≤HDD18<1200	夏季防热为主、冬季保温为辅
夏热冬暖A区（4A）	500≤HDD18<700	夏季防热为主，有冬季保温要求
夏热冬暖B区（4B）	HDD18<500	夏季防热为主，无保温要求
温和A区（5A）	CDD26<10 700≤HDD18<2000	有冬季保温需求，无防热要求
温和B区（5B）	CDD26<10 HDD18<700	保温、隔热要求不突出

4.2 分区结果分析

由于采用了与原热工区划完全不同的分区指标，细化分区完成后，新、旧分区之间（特别是边界）的变化不大。

需要指出的是：影响气候的因素很多，地理距离的远近并不是造成气候差异的唯一因素。海拔高度、地形、地貌、大气环流等对局地气候影响显著。因此，各区划间一定会出现相互参差的情况。这在只有5个一级区划时已经有所表现，但由于一级区划的尺度较大，现象并不明显。当将一级区划细分后，这一现象被放大显现了出来。

因此，建议二级区划不再采用分区图的形式表达，改用表格的形式给出每个城市的区属。这样避免了复杂图形可能带来的理解偏差，各城市的区属明确且边界清晰。

采用采暖（空调度日数）作为区划指标时，因为HDD18、CDD26既反映了一个地区的冷热程度，又反映了冷热时间的长短，是反映建筑能耗高低较为合适的指标，划分的子区更适合节能标准使用。该指标采用了新的二级区划指标，在热工一级区划内进行细分，一、二级区划指标不同，不会与"大区不动"的调整原则冲突，且分区结果与《严寒和寒冷地区居住建筑节能设计标准》JGJ 26—2010 一致。为了做到分区时"不重不漏"，区划指标中 $HDD18$ 的分量较重，造成形式上看确定出的区划指标值更多地体现了"冷"的需求，"热"需求体现较少，且该指标与《夏热冬暖地区居住建筑节能设计标准》JGJ 75—2010 的二级区划指标不一致。

5 结论与建议

建筑热工设计气候分区细化研究得到的阶段性结论与建议如下：

1）从确定的三条区划细分原则看，选择采暖（空调度日数）作为二级区划指标更为合适。

2）建议二级区划不再采用分区图的形式表达，改用表格的形式给出每个城市的区属。

3）按照行政区划调整气候区划的需求并不突出。按照行政区划调整气候区划的原则是：当地形变化小，气候状况无明显变化时，可以按照行政区划对气候分区进行调整；当地形变化大，气候状况变化剧烈时，不宜按照行政区划对气候区属进行调整。

专题二 非透光围护结构保温设计指标的选择与确定

董　宏　林海燕　周　辉
中国建筑科学研究院

保温设计是《民用建筑热工设计规范》GB 50176 中针对建筑围护结构的主要设计内容之一。从建筑热工设计的总体目标"使民用建筑热工设计与地区气候相适应，保证室内基本的热环境要求，符合国家节能减排的方针"出发，建筑保温设计应当保证"建筑外围护结构应具有抵御冬季室外气温作用和气温波动的能力"。如何将建筑围护结构的保温性能控制到合理的水平，是这一部分章节的核心内容。保温设计指标的选择与确定是其中的关键性问题。

1　原规范中的规定

《民用建筑热工设计规范》GB 50176—93（原规范）中，对围护结构保温设计的相关规定如下：

第 4.1.1 条设置集中采暖的建筑物，其围护结构的传热阻应根据技术经济比较确定，且应符合国家有关节能标准的要求，其最小传热阻应按下式计算确定：

$$R_{0 \cdot \min} = \frac{(t_i - t_e)n}{[\Delta t]} R_i \tag{23}$$

式中：$R_{0 \cdot \min}$——围护结构最小传热阻（$m^2 \cdot K/W$）；

t_i——冬季室内计算温度（℃），一般居住建筑，取 18℃；高级居住建筑，医疗、托幼建筑，取 20℃；

t_e——围护结构冬季室外计算温度（℃）；

n——温差修正系数；

R_i——围护结构内表面换热阻（$m^2 \cdot K/W$）；

$[\Delta t]$——室内空气与围护结构内表面之间的允许温差（℃）。

由上述规定可以看出：原规范在围护结构保温设计的指标是最小传热阻。最小传热阻是由室内外设计温度、围护结构在建筑中的部位、围护结构内表面控制温度等共同决定的。

原规范保温设计将围护结构的最小传热阻作为控制指标。最小传热阻的计算公式中的各项参数基本是由规范给定的，只能依据建筑所在地、建筑功能、围护结构部位选取。也就是说，对于每一个特定的建筑，围护结构保温性能所需要达到的标准是固定的。

在计算最小传热阻所需的各项参数中，室内空气与围护结构内表面之间的允许温差 $[\Delta t]$ 是确定保温设计标准最重要的控制项。原规范对允许温差的规定见表 9。

表 9　室内空气与围护结构内表面之间的允许温差 [Δt]（℃）

建筑物和房间类型	外墙	平屋顶和坡屋顶顶棚
居住建筑、医院和幼儿园等	6.0	4.0
办公楼、学校和门诊部等	6.0	4.5
礼堂、食堂和体育馆等	7.0	5.5
室内空气潮湿的公共建筑： 不允许外墙和顶棚内表面结露时 允许外墙内表面结露，但不允许顶棚 内表面结露时	t_1-t_4 7.0	$0.8(t_1-t_4)$ $0.9(t_1-t_4)$

原规范中也指出，最小热阻仅保证北方地区一般民用建筑在采暖期内表面不结露。通过计算可知：在标准大气压下，当室内空气相对湿度为 60%，空气温度为 18℃时，空气的露点温度是 10.16℃；空气温度为 20℃时，空气的露点温度为 12.04℃。这两种原规范规定的室内温度工况条件下，露点温度与室内空气温度之间的温差分别为 7.84K 和7.96K。因此可以看出：原规范规定的外墙内表面温度与室内空气温度的温差为 6K～7K，仅比露点温度与空气温度的温差略小。

2　设计指标的选择

2.1　原规范的指标和限值已与当前的社会经济发展水平不协调

原规范的编制工作开始于 20 世纪 80 年代，定稿于 90 年代初，规范采用保证围护结构内表面不结露的最小热阻作为围护结构保温性能的要求与当时的社会经济发展状况是相适宜的。

但是，自原规范颁布实施至今的 20 多年间，社会经济飞速发展，相应地，人们对居住环境和建筑质量的要求也在飞速提高。特别是随着建筑节能工作的开展，建筑围护结构的保温性能早已大幅提高。

若还将保证围护结构内表面不结露作为围护结构保温设计的目标，将据此计算得到的"最小热阻"作为围护结构保温设计的指标，已经无法满足现在及未来一段时期人们对室内热环境和建筑保温性能的需求。

2.2　指标应能对不同的热工性能需求进行限定

虽然我国的经济总量已经跃居世界第二，但是国内在不同地区间经济社会发展水平仍然非常不平衡。因此，对全国的建筑难以科学、准确地提出统一的要求。

此外，民用建筑类型丰富，既有人们日常使用的住宅、办公、商业建筑，也有使用频次较低的体育、观演、纪念建筑。这些建筑的空间、体量和使用方式差异非常大，围护结构热工性能对使用者热舒适的影响程度也不尽相同。即使是同一栋建筑中的不同房间，在使用模式和频次上也不完全一样。因此，面对如此复杂多样的热工需求，都采取同样的设计标准显然也是不科学的。

2.3 与满足人体热舒适的热工设计目标相协调

建筑热工设计的主要目标是保证室内基本的热环境要求，人体热舒适是主要的关注对象之一。按照 Fanger 的 PMV-PPD 热舒适理论，影响 PMV-PPD 的主要因素包括：平均辐射温度、空气温度、湿度、风速、衣着、活动量。其中，与建筑围护结构相关的是平均辐射温度。因此，控制住外围护结构在冬季采暖工况下的内表面温度就能控制好室内平均辐射温度，围护结构对人体热舒适的作用也就体现出来了。

在给定室内设计温度的前提下，原规范中确定最小传热阻最重要的控制项"室内空气与围护结构内表面之间的允许温差 [Δt]"的实质也是在控制外围护结构结构内表面的温度。因此，规范修订时仍然将"室内空气与围护结构内表面之间的允许温差 [Δt]"作为围护结构保温设计的指标。这样也便于根据不同的建筑保温需求确定不同的设计标准。

3 设计指标值的确定

3.1 低限要求

从为满足不同使用要求和不同投资水平的建筑需求出发，应当为建筑围护结构保温设计提出低限要求。低限要求只保证建筑的正常使用，不致对人身安全和健康产生危害即可。因此，规范将围护结构内表面不结露作为采暖建筑外围护结构保温设计的低限要求，即：要求围护结构内表面温度与室内空气温度的温差小于室内空气温度与室内空气露点温度的温差。

3.2 基本热舒适要求

按照国内目前的社会经济发展水平，规范将建筑外围护结构保温设计更高一级的要求确定为"基本热舒适"。按照《民用建筑室内热湿环境评价标准》GB/T 50785—2012 中的对评价等级的划分，选择Ⅱ级作为热工设计对基本热舒适的要求，其对应的热舒适指标为：$10\% < PPD \leqslant 25\%$，$-1 \leqslant PMV < -0.5$。

按照 ISO7730—2005 Ergonomics of the thermal environment—Analytical determination and interpretation of thermal comfort using calculation of the PMV and PPD indices and local thermal comfort criteria 中的规定，影响人体热舒适的除了上述整体指标外，还需要对其他 4 项指标进行控制，分别是：辐射温度不对称性（radiant temperature asymmetry）、吹风感（draught）、垂直空气温差（vertical air temperature difference）、地板表面温度（floor surface temperature）。

这 4 项局部指标中对壁面温度有影响的主要是：辐射温度不对称性和地板表面温度。ASHRAE55—2004 Thermal environmental conditions for human occupancy 中给出了相应的限值要求，其规定的 PD 见表 10。

表 10　ASHRAE55 中对不同指标 PD 的要求

Percentage Dissatisfied Due to Local Discomfort from Draft (DR) or Other Sources (PD)

DR Due to Draft	PD Due to Vertical Air Temperature Difference	PD Due to Warm or Cool Floors	PD Due to Radiant Asymmetry
<20%	<5%	<10%	<5%

按照上表的要求，ASHRAE 55—2004 中给出的地板表面温度限值见表 11。

表 11　ASHRAE55 中对地板温度的要求

Allowable Range of the Floor Temperature

Range of Surface Temperature of the Floor ℃ (℉)
19-29 (66.2-84.2)

可以看出，ASHRAE 标准中的热舒适水平还是很高的。其地板允许温度的下限是 19℃。我国规定的室内采暖温度才 18℃，达到这一要求显然是不现实的。适当放宽 PD 的要求，按照 ASHRAE 55—2004 给出的地板温度和不满意率的关系图（图 3），当 PD 等于 17.5% 时，冬季地面温度约为 16℃。

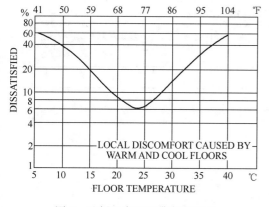

图 3　地板温度和不满意率关系

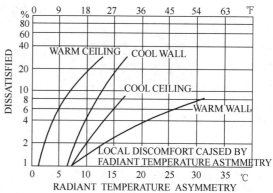

图 4　不同壁面辐射温度不对称性与不满意率关系

ASHRAE 55—2004 中给出了不同壁面辐射温度不对称性与不满意率的关系如图 4 所示。可以看出：对于同样的不满意率，对围护结构辐射温度不对称性的要求由高到低依次为：热天花板、冷墙面、冷天花板、热墙面。因此，对于保温情况而言，对墙面的要求应当高于屋面。

按照原热工规范，屋顶内表面温度与室内空气温度的限值在 4K～5.5K 之间。从适度提高标准的角度看，这一温差的限值不应低于 4K。

按照上述分析，确定的围护结构内表面温度与室内空气温差的限值见表 12。

表 12　围护结构内表面温度与空气温度的温差限值

序号	围护结构部位	允许温差（K）
1	屋顶	4
2	墙面	3
3	地面	2

4 规范的相关规定

为了保证建筑外围护结构具有抵御冬季室外气温波动的能力，在进行围护结构保温设计时，对按照上述围护结构内表面温度与室内空气温度温差限值计算出的围护结构热阻最小值，还需要按照不同材料和建筑不同部位进行密度和温差修正，具体规定如下：

$$R_w = \varepsilon_1 \varepsilon_2 R_{min \cdot w} \tag{24}$$

其中：R_w ——修正后的热阻最小值（$m^2 \cdot K/W$）；

    ε_1 ——热阻最小值的密度修正系数，可按表 13 选用；

    ε_2 ——热阻最小值的温差修正系数，可按表 14 选用；

$R_{min \cdot w}$ ——热阻最小值（$m^2 \cdot K/W$）。

表 13　热阻最小值的密度修正系数 ε_1

密度（kg/m^3）	$\rho \geqslant 1200$	$1200 > \rho \geqslant 800$	$800 > \rho \geqslant 500$	$500 > \rho$
修正系数 ε_1	1.0	1.2	1.3	1.4

注：ρ 为围护结构的密度。

表 14　热阻最小值的温差修正系数 ε_2

部位	修正系数 ε_2
与室外空气直接接触的围护结构	1.0
与有外窗的不采暖房间相邻的围护结构	0.8
与无外窗的不采暖房间相邻的围护结构	0.5

专题三 非平衡保温设计及其适用性

杨 柳

西安建筑科技大学

1 非平衡保温设计的提出背景

围护结构传热系数是表征采暖建筑外墙传热性能的重要参数，《严寒和寒冷地区居住建筑节能设计标准》JGJ 26 中，规定了采暖居住建筑不同朝向围护结构传热系数的修正系数，其作用是对太阳辐射引起的围护结构传热量值进行修正。"传热系数修正系数"方法，是从建筑耗热量计算角度出发的，解决的是围护结构传热量计算的准确性问题，并不涉及不同朝向围护结构传热阻的差别，即采用该方法设计的节能墙体简称为"平衡保温"。平衡保温构造墙体的传热系数不随墙体朝向变化而变化，但受太阳辐射热作用的朝向差异性影响，不同朝向墙体室内外传热的外边界条件不同，因此采用该方法进行围护结构热工设计时，存在"平衡保温，非平衡传热"的现象。由于一般采暖地区的太阳辐射强度不高，不同朝向外墙的传热外边界条件差异有限，采用相同的传热系数（平衡保温构造）时，能够简化墙体热工设计过程，具有工程应用便利的优点。

非平衡保温设计，是根据不同朝向外墙所受到的太阳辐射热作用差异，利用"等热流"设计原理，将不同朝向外墙设计成非等同传热系数的一种墙体热工设计方法。即：在各朝向太阳辐射热作用差异条件下，不同朝向外墙传热热流密度相同而墙体的传热系数不同，其中，南向墙体传热系数较大、北向较小、东西向居中。理论上，当建筑采用"非平衡保温设计"时，只有不同朝向围护结构所受到的"太阳辐射当量温度"相等，各朝向外墙的传热系数才相等，即"平衡保温构造"是"非平衡保温构造"的特例，"非平衡保温构造"是一种广义的概念。

实际采暖建筑必然受到太阳辐射热作用，并且这种热作用会随外墙朝向不同而有所差异，特别是对于太阳辐射强度高的地区（如青藏高原及其周边地区），这种太阳辐射热作用的朝向差异性更显著。因此，此类地区的居住建筑围护结构热工设计时，若仅从建筑能耗角度出发采用"平衡保温构造"，而忽略了不同朝向太阳辐射热作用差异性对围护结构传热阻的影响，将不利于对建筑围护结构的技术经济性提升。

我国地域辽阔，各地区气候差异较大，其中青藏高原及其周边地区是我国太阳能资源最为的丰富地区，这些地区的累年南向辐射温差比（ITR）大于 $4W/(m^2 \cdot ℃)$，且南向垂直面太阳辐射强度（I）大于 $60W/m^2$。这些地区的代表城市及辐射温差比，见表 15。

建筑围护结构所受到的室外热作用是室外空气温度、太阳直射辐射、天空散射辐射等的综合作用。不同朝向室外综合温度按下式计算：

$$t_{se} = t_e + \frac{\rho_s I}{\alpha_e} \tag{25}$$

式中：t_{se}——室外综合温度（℃）；

$\quad\quad t_e$——室外空气温度（℃）；

$\quad\quad I$——投射到围护结构外表面的太阳辐射照度（W/m²）；

$\quad\quad \rho_s$——外表面的太阳辐射吸收系数。

表15　辐射温差比分区

分区	南向辐射温差比 ITR [W/(m²·℃)]	南向垂直面太阳辐射强度 I(W/m²)	代表城市
Ⅰ区	ITR≥8	I≥60	拉萨，日喀则，昌都，昆明，大理，西昌，林芝
Ⅱ区	4≤ITR<8	I≥60	银川，西宁，格尔木，哈密，民勤，敦煌，甘孜，松潘，阿坝，若尔盖，康定

注："南向辐射温差比"为建筑南向垂直面所受到的平均辐照度与室内外温差的比值。

由于太阳直射辐射具有朝向不均衡特点，与一般内陆地区相比，青藏高原及其周边地区的室外热作用的朝向差异性更为显著。以拉萨和银川地区为例，根据典型气象年数据，计算出采暖期内两个地区不同朝向围护结构所受到的太阳辐射强度及室外综合温度平均值，结果见表16。

表16　拉萨、银川采暖期不同朝向的太阳辐射及室外综合温度

地区	室外气象参数	水平面	南向	东向	西向	北向
拉萨	太阳辐射强度 I(W/m²)	181.1	220.6	113.8	93.4	38.5
	室外综合温度 t_{sa}(℃)	6.7	8.0	4.5	3.9	2.1
银川	太阳辐射强度 I(W/m²)	127.6	159.6	64.8	73.6	36.6
	室外综合温度 t_{sa}(℃)	1.4	2.4	−0.6	−0.4	−1.5

从表16可见，不同朝向太阳辐射强度有所不同，垂直面中南向最高，北向最低，东向和西向介于南向与北向之间。其中，拉萨地区的南向垂直面所受到的太阳辐射强度是北向的5.73倍；银川地区南向太阳辐射强度是北向的4.36倍。拉萨、银川地区不同朝向的室外综合温度变化规律与太阳辐射的变化规律相似，垂直面中呈现出南向室外综合温度最高，北向最低，东西向相近且介于南北向之间。拉萨地区的南向室外综合温度比北向的高5.9℃，达到8.0℃；银川地区的南向室外综合温度比北向高3.9℃，达到2.4℃。

通过两个地区的太阳辐射强度及不同朝向室外综合温度差异分析可知，太阳辐射强度越高的地区，不同朝向室外综合温度的差异性越大，围护结构传热的外边界条件随朝向差异也越大。

2　非平衡保温设计的原理与方法

位于强太阳辐射区的采暖建筑，太阳辐射热作用对围护结构传热影响显著。太阳辐射对围护结构的热作用具有方向性特征，不同朝向围护结构的传热受到太阳辐射热作用的影响程度是不一样的，因此采用不同朝向室外综合温度作为围护结构传热计算的外边界条件，既能考虑到室外空气温度对围护结构传热的影响，又能结合围护结构的具体朝向综合

考虑太阳辐射造成的影响。相对于"等传热系数"的"平衡保温设计"而言，"等热流密度"的"非平衡保温设计"，能够弱化不同朝向外墙的外边界条件差异对墙体传热所造成的影响，从而有助于提高建筑围护结构系统的热工性能。例如：拉萨地区属于高太阳辐射强度地区，该地区的建筑南向外墙受到的太阳辐射热作用远大于北向外墙，因此，如果外墙热阻不加以朝向的区分，必然北向外墙失热过多，而南向外墙又热阻过大，并造成南北向外墙内表面温度差别较大(南向高、北向低)，影响室内热舒适度。

非平衡保温设计，是基于非平衡传热系数实现的。非平衡传热系数 K_i^*，是指不同朝向的围护结构在室内温度与室外综合温度相差 1K 时，单位面积围护结构在单位时间内的平均传热量。利用非平衡传热系数，进行墙体热工设计时，须确定出建筑各不同朝向非透光围护结构传热系数相关性。确定方法如下：

$$q_S = q_N = q_E = q_W \tag{26}$$

式中：q_S、q_N、q_E、q_W ——分别为南、北、东、西外墙单位面积净传热失热量(W/m^2)。

$$q = K_s^*(t_i - \overline{t_{se \cdot s}}) = K_n^*(t_i - \overline{t_{se \cdot n}}) = K_e^*(t_i - \overline{t_{se \cdot e}}) = K_w^*(t_i - \overline{t_{se \cdot w}}) \tag{27}$$

$$K_s^* = \frac{(t_i - \overline{t_{se \cdot n}})}{(t_i - \overline{t_{se \cdot s}})} K_n^* = \frac{(t_i - \overline{t_{se \cdot e}})}{(t_i - \overline{t_{se \cdot s}})} K_e^* = \frac{(t_i - \overline{t_{se \cdot w}})}{(t_i - \overline{t_{se \cdot s}})} K_w^* \tag{28}$$

式中： q ——不同朝向外墙的单位面积传热失热量(W/m^2)；

K_s^*、K_n^*、K_e^*、K_w^* ——分别为南向、北向、东向外墙和西向外墙的非平衡传热系数 $[W/(m^2 \cdot K)]$；

t_i ——冬季室内计算温度($℃$)；

$\overline{t_{se \cdot s}}$、$\overline{t_{se \cdot n}}$、$\overline{t_{se \cdot e}}$、$\overline{t_{se \cdot w}}$ ——分别为南向、北向、东向外墙和西向外墙采暖期平均室外综合温度值($℃$)。

由于 $\overline{t_{se \cdot e}}$ 和 $\overline{t_{se \cdot w}}$ 相差较小，为简化设计，两者取相同的值，即取两者的平均值 $\overline{t_{se \cdot e \cdot w}}$ (注：$\overline{t_{se \cdot e \cdot w}} = \dfrac{\overline{t_{se \cdot e}} + \overline{t_{se \cdot w}}}{2}$)。

$$K_{e \cdot w}^* = K_e^* = K_w^* \tag{29}$$

$$K_s^* = \frac{(t_i - \overline{t_{se \cdot n}})}{(t_i - \overline{t_{se \cdot s}})} K_n^* = \frac{(t_i - \overline{t_{se \cdot e \cdot w}})}{(t_i - \overline{t_{se \cdot s}})} K_{e \cdot w}^* \tag{30}$$

式中：$K_{e \cdot w}^*$ ——东西向外墙的平均非平衡传热系数 $[W/(m^2 \cdot K)]$。

按上式计算可得出不同朝向外墙的非平衡传热系数相关性，即：

$$K_s^* = xK_n^* = yK_{e \cdot w}^* \tag{31}$$

式中：x 和 y ——大于 1 的系数，$x = \dfrac{(t_i - \overline{t_{se \cdot n}})}{(t_i - \overline{t_{se \cdot s}})}$ ，$y = \dfrac{(t_i - \overline{t_{se \cdot e \cdot w}})}{(t_i - \overline{t_{se \cdot s}})}$ 。

根据式(31)进行节能建筑外墙热工参数的调整验算与设计，并使整个建筑的最终节能指标满足相关标准的要求。同时，K_s^*、K_n^* 和 $K_{e \cdot w}^*$ 的最终取值，须满足低限热阻要求。由于本规范并非节能标准，对于"非平衡保温"问题，侧重于提供不同朝向外墙的热工设计方法。

3 非平衡保温设计的适用性

非平衡保温设计方法旨在解决因太阳辐射所引起的"平衡保温构造"的"非平衡失

热"问题。由于太阳能丰富地区采暖建筑的不同朝向太阳辐射当量温度差别较大，因此采用"平衡保温构造"设计时，不利于围护结构技术性能优化。以拉萨、银川和西安三个地区为例，对非平衡保温的适用性进行分析。

3.1 传热阻变化对不同朝向外墙节能效果的影响

由于太阳辐射具有朝向差异性，不同朝向外墙所对应的室外综合温度有所不同，根据典型气象年数据可计算出三个地区采暖期不同朝向室外综合温度，见表17。

表17 拉萨、银川、西安采暖期室外综合温度平均值

地区	室外综合温度 t_{se}（℃）			
	南向	东向	西向	北向
拉萨	8.0	4.5	3.9	2.1
银川	2.4	−0.6	−0.4	−1.5
西安	6.6	5.1	5.2	4.6

不同朝向外墙单位面积传热失热量按下式计算：

$$q_j = K_j(t_i - \overline{t_{se \cdot j}}) = \frac{t_i - \overline{t_{se \cdot j}}}{R_{0 \cdot j}} \tag{32}$$

式中：q_j——各朝向外墙的单位面积传热失热量（W/m²）；

K_j——各朝向外墙的传热系数[W/(m² · K)]；

t_i——室内计算温度，取18℃；

$\overline{t_{se \cdot j}}$——各朝向室外综合温度平均值（℃）；

$R_{0 \cdot j}$——各朝向外墙的传热阻（m² · K/W）。

根据表17中的各朝向室外综合温度，由式（32）计算得三个地区不同朝向外墙单位面积传热失热量随墙体传热阻变化的规律，见表18。

表18 不同传热阻下各朝向外墙单位面积传热失热量（W/m²）

地区	外墙朝向	外墙传热阻（m² · K/W）			
		1.0	1.5	2.0	2.5
拉萨	南墙	10.00	6.67	5.00	4.00
	东墙	13.50	9.00	6.75	5.40
	西墙	14.10	9.40	7.05	5.64
	北墙	15.90	10.60	7.95	6.36
银川	南墙	15.60	10.40	7.80	6.24
	东墙	18.60	12.40	9.30	7.44
	西墙	18.40	12.27	9.20	7.36
	北墙	19.50	13.00	9.75	7.80
西安	南墙	11.40	7.60	5.70	4.56
	东墙	12.90	8.60	6.45	5.16
	西墙	12.80	8.53	6.40	5.12
	北墙	13.40	8.93	6.70	5.36

从表 18 中的数据可以看出，由于不同朝向外墙所对应的当量温度差异，使得外墙单位面积传热失热量不同。其中，北墙的单位面积失热量最大、南墙最小，并且随着外墙传热阻的增大，北墙、东西墙与南墙的单位面积失热量差值也逐渐减小。上表中数据差异及变化规律表明，北墙、东西墙的单位面积失热量要明显大于南墙，墙体传热阻增加给北墙所带来的节能效益最大、东西墙次之、南墙最小，并且上述规律与太阳辐射强度密切相关。

进一步分析三个地区不同朝向外墙单位面积传热失热量降低值（节能量）随墙体传热阻变化的规律，见图 5。

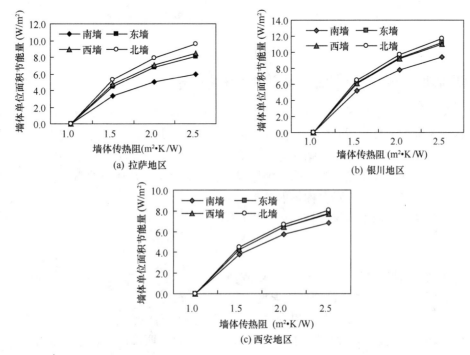

图 5　随墙体传热阻增加各朝向外墙单位面积节能量变化

从图 5 中的墙体单位面积节能量变化曲线可见，随着墙体传热阻的增加，墙体节能效果增强，其中北墙的节能量最大、东西墙次之、南墙最小。不同朝向外墙的墙体节能量差异随墙体传热阻增加而逐渐增大，当墙体传热阻由 $1.0m^2 \cdot K/W$ 增加至 $2.5m^2 \cdot K/W$ 时，拉萨地区北墙的节能量达到 $9.5W/m^2$、南墙为 $6.0W/m^2$，银川地区北墙的节能量达到 $11.7W/m^2$、南墙为 $9.4W/m^2$，西安地区北墙的节能量达到 $8.0W/m^2$、南墙为 $6.8W/m^2$。此外，通过对比图 5 中三个地区的不同朝向外墙单位面积节能量差异还可以发现，虽然墙体传热阻越大各朝向外墙的单位面积节能量差异越大，但不同地区间也存在明显差别，其中拉萨地区最大、银川地区次之、西安地区最小，见图 6。

图 6 的结果表明，太阳辐射强度越高的地区，其北墙、东西墙相对于南墙的不平衡失热现象越显著，增加北墙传热阻所产生的墙体节能效益也越大。

以上分析表明，"非平衡保温设计方法"针对北向失热相对严重，而采用非平衡墙体传热阻能够有效降低北墙的传热热损失，提高建筑的热性能，且该方法适用于青藏高原及

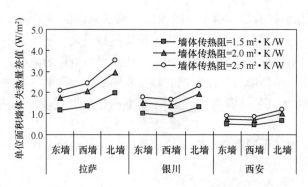

图 6　随传热阻增加各外墙与南墙单位面积节能量差值变化

其周边等太阳能丰富地区。

3.2　两种墙体保温设计方法下的室内热环境差异

室内壁面辐射温度状况是影响热环境质量的重要因素之一。从前文分析可知，太阳能丰富地区的不同朝向外墙所受到的太阳辐照量差异较大，并且这种差异性与太阳辐射强度线性相关。太阳辐射当量温度的朝向差异，造成不同朝向墙体传热的外边界条件不同，进而会影响到室内热环境质量。为明确两种保温设计方法对室内热环境的影响差异，比较分析两种设计方法对室内壁面不对称辐射的影响。

各朝向外墙内表面平均温度 $\theta_{i\cdot j}$ 按下式计算：

$$\theta_{i\cdot j} = t_i - \frac{R_i}{R_{0\cdot j}}(t_i - \overline{t_{\text{se}\cdot j}}) \tag{33}$$

式中：R_i 为内表面换热阻，取 $0.11\text{m}^2 \cdot \text{K/W}$。

3.2.1　两种保温设计方法下的内壁面温度

当采用"平衡保温"设计时，根据式（33）得到各朝向外墙的内表面温度。其中，南墙内表面平均温度为 $\theta_{i\cdot s}$，北墙内表面平均温度为 $\theta_{i\cdot n}$，东西墙内表面平均温度为 $\theta_{i\cdot e\cdot w}$。计算公式如下：

$$\theta_{i\cdot s} = t_i - R_i \cdot K(t_i - \overline{t_{\text{se}\cdot s}}) \tag{34}$$

$$\theta_{i\cdot n} = t_i - R_i \cdot K(t_i - \overline{t_{\text{se}\cdot n}}) \tag{35}$$

$$\theta_{i\cdot e\cdot w} = t_i - R_i \cdot K(t_i - \overline{t_{\text{se}\cdot e\cdot w}}) \tag{36}$$

由前文分析可知，虽然不同朝向的室外综合温度间存在差别，但南北向室外综合温度相差最大，因此以南北墙内壁面平均温度差"$\Delta\theta_{\text{sn}}$"表征室内平均不对称辐射状况。

$$\Delta\theta_{\text{sn}} = \theta_{i\cdot s} - \theta_{i\cdot n} = R_i \cdot K(\overline{t_{\text{se}\cdot s}} - \overline{t_{\text{se}\cdot n}}) \tag{37}$$

由式（37）可以看出，南北墙间的不对称辐射温度是存在的，并且与墙体传热系数及南北向室外综合温度差值有关。根据表 17 中拉萨、银川、西安地区的室外综合温度值，由式（37）可得到三个地区南北墙内壁面间不对称辐射温度表达式，分别为 $\Delta\theta_{\text{sn拉萨}} = 0.65K$、$\Delta\theta_{\text{sn银川}} = 0.43K$、$\Delta\theta_{\text{sn西安}} = 0.22K$。

由此可知，平衡保温设计中存在不对称辐射现象，太阳辐射强度越高的地区不对称辐射越严重，并且不对辐射的大小与墙体传热系数线性相关。

当采用"非平衡保温"设计时，根据式（33）得到各朝向外墙的内表面温度，其中，南墙内表面平均温度为 $\theta_{i\cdot s}^*$，北墙内表面平均温度为 $\theta_{i\cdot n}^*$，东西墙内表面平均温度为 $\theta_{i\cdot e\cdot w}^*$。计算公式如下：

$$\theta_{i\cdot s}^* = t_i - R_i \cdot K_s^* (t_i - \overline{t_{se\cdot s}}) \tag{38}$$

$$\theta_{i\cdot n}^* = t_i - R_i \cdot K_n^* (t_i - \overline{t_{se\cdot n}}) \tag{39}$$

$$\theta_{i\cdot e\cdot w}^* = t_i - R_i \cdot K_{e\cdot w}^* (t_i - \overline{t_{se\cdot e\cdot w}}) \tag{40}$$

式（30）给出了非平衡保温设计方法中不同朝向外墙传热系数间的相关性，即：$K_s^* = \dfrac{(t_i - \overline{t_{se\cdot n}})}{(t_i - \overline{t_{se\cdot s}})} K_n^* = \dfrac{(t_i - \overline{t_{se\cdot e\cdot w}})}{(t_i - \overline{t_{se\cdot s}})} K_{e\cdot w}^*$。将其代入式（35）和式（36），可知 $\theta_{i\cdot s}^* = \theta_{i\cdot n}^* = \theta_{i\cdot e\cdot w}^*$。分析结果表明，采用非平衡保温设计时，采暖期内不同朝向外墙的内表面平均温度相等，不存在内表面的不对称辐射现象。

3.2.2 非平衡保温设计对降低墙体结露风险的适用性

太阳能丰富地区的居住建筑，为充分利用南向光照，常将主要房间布置于南侧，而将厨房、洗手间及储物间等次要房间布置于室内的北侧。由于使用功能的特点，辅助房间内往往会出现周期性的高湿环境，因此增加了北墙内表面结露的风险。正是由于这个原因，既有采暖建筑中北墙结露现象较易出现，特别是在室内温度较低的乡村民居中，北墙结露现象更为常见。

由前文分析可知，非平衡保温设计加强了北墙保温，提高了北墙的传热阻。因此，相对于平衡保温设计而言，非平衡保温设计可提高北墙的内表面温度，从而有利于降低建筑北墙发生结露现象的风险。

3.3 两种保温设计方法下的墙体材料用量

采用非平衡保温设计对改善室内热环境及降低北墙结露风险具有明显的优点，但是在建筑采暖能耗相同的情况下，两种保温设计方法对墙体材料用量是否有所不同，以及非平衡保温设计对室内热环境的改善是否以耗费更多墙体材料为代价等问题，尚需要进一步分析与说明。对此，结合拉萨、银川及西安地区的气候特征，对比分析两种墙体保温设计方法下墙体材料的用量情况。

采暖期内，采暖建筑的稳态热平衡方程为：

$$q_{cc} + q_{in} + q_{辅} = q_{INF} + q_e \tag{41}$$

式中：q_{cc}——单位建筑面积被动式集热量（W/m²）；

q_{in}——单位建筑面积的建筑物内部得热（包括炊事、照明、家电和人体散热）（W/m²）；

$q_{辅}$——单位建筑面积的辅助耗热量（W/m²）；

q_{INF}——单位建筑面积的空气渗透耗热量（W/m²）；

q_e——单位建筑面积通过围护结构传热失热量（W/m²）。

其中：

$$q_e = q_r + q_g + q_{dw} + q_w \tag{42}$$

式中：q_r——单位建筑面积通过屋顶的传热失热量（W/m²）；

q_g——单位建筑面积通过地面的传热失热量（W/m²）；

q_{dw}——单位建筑面积通过门窗的传热失热量（W/m²）；

q_w ——单位建筑面积通过建筑外墙的传热失热量（W/m²）。

其中：
$$q_w = q_{w \cdot s} + q_{w \cdot e} + q_{w \cdot w} + q_{w \cdot n} \tag{43}$$

式中：$q_{w \cdot s}$、$q_{w \cdot e}$、$q_{w \cdot w}$、$q_{w \cdot n}$ ——分别为单位建筑面积通过南墙、东墙、西墙和北墙的传热失热量（W/m²）。

令 $A = q_{cc} + q_{in} - q_{INF} - q_r - q_g - q_{dw}$，则有：
$$A + q_{辅} = q_w = q_{w \cdot s} + q_{w \cdot e} + q_{w \cdot w} + q_{w \cdot n} \tag{44}$$

3.3.1 两种设计方法下的墙体传热系数

为简化分析过程并使分析结果直观，结合太阳能丰富地区采暖建筑的常规设计习惯，对不同朝向外墙的面积进行以下假设：建筑为南北朝向的条形建筑，东西轴线长、南北轴线短；建筑南向开大窗，且窗、门面积占墙体面积的 50%；东西墙面积相等，为北墙面积的 50%；南墙除门窗外的墙面积与北墙相等。

当采用"平衡保温设计方法"时，各朝向外墙的传热系数相同，由式（44）可得：
$$A + q_{辅} = \frac{1}{A_0} \left[KF_{w \cdot s}(t_i - \overline{t_{se \cdot s}}) + 2KF_{w \cdot e \cdot w}(t_i - \overline{t_{se \cdot e \cdot w}}) + KF_{w \cdot n}(t_i - \overline{t_{se \cdot n}}) \right] \tag{45}$$

式中：$F_{w \cdot s}$、$F_{w \cdot e \cdot w}$、$F_{w \cdot n}$ ——分别为非透光围护结构中南墙、东西墙和北墙面积（m²）；

A_0 ——为建筑面积（m²）。

当采用"非平衡保温设计方法"时，由式（44）和式（30）可得：
$$A + q_{辅} = \frac{1}{A_0} \left[K_s^* F_{w \cdot s}(t_i - \overline{t_{se \cdot s}}) + 2K_{e \cdot w}^* F_{w \cdot e \cdot w}(t_i - \overline{t_{se \cdot e \cdot w}}) + K_n^* F_{w \cdot n}(t_i - \overline{t_{se \cdot n}}) \right] \tag{46}$$

将式（45）和式（46）联立，结合不同朝向墙体面积比例，并取采暖期室内计算温度为18℃，代入表17的室外综合温度值，经整理得拉萨、银川及西安地区的 K 与 K^* 的关系式如下：

$$拉萨地区：K = \frac{1}{34.7}(5.0K_s^* + 13.8K_{e \cdot w}^* + 15.9K_n^*) \tag{47}$$

$$银川地区：K = \frac{1}{45.8}(7.8K_s^* + 18.5K_{e \cdot w}^* + 19.5K_n^*) \tag{48}$$

$$西安地区：K = \frac{1}{31.95}(5.7K_s^* + 12.85K_{e \cdot w}^* + 13.4K_n^*) \tag{49}$$

非平衡保温设计方法中不同朝向的非平衡传热系数之间存在相关性，且不同地区的各朝向非平衡传热系数相关性系数不同。根据式（31）和表17中三个地区的室外综合温度，计算得出三个地区的 x 和 y 值，并进而得到平衡传热系数和非平衡传热系数关系，见表19。

表19 三个地区非平衡传热系数的相关性系数

	拉萨	银川	西安
x	1.59	1.25	1.18
y	1.38	1.19	1.13

依据表19中的各朝向非平衡传热系数的相关性系数，利用式（31）将式（47）、式（48）和式（49）变换为下列各式：

$$拉萨地区：K_{拉萨} = \frac{1}{34.7}(5.0K_s^* + 10.0K_s^* + 10.0K_s^*) = 0.72K_s^* \tag{50}$$

银川地区：$K_{银川} = \dfrac{1}{45.8}(7.8K_s^* + 15.5K_s^* + 15.6K_s^*) = 0.85K_s^*$ (51)

西安地区：$K_{西安} = \dfrac{1}{31.95}(5.7K_s^* + 11.4K_s^* + 11.4K_s^*) = 0.89K_s^*$ (52)

3.3.2 两种保温设计方法下的墙体材料用量分析

为便于材料用量的比较分析，假定建筑外墙仅由某一种材料构成，而不是由多种材料复合构成。墙体传热系数与墙体传热阻的关系如下：

$$\frac{1}{K} = \frac{d}{\lambda} + R_i + R_e \tag{53}$$

式中：d ——为墙体材料厚度（m）；

    λ ——为墙体材料的导热系数[W/(m·K)]；

R_i、R_e ——分别为墙体内外表面换热阻，分别取 0.11m^2·K/W 和 0.04m^2·K/W。

由式（53）可得：$d = \lambda\left(\dfrac{1}{K} - 0.15\right)$。

采用"平衡保温设计方法"下的墙体材料用量为：

$$M_j = d(F_{W·s} + F_{W·e} + F_{W·w} + F_{W·n}) = 2.5\lambda\left(\frac{1}{K_j} - 0.15\right)F_{W·n} \tag{54}$$

式中：M_j ——为不同地区的平衡保温设计下的墙体材料用量（m³）；

    K_j ——为不同地区的平衡保温墙体传热系数[W/(m²·K)]；

    j ——分别指拉萨、银川、西安地区。

采用"非平衡保温设计方法"时，不同朝向外墙的厚度不同。由式（45）可分别算出南墙厚度 d_s、东西墙厚度 $d_{e·w}$、北墙厚度 d_n 为：$d_s = \lambda\left(\dfrac{1}{K_s^*} - 0.15\right)$、$d_{ew} = \lambda\left(\dfrac{y}{K_s^*} - 0.15\right)$、$d_n = \lambda\left(\dfrac{x}{K_s^*} - 0.15\right)$。墙体材料用量 M^* 为：

$$M^* = d_s F_{W·s} + 2d_{e·w}F_{W·e·w} + d_n F_{W·n} = \lambda\left(\frac{0.5 + x + y}{K_s^*} - 0.375\right)F_{W·n} \tag{55}$$

根据式（50）、式（51）、式（52）中同一地区平衡传热系数 K 与非平衡传热系数 K_s^* 的关系，结合表19中非平衡传热系数的相关性系数，由式（55）得到拉萨、银川、西安地区的墙体材料用量如下：

$$M_j^* = \lambda\left(\frac{2.5}{K_j} - 0.375\right)F_{W·n} \tag{56}$$

式中：M_j^* ——不同地区的非平衡保温设计下的墙体材料用量（m³）。

由式（54）和式（56）可知，两种保温设计方法所用墙体材料的量相同。太阳能丰富地区采暖建筑采用非平衡保温设计时，能够改善室内热环境并降低北墙结露风险，太阳辐射强度越高的地区这种改善作用越明显，且这些效益的获得并不会增加墙体材料的消耗。

综上分析表明，处于表15中"Ⅰ区"和"Ⅱ区"（特别是西藏高原及其周边地区）的采暖建筑，在进行围护结构热工设计时，宜采用"非平衡保温"设计方法。采用非平衡保温设计，能显著减少北墙的传热损失，又有利于改善室内的热舒适性。

专题四　建筑围护结构隔热设计指标的选择与确定

冯　雅　钟辉智　南艳丽

中国建筑西南设计研究院有限公司

对于我国北方冬季采暖建筑，采暖期围护结构热过程基本上热量从室内流向室外，通常可以采用稳态传热的方法计算，热阻（或传热系数）是衡量围护结构保温性能最重要的指标。但南方非透光围护结构（墙体、屋顶）传热过程为室外综合温度作用下一种非稳态传热，尤其在夏热冬冷地区，夏季白天外围护结构受到太阳辐射被加热升温，向室内传递热量，夜间围护结构散热，即存在建筑围护结构内、外表面日夜交替变化方向传热，以及在自然通风条件下对围护结构双向温度波作用；冬季基本上是以通过外围护结构向室外传递热量为主的热过程。这种围护结构外表面温度昼夜间的剧烈波动，围护结构热过程则不能简单地采用稳态传热计算方法，在这种情况下除了考虑围护结构的热阻外，还必须考虑围护结构蓄热性能对热传递的衰减与延迟，因此，衰减与延迟也是评价非透光围护结构隔热性能的两个非常重要指标，其中衰减对建筑室内热环境影响最直接的体现是围护结构内表面温度，是体现建筑围护结构夏季防热特性好坏最基本的指标。

在温度波幅很大的非稳态传热条件下，围护结构热特性除了受热阻影响外，还必须考虑由于围护结构蓄热所造成的温度和热流波在围护结构中传播时的衰减和延迟。衰减与延迟是评价建筑围护结构隔热性能两个重要的指标，直接影响到围护结构内表面温度的波幅大小和出现时间，在围护结构热阻相同的条件下，衰减倍数与延迟时间的不同会对建筑室内热环境与实际能耗有较明显影响。

例如：夏热冬冷地区，在自然通风条件下，衰减倍数大，延迟时间长的围护结构在晚上9点钟以后出现峰值，而此时室外空气温度比较低，可以通过通风的方式改善室内环境而不需要开空调；但对于衰减倍数小，延迟时间短的围护结构，有可能在下午5点墙体内表面就出现峰值，此时室外温度仍然处于较高的温度，无法通过通风的方式进行降温，必须通过人工制冷的方式进行降温。因此，建筑隔热把围护结构内表面温度作为夏季隔热的主要指标。

我国南方地区夏季屋面外表面综合温度会达到60℃以上，西墙外表面温度达50℃以上，围护结构外表面综合温度的波幅可超过20℃，造成围护结构内表面温度出现很大的波动，使围护结构内表面平均辐射温度大大超过人体热舒适热辐射温度，直接影响室内热环境的好坏，因此，把内表面最高温度作为控制围护结构隔热性能最重要的指标用强制性条文给予规定。如何确定非透光围护结构隔热性能的评价指标，是南方建筑围护结构热工设计必须解决的关键问题。

1　GB 50176—93 中对非透光围护结构隔热性能指标的确定

在 GB 50176—93 中，隔热设计将围护结构内表面最高温度低于当地夏季室外计算温度最高值作为评价指标，相当于在自然通风条件下 240mm 实心砖墙（清水墙，内侧抹 20mm 石灰砂浆）的隔热水平，规定围护结构内表面最高温度低于当地夏季室外计算温度最高值。

GB 50176—93 的外围护结构内表面温度计算采用了什克洛维尔的谐波反应法，谐波反应法是分析周期性热过程的一种传统计算方法，但 GB 50176—93 给出的多层围护结构（即 GB 50176—93 中的围护结构"平壁"）衰减倍数和延迟时间计算公式［GB 50176—93 的公式附（2.17）和公式（附 2.18）］实际上仅是针对一阶谐波的一个理论解，而由波动的室外空气温度和太阳辐射组成的室外综合温度偏离 sin 或 cos 波很远，是由多阶谐波叠加而成的，因此 GB 50176—93 衰减倍数和延迟时间计算结果与实际测试误差较大。

随着经济水平的发展和国家对建筑节能工作的重视，240mm 砖墙的隔热水平远远达不到今天节能建筑墙体的热工性能，而且越来越多的建筑采用了空调方式进行室内环境的控制，这些情况都与 30 多年前发生了根本性的改变，今天的节能建筑围护结构热工性能已远远高于 240mm 砖墙的指标。因此，根据 GB 50176—93 中所提出的方法来评价自然通风条件下新型节能建筑围护结构的热工设计和热工性能，不可否认存在一定的缺陷，而且手工计算繁杂，精度不高，难以反映材料层顺序对传热频率响应的影响，也与实际工程不相符合。

2 GB 50176—2016 中评价指标限值的确定

通过谐波反应法和数值计算法对比发现，谐波反应法在计算外壁面温度波时，较为准确，与数值模拟结果相差不大，但计算内表面温度时误差较大，达到最高值的时间与数值模拟结果以及实测结果均相差很大。主要原因是围护结构两面都有周期热作用，反向波的出现不仅影响室外空气温度波的衰减倍数，而且大大影响它的衰减和延迟相位，说明简单地用叠加法处理两面都有热作用的墙壁传热问题误差较大，不能准确计算出内表面温度的实际值。

GB 50176—2016 中表 6.1.1、表 6.2.1 给出了外墙和屋面隔热设计的评价标准，分别按自然通风房间和空调房间给出不同的设计限值。

2.1 自然通风房间围护结构热稳定性评价指标

我国在空调使用习惯上与国外发达国家不同，国外空调基本上是全天 24h 连续运行，很少进行自然通风。而我国则是优先考虑自然通风，只有室内温度超过了人体无法忍受温度时，才开启室内空调。Humpherys（1978）总结了来自 36 个地区热舒适现场调查研究结果，提出自然通风建筑室内热中性温度和室外平均温度存在线性关系（图 7）。

可以在不同地区气候条件下，通过围护结构隔热性能与热稳定性对减少空调运行时间与建筑能耗的敏感性分析，确定每个地区的隔热性能，同样可以得出围护结构受室外温度波作用后，房间内表面温度波峰值的延迟时间与衰减倍数的最低要求限值。

通过自然通风房间湿度与风速对自然通风的影响进行了大量的实际测试分析，采用 Humpherys 提出的中性温度和室外平均温度的关系，提出了成都地区自然通风的舒适区域，如图 8 所示。

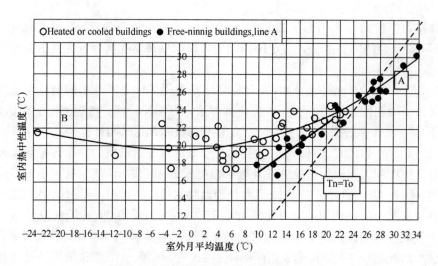

图7　室内热中性温度和室外平均温度关系

　　图8表明可以采用Humpherys提出的中性温度或者采用图8总结的方法建立各地区的自然通风热舒适区间，以确定可以减少空调开启的时间，也说明自然通风在夏季改善室内热环境还是会起到重要的作用，所以在GB 50176—2016中仍然保留了自然通风房间围护结构热稳定性评价指标，也有利于今天被动低能耗建筑的发展，尽可能利用自然通风改善室内热环境，减低建筑能耗。因此，对于自然通风房间围护结构隔热性能的评价和指标，还是采用GB 50176—93中围护结构的隔热评价方法和指标，要求围护结构内表面最高温度低于当地夏季室外计算温度最高值，这样指标简单，可操作性强。

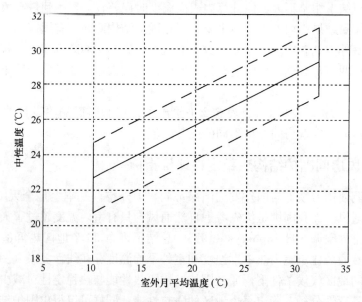

图8　成都地区自然通风热舒适区域

2.2　空调房间围护结构隔热指标的确定

　　用谐波反应法来进行节能建筑围护结构的热工设计和热工性能评价，不可否认存在一定的缺陷，而且计算繁杂，精度不高，难以反映材料层顺序对传热频率响应的影响。因为这种计算方法只考虑了围护结构本身的不稳传热，并未涉及整个房间的不稳定热作用（即房间的放热频率响应），没有区分房间的得热量，冷负荷和除热量三个不同的概念，把进入房间的瞬时得热作为瞬时负荷，导致空调系统设备容量设计偏大。同样在夏季空调、冬季采暖情况下，用我国 80 年代初期确定在自然通风条件下，以传统砖墙的隔热指标来评价现有我国节能建筑夏季空调、冬季采暖围护结构的热工性能，也与实际工程不相符合。

对于空调房间，由于室内环境温度得到控制，建筑节能对控制围护结构热损失提出了要求，围护结构隔热性能的评价仅围绕围护结构本身固有的热特性，而不是整个房间的热特性。在我国南方地区建筑围护结构隔热设计指标到底如何确定，合理而经济的隔热指标与南方地区夏季空调时逐时室外综合温度有关，在确定逐时室外综合温度时，使围护结构内表面上表面温度偏离平均温度的差值，控制在 Δt 以内，以反映围护结构的隔热能力。

因此，本规范提出了在给定边界条件下围护结构隔热性能的评价方法，规定外墙的两侧分别给定空气温度及变化规律，即外墙外表面为当地的夏季最热月典型日的逐时室外综合温度，空调房间外墙内侧空气温度为固定的 26℃，外墙和屋面室内表面温度的最高值与室内空气温度的差值小于规定值。根据外墙和屋面受到的温度波和太阳辐射作用不同，相应 Δt 分别控制在 2.0℃ 和 2.5℃ 以内。

由于围护结构重质与轻质对热稳定性影响很大，所以分别对重质围护结构和轻质围护结构的内表面最高温度作出不同的标准规定，相应 Δt 分别控制在 3.0℃ 和 3.5℃ 以内。

表20～表23分别为我国不同地区几种典型围护结构在夏季空调条件下，隔热效果的计算值，从表中可以看出，室内表面温度的最高值与室内空气温度设计值的差值 Δt 小于规范规定值，外墙 Δt 完全能控制在 2.0℃ 和 2.5℃ 以内；屋面 Δt 完全能控制在 3.0℃ 和 3.5℃ 以内。

表20　室内空调状态下 200 钢筋混凝土＋35EPS 外保温重质墙（西墙）夏季隔热计算参数

地区	室外气温（℃）		室外综合温度（℃）		外表面温度及波幅（℃）			内表面温度及波幅（℃）		
	$\bar{t}_c$	$t_{c \cdot max}$	$\bar{t}_{sa}$	$t_{sa,max}$	$\theta_{e,max}$	$\bar{\theta}_e$	At_e	$\theta_{i,max}$	$\bar{\theta}_i$	At_i
贵阳	26.9	32.7	37.39	54.47	52.13	36.87	15.27	26.90	26.65	0.25
北京	30.2	36.3	42.94	61.77	58.59	41.54	17.06	27.35	27.08	0.28
福州	30.9	37.2	41.79	58.97	56.40	40.68	15.72	27.32	27.06	0.26
广州	31.1	35.6	41.99	57.37	54.94	40.87	14.08	27.31	27.05	0.23
上海	31.2	36.1	42.09	57.87	35.76	41.97	14.44	27.33	27.10	0.23
南京	32.0	37.1	42.89	57.87	56.35	41.73	14.62	27.41	27.18	0.24
西安	32.3	38.4	43.19	60.17	57.55	42.01	15.54	27.46	27.21	0.25
武汉	32.4	36.9	42.29	58.67	56.19	42.11	14.08	27.44	27.22	0.23
郑州	32.5	38.4	43.39	60.57	57.93	42.20	15.72	27.44	27.23	0.26
长沙	32.7	37.9	43.59	59.67	57.11	42.40	14.72	27.49	27.25	0.24
重庆	33.2	38.9	44.09	60.67	58.05	42.87	15.17	27.54	27.30	0.24
杭州	32.1	37.2	42.99	58.97	56.45	41.82	14.62	27.42	27.19	0.24
南宁	31.0	36.7	41.87	58.47	55.95	41.89	16.59	27.32	27.07	0.25
合肥	32.3	36.8	41.19	58.57	56.09	42.02	15.39	27.43	27.21	0.23
南昌	32.9	37.8	43.79	59.57	57.03	42.59	15.79	27.50	27.27	0.23

注：室内温度 26℃，热惰性指标 $D=2.828$，传热系数 $K=0.884$，延迟时间 $\xi(h)=0.7：15$，衰减倍数 $v_s=68.14$。

表 21　室内空调状态下 100 彩钢夹芯 EPS 板轻质墙（西墙）夏季隔热计算参数

地区	室外气温（℃）		室外综合温度（℃）		外表面温度及波幅（℃）			内表面温度及波幅（℃）		
	$\bar{t}_c$	$t_{c \cdot max}$	$\bar{t}_{sa}$	$t_{sa,max}$	$\theta_{e,max}$	$\bar{\theta}_e$	At_e	$\theta_{i,max}$	$\bar{\theta}_i$	At_i
贵阳	26.9	32.7	37.39	54.47	53.83	37.52	16.31	27.34	26.55	0.78
北京	30.2	36.3	42.94	61.77	60.98	42.56	18.42	27.67	26.79	0.88
福州	30.9	37.2	41.79	58.97	58.24	41.43	16.89	27.55	26.74	0.81
广州	31.1	35.6	41.99	57.37	56.68	41.63	15.04	27.48	26.75	0.72
上海	31.2	36.1	42.09	57.87	57.16	41.73	15.34	27.50	26.76	0.74
南京	32.0	37.1	42.89	57.87	58.14	42.51	15.63	27.55	26.79	0.75
西安	32.3	38.4	43.19	60.17	59.40	42.80	16.60	27.61	26.81	0.80
武汉	32.4	36.9	42.29	58.67	57.95	42.90	15.04	27.54	26.81	0.72
郑州	32.5	38.8	43.39	60.57	56.70	41.84	14.86	27.87	27.20	0.67
长沙	32.7	37.9	43.59	59.67	58.92	43.20	15.73	27.50	26.83	0.76
重庆	33.2	38.9	44.09	60.67	59.90	43.68	16.21	27.63	26.85	0.78
杭州	32.1	37.2	42.99	58.97	58.24	42.61	15.63	27.55	26.80	0.75
南宁	31.0	36.7	41.87	58.47	57.74	41.53	16.21	27.53	26.75	0.70
合肥	32.3	36.8	41.19	58.57	57.85	42.01	15.04	27.53	26.81	0.72
南昌	32.9	37.8	43.79	59.57	58.52	43.39	15.43	27.58	26.84	0.74

注：室内温度 26℃，热惰性指标 $D=0.839$，传热系数 $K=0.410$，延迟时间 $\xi（h）=01：05$，衰减倍数 $v_s=21.31$。

表 22　室内空调状态下钢筋混凝土重质屋面夏季隔热计算参数

地区	室外气温（℃）		室外综合温度（℃）		外表面温度及波幅（℃）			内表面温度及波幅（℃）		
	$\bar{t}_c$	$t_{c \cdot max}$	$\bar{t}_{sa}$	$t_{sa,max}$	$\theta_{e,max}$	$\bar{\theta}_e$	At_e	$\theta_{i,max}$	$\bar{\theta}_i$	At_i
贵阳	26.9	32.7	44.03	66.96	62.90	42.33	20.57	27.18	26.92	0.25
北京	30.2	36.3	47.78	71.47	67.45	46.07	21.38	27.54	27.27	0.27
福州	30.9	37.2	47.96	71.31	67.10	46.14	20.96	27.49	27.24	0.26
广州	31.1	35.6	48.42	70.24	66.08	46.53	19.55	27.50	27.26	0.24
上海	31.2	36.1	48.46	70.62	66.44	46.55	19.86	27.51	27.27	0.24
南京	32.0	37.1	49.23	71.56	67.34	47.33	20.02	27.57	27.33	0.24
西安	32.3	38.4	49.34	72.57	68.31	47.51	20.80	27.60	27.35	0.25
武汉	32.4	36.9	49.72	71.54	67.33	47.78	19.55	27.60	27.36	0.24
郑州	32.5	38.8	49.56	72.91	68.64	47.68	20.96	27.62	27.36	0.26
长沙	32.7	37.9	49.92	72.33	68.09	47.99	20.09	27.63	27.38	0.25
重庆	33.2	38.9	50.34	73.19	68.91	48.42	20.49	27.67	27.42	0.25
杭州	32.1	37.2	49.33	71.66	67.44	47.45	20.02	27.58	27.34	0.24
南宁	31.0	36.7	48.14	70.99	66.79	46.30	20.49	27.50	27.25	0.25
合肥	32.3	36.8	49.62	71.44	67.23	47.69	19.55	27.59	27.35	0.24
南昌	32.9	37.8	49.63	72.32	68.08	48.22	19.86	27.64	27.40	0.24

注：室内温度 26℃，热惰性指标 $D=3.550$，传热系数 $K=0.669$，延迟时间 $\xi（h）=10：30$，衰减倍数 $v_s=91.26$。

表 23 室内空调状态下 100 彩钢夹芯 EPS 板轻质屋面夏季隔热计算参数

地区	室外气温（℃）		室外综合温度（℃）		外表面温度及波幅（℃）			内表面温度及波幅（℃）		
	$\bar{t}_c$	$t_{c \cdot max}$	$\bar{t}_{sa}$	$t_{sa,max}$	$\theta_{e,max}$	$\bar{\theta}_e$	At_e	$\theta_{i,max}$	$\bar{\theta}_i$	At_i
贵阳	26.9	32.7	44.03	66.96	66.04	43.63	22.42	27.92	26.85	1.07
北京	30.2	36.3	47.78	71.47	70.45	47.30	23.16	28.14	27.02	1.11
福州	30.9	37.2	47.96	71.31	70.30	47.47	22.83	28.13	27.03	1.10
广州	31.1	35.6	48.42	70.24	69.26	47.92	21.33	28.07	27.05	1.02
上海	31.2	36.1	48.46	70.62	69.63	47.96	21.67	28.09	27.05	1.04
南京	32.0	37.1	49.23	71.56	70.55	48.72	21.83	28.14	27.09	1.05
西安	32.3	38.4	49.34	72.57	71.53	48.78	22.67	28.19	27.10	1.09
武汉	32.4	36.9	49.72	71.54	70.53	49.19	21.33	28.13	27.11	1.02
郑州	32.5	38.8	49.56	72.91	71.07	49.03	22.03	28.20	27.11	1.10
长沙	32.7	37.9	49.92	72.33	71.30	49.39	21.92	28.17	27.12	1.05
重庆	33.2	38.9	50.34	73.19	72.14	49.80	22.33	28.21	27.14	1.07
杭州	32.1	37.2	49.33	71.66	70.65	48.81	21.83	28.14	27.09	1.05
南宁	31.0	36.7	48.14	70.99	69.98	47.65	22.33	28.11	27.04	1.07
合肥	32.3	36.8	49.62	71.44	70.43	49.10	21.33	28.13	27.11	1.02
南昌	32.9	37.8	49.63	72.32	71.29	49.63	21.67	28.17	27.13	1.04

注：室内温度 26℃，热惰性指标 $D=0.839$，传热系数 $K=0.410$，延迟时间 $\xi(h)=07:05$，衰减倍数 $v_s=21.31$。

专题五　建筑外围护结构隔热设计要求与技术措施

傅秀章[1]　赵士怀[2]　张　贺[1]　吴　雁[1]　林清峰[2]

1　东南大学建筑学院，东南大学城市与建筑遗产保护教育部重点实验室

2　福建省建筑科学研究院

1　外围护结构的热作用

建筑围护结构按照是否和外界环境直接接触分为建筑外围护结构和内围护结构。外围护结构是指建筑物或构筑物中围合起建筑空间四周、用以抵挡外界环境影响的围合物，一般包括墙体、屋顶等非透光围护结构，以及门窗等透光围护结构。

外围护结构的夏季隔热，不仅要考虑与室外空气的热交换，还需考虑太阳辐射和室外气温对外围护结构综合作用的一个假想的室外气象参数，称之为室外综合温度，其定义为：

$$t_{se} = t_e + \frac{\rho \cdot I}{\alpha_e} \tag{57}$$

式中：t_{se}——室外综合温度（℃）；

　　　t_e——室外气温（℃）；

　　　ρ——围护结构外表面的太阳辐射吸收系数；

　　　I——外围护结构表面的太阳辐射照度（W/m²）；

　　　α_e——外表面换热系数[W/(m²·K)]。

室外综合温度是周期性变化的，它不仅和气象参数（如室外气温、太阳辐射）有关，还与外围护结构的朝向和外表面材料的性质有关。式中的 $\rho \cdot I/\alpha_e$ 值叫作太阳辐射的当量温度或等效温度。气温对任何朝向的外墙和屋顶的影响是相同的，但太阳辐射热的影响不同，各朝向的室外综合温度就不同。平屋顶的室外综合温度值最大，其次是西墙、东墙。夏热冬暖地区典型城市各朝向外墙的综合温度见图 9。因此南方地区，建筑围护结构隔热的重点依次是屋顶、西墙、东墙。

2　隔热设计要求

外围护结构隔热性能是体现建筑围护结构热特性好坏最基本的指标。我国南方地区夏季屋面外表面综合温度会达到 60℃以上，西墙外表面温度达 50℃以上，围护结构外表面综合温度的波幅可超过 20℃，造成围护结构内表面温度出现很大的波动，使围护结构内表面平均辐射温度大大超过人体热舒适热辐射温度，直接影响室内热环境的好坏。因此，把内表面最高温度作为控制围护结构隔热性能最重要的指标。建筑物的屋顶、外墙的内表面温度应符合以下要求：

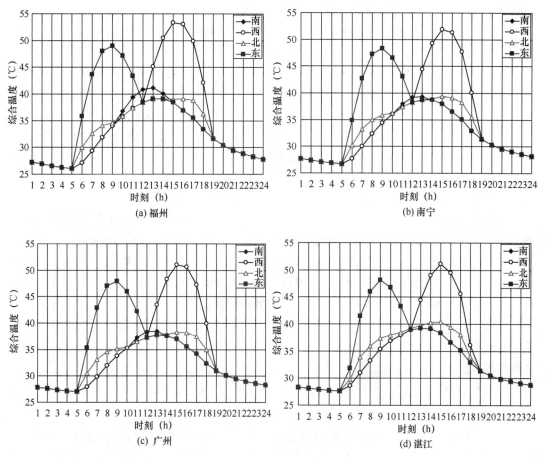

图 9　夏热冬暖地区典型城市各朝向外墙的综合温度

1）外墙在给定两侧空气温度及变化规律的情况下，内表面最高温度应符合表 24 的要求。

表 24　在给定两侧空气温度及变化规律的情况下，外墙内表面最高温度限值

房间类型	自然通风房间	空调房间	
		重质围护结构（$D \geqslant 2.5$）	轻质围护结构（$D < 2.5$）
内表面最高温度 $\theta_{i,max}$	$\leqslant t_{e,max}$	$\leqslant t_i + 2$	$\leqslant t_i + 3$

注：表中 $\theta_{i,max}$ 为外墙内表面最高温度（℃）；$t_{e,max}$ 为夏季室外计算温度最高值（℃）；t_i 为夏季室内空气温度（℃）。

在我国夏热冬冷和夏热冬暖地区，无论是自然通风、连续空调还是间歇空调，热稳定性好的厚重围护结构与加气混凝土、混凝土空心砌块以及金属夹芯板等热稳定性差的轻质围护结构相比，外围护结构内表面温度波幅差别很大。在热阻相同条件下［0.52（m² · K/W）］，连续空调室内温度为 26℃时，实心页岩砖外墙内表面温度波幅值为 1℃以内，加气混凝土外墙内表面温度波幅为 2.0℃以上，金属夹芯板外墙内表面温度波幅为 3.0℃以上。

在间歇空调时，内表面温度波幅比连续空调还要增加 1℃。

在《民用建筑热工设计规范》GB 50176—93 中，隔热设计将围护结构内表面最高温度低于当地夏季室外计算温度最高值作为评价指标，相当于在自然通风条件下 240mm 实心砖墙（清水墙，内侧抹 20mm 石灰砂浆）的隔热水平。随着经济水平的发展和国家对建筑节能工作的重视，240mm 砖墙的隔热水平远远达不到今天节能建筑墙体的热工性能，而且越来越多的建筑采用了空调方式进行室内环境的控制，这些情况都与 30 多年前发生了根本性的改变，今天的节能建筑围护结构热工性能已远远高于 240mm 砖墙的指标。因此，根据 GB 50176—93 中所提出的隔热指标，来评价自然通风条件下新型节能建筑围护结构的热工设计和热工性能，不可否认存在一定的缺陷，而且计算繁杂，精度不高、难以反映出材料层顺序对传热频率响应的影响，也与实际工程不相符合。

《民用建筑热工设计规范》GB 50176—2016 提出了在给定边界条件下围护结构隔热性能的评价方法，仅围绕围护结构本身的隔热性能，只反映围护结构固有的热特性，而不是整个房间的热特性。分别按空调房间、自然通风房间给出不同的设计限值。具体评价标准的基准条件是外墙的两侧分别给定空气温度及变化规律，即外墙外表面为当地的夏季最热月典型日的逐时室外综合温度，自然通风房间外墙内侧空气温度平均值比室外空气温度平均值高 1.5℃、波幅小 1.5℃；空调房间外墙内侧空气温度为固定的 26℃。由于围护结构重质与轻质对热稳定性影响差别很大，所以分别对重质围护结构和轻质围护结构的内表面最高温度作出不同的规定。

2）屋面在给定两侧空气温度及变化规律的情况下，屋面内表面最高温度应符合表 25 的要求。

表 25　在给定两侧空气温度及变化规律的情况下，屋面内表面最高温度的限值

房间类型	自然通风房间	空调房间	
		重质围护结构 （$D \geqslant 2.5$）	轻质围护结构 （$D < 2.5$）
内表面最高温度 $\theta_{i,max}$	$\leqslant t_{e,max}$	$\leqslant t_i + 2.5$	$\leqslant t_i + 3.5$

注：表中 $\theta_{i,max}$ 为屋面内表面最高温度（℃）；$t_{e,max}$ 为夏季室外计算温度最高值（℃）；t_i 为夏季室内空气温度（℃）。

由于屋面所受到的太阳辐射比外墙更大，而且屋面内表面的表面放热系数还小于外墙内表面，屋面的内表面温度比外墙的内表面温度更难控制。在气候相同条件下屋面内表面平均辐射温度大于外墙内表面平均辐射温度，对室内热环境影响更大，所以将屋面的内表面最高温度在外墙基础上提高了 0.5℃。

近些年，国内外对外围护结构的性能进行了深入的研究，并提出了多种外围护结构的隔热技术，下文将从屋顶和外墙两个方面详细介绍各种技术。

3　屋面的隔热措施

屋面是建筑外立面的重要元素，同时承担着建筑排水、通风排烟的功能。丰富的气候条件和地域环境形成了多种多样的屋面构造。一般来讲，干旱地区降水较少多采用平屋顶

形式，降水充沛的湿润气候地区多采用坡屋顶，炎热地区多采用坡度较大的架空式屋顶。平屋顶构造简单方便，是最为常见的屋顶形式。夏季，太阳高度角大，直射太阳辐射较多，因此形成了多种改善屋顶隔热效果的屋顶形式，主要包括：绿化屋顶、架空屋顶、蓄水屋顶、相变材料屋顶、高反射隔热屋顶、分形构造屋顶等。

3.1 绿化屋顶

绿化屋顶又称种植屋面，其基本构造（图10）通常包括植被层、营养土层、根阻层、排水层、防水层、过滤层和结构基层等。国内外相关研究表明种植屋面有显著的隔热效果，可以减少夏季空调的使用时间，增加空气湿度，净化区域空气品质，同时延长建筑屋顶的使用寿命和耐久性。城市大面积使用种植屋面可缓解城市热岛效应，是改善城市环境面貌的最有效措施之一。图11为华南理工大学何镜堂院士工作室，曾获广东"岭南特色建筑设计奖"金奖。该建筑由老旧建筑改造而成，屋顶上采用针叶佛甲草，可以200天不浇水、10年不施肥，相关资料显示空调耗电节约50％以上，达到了良好的隔热和节能效果。

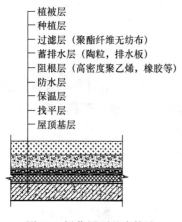

图10　绿化屋顶基本构造

植被层
种植层
过滤层（聚酯纤维无纺布）
蓄排水层（陶粒，排水板）
阻根层（高密度聚乙烯，橡胶等）
防水层
保温层
找平层
屋顶基层

图11　华南理工大学何镜堂工作室

3.2 架空屋顶

架空屋顶又称通风屋顶，是指利用屋顶构造中的通风腔体或空气间层进行隔热的屋顶构造。通风屋顶一方面可以利用屋顶的通风腔体外层阻挡阳光；另一方面又可利用风压和热压的作用，带走进入间层中的热量，从而降低了外界太阳辐射引起的温度差，减少室外热作用对内表面的影响。通常，通风腔体的大小和屋顶的面积有关，通风腔体进风口的大小一般不应小于通风腔横截面积的一半。通风屋顶的风道长度不宜大于10m，通风间层高度应大于0.3m。屋面基层应做保温隔热层，檐口处宜采用兜风构造，通风平屋顶风道口与女儿墙的距离不应小于0.6m，以保证通风屋顶的通风效果。

3.3 蓄水屋顶

蓄水屋顶一方面可以吸收含热量较多的长波辐射，另一方面屋顶表面蓄积的水在蒸发时又可以带走大量的热量。这样可以减少通过屋顶的传热量并降低屋顶内表面温度，同时由于水的比热容较大，减少了屋顶的温度波动，既改善了室内热环境，又延长了屋顶的耐久性和使用寿命。通常，蓄水屋顶分深蓄水和浅蓄水两种，据文献显示深蓄水屋顶夏季顶层室内空气温度比普通屋面顶层室内空气温度低2℃～5℃，隔热效果显著，对于改善室内环境有积极影响（图12、图13）。

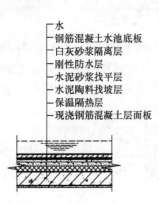

水
钢筋混凝土水池底板
白灰砂浆隔离层
刚性防水层
水泥砂浆找平层
水泥陶料找坡层
保温隔热层
现浇钢筋混凝土层面板

图12 蓄水屋顶常见构造

图13 浙江某建材公司蓄水屋顶项目

3.4 相变材料屋顶

相变材料是随温度变化而改变物质状态并能提供潜热的材料，而且相变材料具有特定的相变温度和巨大的相变潜热能力。而屋顶是围护结构中直接接受太阳辐射最多的部位，将相变材料引入屋顶构造中有极大的节能潜力。有关研究表明，在坡屋顶构造中加入相变材料可以提高屋顶结构的热惰性和隔热性能，并有效提高室内热舒适度。

3.5 反射隔热涂料冷屋顶

高反射隔热涂料屋顶即狭义上的"冷屋顶"，是指在屋顶的外表层涂刷太阳光反射率较高的隔热涂料，或把建筑围护结构做成太阳辐射吸收系数较小的浅色饰面的技术。高反射隔热涂料的特点是高反射率、高发射率，能够有效反射可见光和红外波长范围内的太阳辐射，使得太阳辐射的热量不在围护结构外表面积累升温，同时又能通过辐射传热散热降温，把围护结构的热量及时辐射出去。反射隔热涂料屋面在太阳资源丰富的地区，尤其是夏热冬暖地区和夏热冬冷地区，夏季有良好的降低空调能耗的效果。根据2016年夏季在南京地区的实验，高反射隔热涂料冷屋顶在7月高温时期的屋顶内表面降温幅度可达3℃～5℃。相关研究也表明，高反射隔热涂料配合保温良好的复合围护结构使用，可以有效改善夏季室内热环境，达到良好的隔热效果和空调节能作用，城市大规模范围内采用冷屋顶可缓解城市热岛强度，减少温室气体排放量。反射隔热涂料冷屋顶施工方便，耐久性强，是我国南方地区广泛使用的隔热措施。

3.6 分形几何冷屋顶

近些年有学者结合分形几何原理中的几何维数，从仿生学角度出发，模仿大自然中树冠树荫的遮阳作用，提出了一种新型不规则碎片状的分形冷屋顶技术。图14为该分形冷屋顶应用实例。这种分形冷屋顶由 PVC 注塑成型，其基本单元是分形维数接近树冠分形维数的 Sierpinski 四面体，四面体单一的"叶子"大约是 3cm 长，多个四面体相互连接构成成块的分形冷屋顶模块。这种多孔结构能够确保被太阳辐射加热的空气及时流动，保持较低的表面温度，同时起到良好的屋顶遮阳作用。2009 年夏天，日本学者在东京国家新兴科学和创新馆正门前游客入口等候处建造并放置了一个分形屋顶（Sierpinski 分形森林）。在室外气温 30℃ 的气候条件下，分形屋顶的表面温度明显低于普通屋顶，表面温度甚至低于屋顶边上的草地，分形结构下的屋面和普通屋面的表面温度差高达 15℃。研究结果显示，在相对良好的天气状况期间，分形冷屋顶的隔热效果极好，对于屋顶活动人员的热舒适度、屋顶区域热环境以及顶层室内热环境有较大的改善作用。

图 14　不规则碎片状分形冷屋顶

3.7　屋顶隔热技术对比

上文详细介绍了各种屋顶隔热技术措施，而各种方案的实现方法和构造做法不尽相同，适用范围也不一样。表 26 对各种屋顶隔热技术进行了对比分析。

表 26　屋顶隔热技术对比

技术名称	构造要求	优缺点	适用范围
屋顶绿化	一般由植被层、营养土层、根阻防穿刺层、排水层和防水层组成	构造比较复杂，增加屋顶承重，且必须进行阻根和防水处理	比较适合对屋顶景观要求较高的屋顶平台
架空屋顶	无需特殊形式的构造，但需考虑架空层在屋顶的位置、通道横截面的尺寸	构造形式简单，但仍需考虑屋面荷载要求	适用于气候炎热地区，尤其在夏热冬冷地区使用广泛
蓄水屋顶	一般由排水管、溢水管、泄水管及防水层组成	增加屋面荷载；应特别注重屋面防水处理，浅蓄水易滋生蚊虫；耗水量较大，需经常换水；可以和屋顶绿化技术配合使用	适宜在整体现浇混凝土屋面上使用，低层小跨度建筑采用较多
相变材料屋顶	在普通屋顶构造设计中增加相变材料层即可，一般是将相变材料装入定型构件或渗入其他建筑材料中，但应注意相变层的位置	需要注意相变材料在屋顶构造中的密封方式，防止相变材料泄露；该技术可以和热反射冷屋顶配合使用	适用于昼夜温差较大或建筑供能需求时间和强度差异较大的建筑

技术名称	构造要求	优缺点	适用范围
分形冷屋顶	几乎不改变原有屋顶构造	分形遮阳模块的安装精度要求较高；成本费用较高	尚未大面积推广使用
反射隔热涂料冷屋顶	在屋顶表面增加反射底涂、面涂即可，不改变屋顶其他构造	实施方便、工艺简单、施工周期较短；成本较低；缺点是白色冷屋顶容易造成光污染	夏季太阳资源丰富的地区，以夏热冬冷和夏热冬暖地区为主，不适用于北方地区

从表 26 可以看出，各种屋顶隔热技术在构造做法和实施方式上各不相同，成本造价差异较大，各种技术的适用范围也有一定限制。

4 建筑外墙的隔热措施

墙体是建筑围护结构中所占面积最大的部分，而外墙作为建筑室内环境和外部自然界的分隔界面，对于维持建筑内部环境有着至关重要的作用。常见的外墙隔热技术有垂直绿化、双层玻璃幕墙、淋水玻璃幕墙、相变储能墙、高反射隔热墙等。

4.1 垂直绿化

垂直绿化又称立体绿化，是指充分利用不同的立地条件，选择攀缘植物或者其他植物栽植并依附或者铺贴于各种构筑物及其他空间结构上的绿化方式。与屋顶绿化不同的是，垂直绿化依附于建筑外表，是一种垂直立面上的绿化，几乎不占用地面及屋顶空间。垂直绿化常选用的植物是绿色爬藤类或吸附类植物，如常青藤、扶芳藤、爬山虎、常绿油麻藤、牵牛花、凌霄等。这种沿着建筑外墙自下而上的绿化方式，建筑立面与外界环境融为一体，而且遮阳效果明显，减弱了太阳辐射对围护结构外墙的影响，可有效降低外墙内表面温度。同时，这种绿化方式又增加了建筑绿化面积，有助于空气净化，又能吸尘降噪，缓解城市热岛效应。然而传统的爬藤式、吸附式垂直绿化植物攀爬不易控制，容易遮挡窗户和阳台，影响立面效果；同时直接攀附与建筑外墙面上的植物容易对围护结构产生破坏，引起墙体饰面脱落、墙面裂缝等问题。一种新型的模块化植物墙应运而生，其做法如图 15 所示。这种做法克服了传统垂直绿化方式的弊端，而且更换方便，但缺点是初期投入和后期维护费用较高。2010 年世博会主题馆的外立面就采用了这种做法。世博会主题馆植物墙单体长 180m，高 26.3m，东西两侧布置的植物墙总面积达 5000m²，为目前全球最大已建成的生态绿化墙面。相关数据显示，这种生态绿化墙面做法使得夏季空调负荷减少 15%，隔热和节能效果显著。

4.2 双层玻璃幕墙

双层玻璃幕墙俗称双层皮结构，又称通风玻璃幕墙、呼吸式玻璃幕墙。这种构造（图16）一般由内外两层玻璃幕墙组成，内外层目前可以是双层或者单层玻璃，两层玻璃幕墙的中间一般是一个设置了遮阳装置的空气间层，在空气间层的上下设置一个进气口和排气口。通常两层玻璃幕墙之间的空气间层从几厘米到几十厘米不等。这种双层玻璃幕墙的工

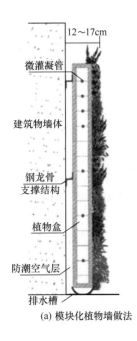

12~17cm

微灌凝管

建筑物墙体

钢龙骨
支撑结构

植物盒

防潮空气层

排水槽

(a) 模块化植物墙做法

(b) 2010年上海世博会主题馆

图15　模块化垂直绿化做法及其应用

作原理是：夏季，通过外界太阳辐射加热双层玻璃幕墙之间的空气间层，利用烟囱效应引起空气间层流动，以降低玻璃幕墙的表面温度；冬季，完全关闭空气间层的进气口和排气口，利用外界太阳辐射加热空气间层以产生温室效应，从而加热室内空气。清华大学超低能耗示范楼（图17）展示了双层玻璃幕墙的典型应用。该项目外围护结构南向一二层采用了窄通道内循环双层玻璃幕墙，三四层采用了窄通道外循环双层玻璃幕墙，东向采用了宽通道外循环玻璃幕墙系统。其隔热作用可通过电动遮阳百叶、空气间层流动换气及机械排风器实现，最大限度地利用太阳能，并防止室内夏季过热的状况。

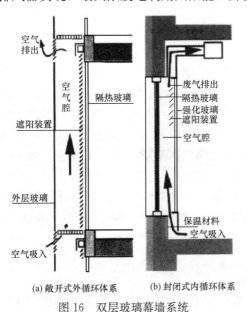

空气
排出

空气
腔

隔热玻璃

遮阳装置

外层玻璃

空气吸入

(a) 敞开式外循环体系

废气排出
隔热玻璃
强化玻璃
遮阳装置

空气腔

保温材料
空气吸入

(b) 封闭式内循环体系

图16　双层玻璃幕墙系统

图17　清华大学超低能耗示范楼

4.3 淋水玻璃幕墙

淋水幕墙制作方法有两种，一种是用一面玻璃和一个小水泵，把水抽到玻璃的最上面，在玻璃的最上面设置一个金属状的横条作为水往下流的平台；另一种方法是在两面玻璃之间制作水幕墙。这种淋水幕墙成本较为便宜，需水量较少，基本无需防水处理；不仅适用于室内景观处理，也可用于室外玻璃幕墙、石材幕墙，缺点是需要依靠电力维持水泵运行。同时这种技术可以配合双层玻璃幕墙使用，在玻璃幕墙的空气间层中利用均匀的水流来提高空气介质对于热流的携带能力，其基本结构如图18所示。在夏季，通过空气烟囱效应及空气间层与水直接接触的蒸发作用，冷却降温，隔绝室外炎热环境，达到隔热降温的作用。有文献以南京禄口机场T2航站楼南立面玻璃幕墙为例，研究了夏季淋水幕墙的节能潜力，研究结果表明淋水幕墙比普通玻璃幕墙夏季冷负荷节约88.73%，隔热降温效果明显。

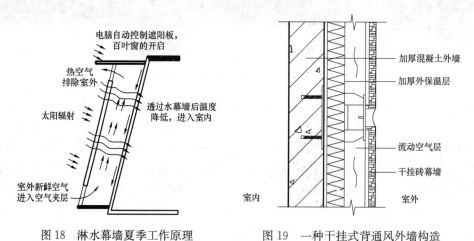

图18 淋水幕墙夏季工作原理　　　　　图19 一种干挂式背通风外墙构造

4.4 干挂式背通风外墙

干挂背通风外墙系统是一种在外墙外部外挂一层幕墙的构造形式。所谓"背通风"，是指外挂系统的底部，及外挂板与外挂板之间的连接处是设计成"通风"的，并在外挂板与围护结构保温层之间留有一定宽度的空气隔层，这样能保证室内排出的湿气及时排走，保持墙体和保温材料的干燥，故名"干挂背通风"系统。以普通加气混凝土墙为例，其构造做法（图19）是在加气混凝土外墙表面紧贴一层加厚外保温层，干挂系统的底部用一种带网孔的金属板或者铝型材起头，上下排外挂板相互连接，构成通风层设计。但应当注意，外挂板的固定件易形成热桥，应当妥善设计和处理这些部位。这种含有通风层的外墙，利用空气流动带走外界热量，减弱了太阳辐射对于墙体的影响，降低了围护结构内表面温度，不失为一种实施方便的外墙隔热方法。

4.5 相变材料外墙

相变材料外墙的工作原理与相变材料屋顶一致。如果选择相变温度范围合适的相变材料将其置于普通围护结构外墙的某一构造层中，当白天室外空气温度较高且达到相变温度临界点时，相变材料可以把外界环境的热量储存起来，这样在炎热的夏季通过外墙传入室内空间的热量减少；而当夜间室外空气温度较低时，相变材料又能通过传热方式把蓄积的热量释放出来。通过相变材料的这种工作机制，既减少了室外环境传入室内的热量，又降低并延迟了围护结构的表面温度，对于提高围护结构的隔热性能和降低夏季空调能耗有重要意义。有学者进行了夏热冬冷地区相变外墙房间夏季舒适性研究，对比普通围护结构房间，用数学模型计算了相变石膏板放置于建筑外墙对室内温度的影响。结果表明：围护结构采用相变石膏板的房间空气温度波动低于普通围护结构房间，相变材料外墙房间夏季人体热舒适度优于普通围护结构房间。

4.6 反射隔热涂料外墙

反射隔热涂料外墙的隔热降温原理与"冷屋顶"一致。但与冷屋顶不同的是，反射隔热外墙的隔热效果与建筑外立面的朝向有关。这种隔热措施实施方便，不改变立面造型且不增加围护结构构造层次，仅需在围护结构外侧涂刷底面涂料和面层涂料即可，适用于新建建筑外墙表面，也适用于既有建筑外表翻新改造。同时，热反射隔热涂料可与功能性颜色填料及其他辅助剂配合使用，营造出绚丽多彩的建筑立面效果，也避免了白色高反射涂料潜在光污染的问题。根据 2016 年 7 月在南京附近地区某一居民楼的实验数据，反射隔热涂料外墙表面温度和普通涂料外墙表面温度峰值温差可达 4.5℃，室内空气温差最大可达 3.8℃，隔热效果差异明显。

4.7 外墙隔热技术对比

外围护结构中，外墙所占的面积比较大，而南方地区外墙是围护结构隔热的重要部位。但与屋顶隔热不同，外立面开窗、开门较多，且各立面朝向不同受太阳辐射影响不同，隔热方式也存在一定的差异。表 27 从构造形式、优缺点和适用范围几个方面，详细分析比较了各种各种墙面隔热措施的技术特点。

表 27　墙面隔热技术对比

技术名称	构造要求	优缺点	适用范围
垂直绿化	一般铺设供植物向上爬升的铁丝即可，无需特殊构造；但模块化垂直绿化需竖向龙骨支撑及浇灌、排水装置	传统形式垂直绿化简单经济，但容易损坏墙面；模块化垂直绿化需要一定的初期投入，后期维护成本也较高	即可用于外墙遮阳，也可用于室内景观墙，不适用于玻璃幕墙等立面造型要求较高的外围护结构
双层玻璃幕墙	需要增加一层玻璃幕墙，并设置进气口和排气口及遮阳装置	工厂化程度高；增加围护结构材料用量，成本较高；容易积灰积污，维护不便	高层建筑尤其是采用玻璃幕墙的地标性建筑；内循环系统适用于低纬度地区；外循环系统适用于高纬度地区
淋水玻璃幕墙	在玻璃幕墙外增加水循环装置	景观性较强；需电力维持系统运行；初期成本投入较少，但后期维护成本较高	可用于室内装潢及室外景观设计

技术名称	构造要求	优缺点	适用范围
干挂式背通风外墙	需在外墙外侧设置竖向龙骨支撑	增加一层干挂式幕墙,有一定成本增量;竖向龙骨容易形成围护结构热桥	砖混或混凝土外墙
相变材料外墙	需将相变材料装入定型构件或渗入其他建筑材料中,在外墙中单独设置一相变层	需要注意相变材料在屋顶构造中的密封方式,防止相变材料泄露;主动蓄能式相变维护结构可以采暖、空调末端集成,通过换热装置进行调控	适用于昼夜温差较大或建筑供能需求时间和强度差异较大的建筑
热反射涂料外墙	在围护结构外表增加反射底涂、面涂即可,不改变墙体原有构造,也需不增加新的构造层次	工艺流程简单,施工方便;成本较少;也可和相变材料外墙组合使用	夏热冬冷和夏热冬暖地区,不适用于北方地区;也不适用于贴瓷砖的外围护结构及玻璃幕墙

5 结语

外围护结构隔热措施,可大致分为两种类型:第一类是有一定厚度,增加了围护结构总热阻值的隔热技术,如种植屋顶、蓄水屋面等;另一类是厚度可以忽略,几乎不改变围护结构热阻和衰减度的隔热技术,如反射隔热涂层、反射铝箔、淋水外墙等。对于第一类隔热措施,不同形式的构造措施可组合使用,例如绿化屋顶和蓄水屋顶可以混合使用,双层玻璃幕墙也可以与淋水玻璃幕墙组合。

上述两类隔热措施在隔热原理存在一定的差异。第一类隔热措施,增加了外围护结构的热阻,也改变了围护结构的总衰减度,还可能因为表面太阳辐射吸收系数的改变,影响室外空气综合温度;而第二类隔热措施几乎不改变围护结构的热阻和热惰性,仅仅是通过影响室外空气综合温度,从而降低室外热作用的温度波幅以降低围护结构内表面温度。

对于不同形式的隔热措施,其适用范围、构造要求以及隔热原理存在一定的差异,针对特定气候区域的特定建筑需因地制宜地选择适宜的外围护结构隔热措施。

专题六　建筑门窗幕墙热工计算理论分析研究

杨仕超　马　扬　杨华秋
广东省建筑科学研究院

1　概述

目前，建筑节能已经成为全世界的共识，建筑门窗、幕墙作为围护结构节能的薄弱环节，成为建筑中最受关注的重点。20 世纪 80 年代以来，实验室测试为我国获取建筑门窗热工性能的主要手段，而幕墙则一直采用简单的计算来评价，这种局面已经不能满足目前产品研发与实际工程的需要。计算机模拟计算、评价门窗幕墙节能性能，在欧美等国家早已经广泛应用并得到社会的认可，并已经形成了较为完善的标准体系。现在欧盟、美国及我国在玻璃光学热工性能计算、框传热二维有限元分析计算、门窗幕墙热工计算等方面均已经有了完善的标准体系和软件产品。国际 ISO 系列标准中，ISO 15099 是正在制定中的有关门窗热工性能的详细计算标准。早前已经制定了计算门窗传热系数的 ISO10077-1 和 ISO10077-2。美国和欧洲也制定了相关的标准。本文通过建筑门窗幕墙热工计算理论比对分析，介绍了我国建立的热工理论计算体系。

2　国外门窗幕墙热工计算标准体系

幕墙、门窗热工性能计算机模拟计算，在欧盟、美国、日本等已广泛应用。目前国外主要有以下两个标准体系：

2.1　ISO（EN）标准体系

由于 ISO 在建筑门窗幕墙热工计算标准主要引用欧盟（EN）的技术标准，所以本文将 ISO 和 EN 标准归为一类。ISO（EN）标准体系是一个较完整的体系，包含玻璃光学热工、框热工性能、门窗幕墙热工计算等一系列方法标准，如表 28 所示。

表 28　ISO（EN）技术标准体系

标准名称	标准主要内容	引用标准
pr EN 13947	幕墙热工计算	ISO 10077-1、ISO 10077-2、ISO 10211、EN 12412-2 等
ISO 15099	玻璃、门窗、遮阳热工性能计算	ISO 10077-2、ISO/CIE 10527，ISO 9050 等
ISO 10077-1	整窗的传热系数简化计算	EN 673、ISO 10211、ISO 10077-2 等
ISO 10077-2	框的热工性能（线传热系数法）	ISO 7345、ISO 10211、ISO 10292 等
ISO 9050	玻璃光学性能计算	ISO 9845-1、ISO 10292、ISO/CIE 10527 等

2.2 美国 NFRC 标准体系

NFRC 全称为"美国国家门窗等级评定委员会",是美国的门窗节能性能标识民间机构,依据 ISO 和美国标准编制了相应的门窗热工标准体系,如表 29 所示。

表 29 NFRC 技术标准体系

标准名称	标准主要内容	引用标准
NFRC 100	门窗热工计算、框热工性能计算 (玻璃边缘区域法)	ISO 15099、ANSI/DASMA 105-98、 IEEE-ASTM-SI-10 等
NFRC 200	门窗、框的太阳得热计算	ISO 15099、ASTMC 1172-03、ASTMC 1036-01 等
NFRC 300	玻璃光学热工计算	ASTME 903、ISO 9845-1、ISO/CIE 10527 等

3 我国门窗幕墙热工性能要求及计算标准

3.1 有关节能标准对门窗保温的要求

在建筑保温节能标准方面,现在已经发布的标准有:

《公共建筑节能设计标准》GB 50189—2015

《严寒和寒冷地区居住建筑节能设计标准》JGJ 26—2010

《夏热冬冷地区居住建筑节能设计标准》JGJ 134—2010

在《严寒和寒冷地区居住建筑节能设计标准》JGJ 26—2010 中,窗的传热系数的要求为 $1.5W/(m^2 \cdot K) \sim 3.1W/(m^2 \cdot K)$。

在《夏热冬冷地区居住建筑节能设计标准》中规定夏热冬冷地区窗的传热系数为 $2.3W/(m^2 \cdot K) \sim 4.7W/(m^2 \cdot K)$。

《民用建筑热工设计规范》对围护结构的结露问题提出了要求。

3.2 有关节能标准对遮阳的要求

《民用建筑热工设计规范》GB 50176—2016 中规定,空调建筑的向阳面,特别是东、西向窗户,应采取热反射玻璃、反射阳光涂膜、各种固定式和活动式遮阳等有效的遮阳措施。

在《夏热冬冷地区居住建筑节能设计标准》JGJ 134—2010 中规定外窗(包括阳台门透明部分)的面积不应过大,外窗宜设置活动外遮阳。

在《夏热冬暖地区居住建筑节能设计标准》JGJ 75—2012 中规定了对外窗综合遮阳系数的明确数值要求,要求外窗设置建筑外遮阳,并对外遮阳系数提出了简化计算方法。

《民用采暖通风与空气调节设计规范》GB 50736—2012 中规定,空调房间应尽量减少外窗的面积,并应采取遮阳措施。

3.3 门窗幕墙的节能指标

根据建筑节能设计标准的要求,门窗的节能指标中最为重要的是传热系数和遮阳系数,另外还有气密性能、可见光透射比。在北方寒冷地区，门窗经常容易结露，《民用建筑热工设计规范》GB 50176—2016 和《公共建筑节能设计规范》GB 50189—2015 均对结露问题提出了明确要求。

我国的测试标准中已经包含了外窗的传热系数检测方法，气密性能也有检测标准。但我国还没有外窗遮阳系数的检测方法，国际上也没有可以直接参考的遮阳系数检测方法。外窗的可见光透射比、抗结露性能也没有很好的测试方法。所以建立门窗节能指标的计算理论方法体系是非常有必要的。即使可以进行传热系数的测试，用测试方法得到所有门窗的传热系数，这样做的成本也太高，而且完全没有必要。

建立门窗节能指标的计算理论体系对门窗的节能产品开发是非常有利的，这可以快速地得到大量的设计调整结果，加速产品设计的过程。

3.4　门窗幕墙的热工计算标准

我国在研究、总结欧美国家相关技术标准的基础之上，结合我国的工程标准，由广东省建筑科学研究、中国建筑科学研究院等单位编制了国内首本门窗幕墙热工性能计算标准——《建筑门窗玻璃幕墙热工计算规程》JGJ/T 151‐2008，并于 2009 年 5 月 1 日起实施。JGJ/T 151 对以下内容给出了相应的计算方法：

（1）玻璃光学热工性能计算；

（2）框传热计算（线传热系数法）；

（3）门窗幕墙热工性能计算；

（4）结露性能评价、计算；

（5）遮阳系统计算；

（6）通风空气间层传热计算；

（7）计算边界条件。

4　计算的基本条件

4.1　环境边界条件的确定

设计或评价建筑门窗、玻璃幕墙定型产品的热工参数时，所采用的环境边界条件应统一采用标准的计算条件。计算光学性能有关的光谱采用 ISO 系列标准所采用的光谱。

（1）冬季计算标准条件：

$$T_{in} = 20℃$$
$$T_{out} = 0℃$$
$$h_{c,in} = 3.6 W/m^2 \cdot K$$
$$h_{c,out} = 20 W/m^2 \cdot K$$
$$T_{rm} = T_{out}$$
$$I_s = 300 W/m^2$$

（2）夏季计算标准条件：

$$T_{in} = 25℃$$

$$T_{out} = 30℃$$
$$h_{c,in} = 2.5W/m^2 \cdot K$$
$$h_{c,out} = 16W/m^2 \cdot K$$
$$T_{rm} = T_{out}$$
$$I_s = 500W/m^2$$

计算传热系数采用冬季计算标准条件，并取 $I_s = 0W/m^2$。

计算遮阳系数、太阳能总透射比采用夏季计算标准条件，并取 $T_{out} = 25℃$。

计算实际工程所用的建筑门窗和玻璃幕墙热工性能所采用的边界条件应符合相应的建筑设计或节能设计标准，如《民用建筑热工设计规范》GB 50176-2016、《公共建筑节能设计标准》GB 50189-2015 等。

（3）抗结露性能计算的标准条件：

室内环境温度：20℃；

室外环境温度：−10℃，−20℃；

室内相对湿度：30%、50%、70%；

室外风速：4m/s。

设计或评价建筑门窗、玻璃幕墙定型产品的热工参数时，门窗框或幕墙框与墙的连接界面作为绝热边界条件处理。

4.2 对流换热计算

设计或评价建筑门窗、玻璃幕墙定型产品的热工参数时，门窗或幕墙室内、外表面的对流换热系数按照标准计算条件的规定计算。

（1）室内表面

当室内气流速度足够小（小于 0.3m/s）时，内表面的对流换热按自然对流换热计算；当气流速度大于 0.3m/s 时，按强迫对流和混合对流计算。

当内表面的对流热换热按自然对流计算时，自然对流换热系数 $h_{c,in}$ 根据努赛尔数（Nusselt number）的值确定。

（2）室外表面

外表面对流换热按强制对流换热计算。当进行工程设计或评价实际工程用产品性能计算时，外表面对流换热系数应用下列关系式计算：

$$h_{c,out} = 4 + 4V_s \tag{58}$$

4.3 长波辐射换热

（1）室外平均辐射照度

室外平均辐射温度的取值应分为两种应用条件：实际工程条件和用于建筑门窗、玻璃幕墙定型产品性能设计或评价。

对于实际工程计算条件，应由室外平均辐射温度 $T_{rm,out}$ 求得室外辐射照度：

$$G_{out} = \sigma T_{rm,out}^4 \tag{59}$$

（2）室内辐射照度

门窗内表面可认为仅受到室内表面的辐射，墙壁和楼板可作为在室内温度中的大平面。室内辐射照度为：

$$G_{in} = \sigma T_{rm,in}^4 \tag{60}$$

（3）表面辐射换热系数

进行表面计算时，用下面的公式简化玻璃面上和框表面上的长波辐射传热计算。

$$q_{r,out} = h_{r,out}(T_{s,out} - T_{rm,out}) \tag{61}$$

$$h_{r,out} = \frac{\varepsilon_{s,out}\sigma(T_{s,out}^4 - T_{rm,out}^4)}{T_{s,out} - T_{rm,out}} \tag{62}$$

5 玻璃热工性能计算

5.1 单层玻璃的光学热工性能计算

单层玻璃的计算按照 ISO 9050 的有关规定进行。

单层玻璃的光学、热工性能应根据单片玻璃的测定光谱数据进行计算。单片玻璃的光谱数据应包括透射率、前反射率和后反射率，并至少包括 280nm～2500nm 波长范围，其中 280～400nm 的波长间隔不宜超过 5nm，400～1000nm 的波长间隔不宜超过 10nm，1000～2500nm 的波长间隔不宜超过 50nm。

5.2 多层玻璃的光学热工性能计算

多层玻璃太阳光学计算采用 ISO 15099 的模型。

一个具有 n 层玻璃的玻璃系统，将玻璃分为 $n+1$ 个气体间层，最外面为室外环境 $i=1$，内层为室内环境 $i=n+1$。对于给定的波长 λ，玻璃系统的光学分析应考虑在第 $i-1$ 层和第 i 层玻璃之间辐射能量 $I_i^+(\lambda)$ 和 $I_i^-(\lambda)$，角标"＋"和"－"分别表示辐射流向室外和流向室内。

设定室外只有太阳的辐射，室外和室内环境的对太阳辐射的反射率均为零。

当 $i=1$ 时： $\qquad I_1^+(\lambda) = \tau_1(\lambda)I_2^+(\lambda) + \rho_{f,1}(\lambda)I_S(\lambda) \tag{63}$

当 $i=n+1$ 时： $\qquad I_{N+1}^-(\lambda) = \tau_N(\lambda)I_N^-(\lambda) \tag{64}$

当 $i=2\sim n$ 时：

$$I_i^+(\lambda) = \tau_i(\lambda)I_{i+1}^+(\lambda) + \rho_{f,i}(\lambda)I_i^-(\lambda) \quad i = 1\sim n \tag{65}$$

$$I_i^-(\lambda) = \tau_{i-1}(\lambda)I_{i-1}^-(\lambda) + \rho_{b,i-1}(\lambda)I_i^+(\lambda) \quad i = 2\sim n \tag{66}$$

利用解线性方程组的方法计算所有各个气体层的 $I_i^-(\lambda)$ 和 $I_i^+(\lambda)$ 的值。然后可以计算每片玻璃的吸收和玻璃系统的反射比和透射比光谱。

5.3 玻璃区域的传热计算

玻璃气体层间的能量平衡可用基本的关系式表达如下：

$$q_i = h_{c,i}(T_{f,i} - T_{b,i-1}) + J_{f,i} - J_{b,i-1} \tag{67}$$

在每一层气体间层中，采用以下方程：

$$q_i = S_i + q_{i+1} \tag{68}$$

$$J_{f,i} = \varepsilon_{f,i}\sigma T_{f,i}^4 + \tau_i J_{f,i+1} + \rho_{f,i}J_{b,i-1} \tag{69}$$

$$J_{b,i} = \varepsilon_{b,i}\sigma T_{b,i}^4 + \tau_i J_{b,i-1} + \rho_{b,i} J_{f,i+1} \tag{70}$$

$$T_{b,i} - T_{f,i} = \frac{t_{g,i}}{2\lambda_{g,i}}[2q_{i+1} + S_i] \tag{71}$$

在计算传热系数时，令太阳辐射 $I_s = 0$，在每层材料均为玻璃的系统中可以采用如下热平衡方程计算气体间层的传热：

$$q_i = h_{c,i}(T_{f,i} - T_{b,i-1}) + h_{r,i}(T_{f,i} - T_{b,i-1}) \tag{72}$$

玻璃层间充气空腔的对流换热系数可由无量纲的努赛尔数 Nu_i 确定。

5.4 玻璃系统的热工参数计算

（1）玻璃系统的传热系数

计算玻璃系统的传热系数时，可采用简单的模拟环境条件：仅包括室内外温差，没有太阳辐射。

$$U_g = \frac{1}{R_t} \tag{73}$$

玻璃的总传热阻 R_t 为各层玻璃、空腔、内外表面换热阻之和：

$$R_t = \frac{1}{h_{out}} + \sum_{i=2}^{n} R_i + \sum_{i=1}^{n} R_{g,i} + \frac{1}{h_{in}} \tag{74}$$

（2）玻璃系统的太阳能总透射比

各层玻璃室外侧方向的热阻用下式计算：

$$R_{out,i} = \frac{1}{h_{in}} + \sum_{k=2}^{i} R_k + \sum_{k=1}^{i-1} R_{g,k} + \frac{1}{2}R_{g,i} \tag{75}$$

各层玻璃向室内的二次传热用下式计算：

$$q_{in,i} = \frac{A_{i,S} \cdot R_{out,i}}{R_t \cdot} \tag{76}$$

玻璃系统的太阳能总透射比应按下式计算：

$$g = \tau_S + \sum_{i=1}^{n} q_{in,i} \tag{77}$$

6 框的传热计算

6.1 有关约定

框的面积：取框室内侧面积 A_{fi} 和框室外侧面积 A_{fe} 两者中的大者。

玻璃面积：当室内和室外两侧所见玻璃（或其他镶嵌板）的面积不相同时，取其中的小者作为计算所用的玻璃面积 A_g（或其他镶嵌板面积 A_p）。当玻璃与框相接处胶条能被见到时，所见的胶条覆盖部分也应计入玻璃面积。

玻璃（或其他镶嵌板）的周长：玻璃（或其他镶嵌板）与窗框接缝的总长度是玻璃（或其他镶嵌板）的周长 l_g（或 l_p）。

窗或幕墙的面积：窗或幕墙的面积 A_w 是框面积 A_f 和玻璃（包括其他镶嵌板）面积 A_g（包括 A_p）之和。

6.2 框的传热系数和框与面板接缝的线传热系数

（1）框的传热系数 U_f 计算

框的传热系数 U_f 在计算窗或幕墙的某一截面部分的二维热传导的基础上获得。

在框截面中，用一块导热系数 $\lambda = 0.035\text{W}/(\text{m} \cdot \text{K})$ 的板材替代实际的玻璃（或其他镶嵌板）。框部分的形状、尺寸、构造和材料都应与实际情况完全一致。板材的厚度等于玻璃系统（或其他镶嵌板）的厚度，嵌入框的深度按照实际尺寸，可见板宽应超过 200mm。

稳态二维热传导计算应采用认可的软件工具。软件中的计算程序应包括本标准所规定的复杂灰色体漫反射模型和玻璃气体间层内以及框空腔内的对流换热计算模型。用程序计算在室内外标准条件下流过图示截面的热流 q_w，q_w 应按下列方程整理：

$$q_w = \frac{(U_f \cdot b_f + U_p \cdot b_p) \cdot (T_{n,in} - T_{n,out})}{b_f + b_p} \tag{78}$$

截面的传热系数：

$$L_f^{2D} = \frac{q_w(b_f + b_p)}{T_{n,in} - T_{n,out}} \tag{79}$$

框的传热系数：

$$U_f = \frac{L_f^{2D} - U_p \cdot b_p}{b_f} \tag{80}$$

（2）框与玻璃系统（或其他镶嵌板）接缝的线传热系数 Ψ 计算

再用实际的玻璃系统（或其他镶嵌板）替代导热系数 $\lambda = 0.035 \text{ W}/(\text{m} \cdot \text{K})$ 的板材。用二维热传导计算程序，计算在室内外标准条件下流过图示截面的热流 q_ψ，q_ψ 应按下列方程整理：

$$q_\psi = \frac{(U_f \cdot b_f + U_g \cdot b_g + \psi) \cdot (T_{n,in} - T_{n,out})}{b_f + b_g} \tag{81}$$

截面的传热系数：

$$L_\psi^{2D} = \frac{q_\psi(b_f + b_g)}{T_{n,in} - T_{n,out}} \tag{82}$$

框与面板接缝的线传热系数：

$$\psi = L_\psi^{2D} - U_f \cdot b_f - U_g \cdot b_g \tag{83}$$

6.3 传热控制方程

框（包括固体材料、空腔和缝隙）的计算所采用的稳态二维热传导计算程序应依据如下热传递的基本方程：

$$\frac{\partial^2 T}{\partial x^2} + \frac{\partial^2 T}{\partial y^2} = 0 \tag{84}$$

窗框内部任意两种材料相接表面的热流密度 q 应按下式计算：

$$q = -\lambda\left[\frac{\partial T}{\partial x}e_x + \frac{\partial T}{\partial y}e_y\right] \tag{85}$$

在窗框的外表面，热流密度 q 等于：

$$q = q_c + q_r \tag{86}$$

玻璃空气间层的传热采用当量导热系数的方法来处理。可将玻璃的空气间层的当作一种不透明的固体材料。

6.4 封闭空腔的传热

处理框内部封闭空腔的传热应采用当量导热系数的方法。将封闭空腔当作一种不透明的固体材料，其当量导热系数应考虑空腔内的辐射和对流传热，由下式确定：

$$\lambda_{eff} = (h_c + h_r)d \tag{87}$$

对流换热系数 h_c 应根据努谢尔特准则数来计算。封闭空腔的辐射传热系数 h_r 由下式计算：

$$h_r = \frac{4\sigma T_{ave}^3}{\dfrac{1}{\varepsilon_{cold}} + \dfrac{1}{\varepsilon_{hot}} - 2 + \dfrac{1}{\dfrac{1}{2}\left\{\left[1 + \left(\dfrac{L_h}{L_v}\right)^2\right]^{\frac{1}{2}} - \dfrac{L_h}{L_v} + 1\right\}}} \tag{88}$$

6.5 框的太阳能总透射比计算

框的太阳能总透射比可按下式计算：

$$g_f = \alpha_f \cdot \frac{U_f}{\dfrac{A_{surf}}{A_f}h_{out}} \tag{89}$$

7 整窗（或幕墙）的计算

7.1 整窗的几何描述

整窗应根据框截面的不同对窗框分段，有多少个不同的框截面就应计算多少个不同的框传热系数和对应的框和玻璃接缝线传热系数。两条框相交处的传热不作三维传热现象考虑。

整窗在进行热工计算时应进行如下面积划分：

（1）窗框面积 A_f：指从室内、外两侧可视的凸出的框投影面积大者；

（2）玻璃面积 A_g（或者是其他镶嵌板的面积 A_p）：室内、外侧可见玻璃边缘围合面积小者；

（3）整窗的总面积 A_t：窗框面积 A_f 与窗玻璃面积 A_g（或者是其他镶嵌板的面积 A_p）之和。

玻璃区域的周长 l_ψ（或者是其他镶嵌板的周长 l_p）是门窗玻璃（或者其他镶嵌板）室内、外两侧的全部可视周长的之和的较大值。

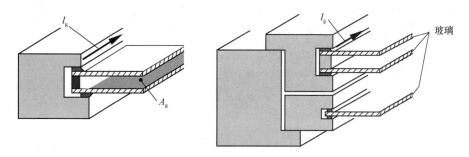

图 20　窗玻璃区域周长示意图

7.2　整窗的传热系数计算

整窗的传热系数的计算公式为:

$$U_t = \frac{\sum A_g U_g + \sum A_f U_f + \sum l_\psi \psi}{A_t}$$ (90)

7.3　太阳能总透过率计算

整体门窗太阳能总透过率的计算公式为:

$$g_t = \frac{\sum g_g A_g + \sum g_f A_f}{A_t}$$ (91)

7.4　可见光透射比计算

整体门窗可见光透射比的计算公式为:

$$\tau_t = \frac{\sum \tau_v A_g}{A_t}$$ (92)

8　抗结露性能计算

8.1　一般约定

结露的计算结果不考虑阳光辐射和漏气的影响以及其他热流的影响。门窗、玻璃幕墙所有典型节点均需要进行计算。

计算典型节点的温度场采用二维传热计算程序进行计算。计算应该采用认可的软件工具,其中应包括一个复杂的灰色体漫反射模型和玻璃腔体内的对流模型。

对于每一个二维断面,内表面的展开边界应该细分为许多小段,且尺寸不大于计算软件程序中使用的网格尺寸,这些分段用来计算断面各个分段长度的温度。同时应该计算每个二维断面的总长度。

8.2　露点温度的计算

水(冰)表面的饱和水蒸气压可采用下式计算:

$$E_s = E_0 \times 10^{\left(\frac{a \cdot t}{b + t}\right)}$$ (93)

式中：E_0——空气温度为 0℃时的饱和水蒸气压，取 $E_0=6.11\text{hPa}$；

t——空气温度（℃）；

a、b——参数，对于水面（$t>0$℃），$a=7.5$，$b=237.3$。

在空气相对湿度 f 下，空气的水蒸气压可按下式计算：

$$e = f \cdot E_s \qquad (94)$$

空气的露点温度采用下面公式计算：

$$T_d = \frac{b}{\dfrac{a}{\lg\left(\dfrac{e}{6.11}\right)} - 1} \qquad (95)$$

8.3 结露的计算与评价

门窗或幕墙各个框、面板的抗结露性能评价指标 T_{10} 按照以下方法确定：

（1）计算采用抗结露性能计算用环境条件；

（2）采用二维模拟程序来计算门窗或幕墙框和玻璃部分每个细分段的温度；

（3）对所有节点内表面分段的温度进行排队；

（4）由最内表面低温段开始，按照内表面分段所代表的面积进行累加，直至统计面积达到该节点所占面积的 10％；

（5）将所统计的最高温度定为 T_{10}。

评价指标计算时，计算节点包括所有的框、面板边缘以及面板中部。

工程设计或评价时，门窗、幕墙各个部分的评价指标 T_{10} 均不低于露点温度为满足要求。

进行产品性能分级或评价时，可按各个部分最低的评价指标 $T_{10,\min}$ 进行分级或评价。

9 结束语

门窗、玻璃幕墙热工性能的详细理论计算的体系是一个比较复杂的体系。国际标准 ISO 系列目前虽然已经编制了 ISO 15099，但其中许多问题还没有得到完全的确认。我国在门窗、玻璃幕墙热工性能的详细计算方面还刚刚起步。虽然有 ISO 系列标准可以作为参照，但我国的热工计算标准与 ISO 系列的有关规定还有一些不协调。而且 ISO 系列标准也不是得到所有发达国家的完全认同，欧洲和美国都有自己的相关标准。但值得庆幸的是，欧洲和美国的标准也正在统一，都以 ISO 15099 为基础。这样，我国的标准《建筑门窗玻璃幕墙热工计算规程》JGJ/T 151-2008 主要参照 ISO 15099，不会与美国和欧洲的标准有大的冲突，并可以期望最终实现与这些国家的标准协调。JGJ/T 151-2008 实现了与《建筑外门窗保温性能分级及检测方法》GB/T 8484-2008 的协调，使得计算和测试的传热系数相一致，基本消除了计算结果在工程应用中的障碍。

专题七　建筑防潮研究综述

钟辉智[1]　冯　驰[2]

1　中国建筑西南设计研究院有限公司　2　中国建筑科学研究院

建筑外围护结构由于长期受到自然雨（水）、雪等的浸蚀，在太阳辐射、风雨、雪、室内外气温度、湿度的作用下，围护结构的表面和内部常常可能发生冷凝、结露和泛潮等问题。这些都是建筑防潮设计时应考虑的主要问题，围护结构受潮会降低材料性能、滋生霉菌，进而影响建筑的美观和正常使用，甚至影响使用者的健康。建筑防潮研究可以分为基础理论、防潮分析方法及技术两大方面。

1　围护结构防潮基础理论

从建筑热工学角度来讲，建筑防潮属于典型的多孔介质传热传质问题。而在多孔介质传热传质的研究中，传热传质基本方程和传质系数是该领域研究的重点。

1.1　围护结构热湿传递计算方法

多孔介质传热传质理论的演化与进展，如果以 Darcy 定律的确立为起点，之后的 100 年为第一阶段（初级发展阶段），那么，1957 年建立的 Philip-De Vries 理论则标志着多孔介质传热传质研究进入到了第二阶段（相对完善阶段）。在该经典理论上，形成、发展和完善了大量的理论及实验，比如能量理论、液体扩散理论、毛细流动理论和蒸发冷凝理论等单一理论模型，有关多孔介质传热传质的数学模型才较快地发展起来。在这两个阶段之后，有关多孔介质传热传质的研究才逐渐由等温过程向非等温过程、由单场驱动向多场驱动、由饱和向非饱和、由非耦合向耦合、由单一理论向混合理论、由单学科向交叉相关学科的发展。

1915 年，Bouyoucos 在温度梯度作用下，在土壤中进行了水分传递的实验研究。1921 年，Lewis W R 提出了一个简单的扩散模型，VanArsdel, W. B. 在该扩散模型的基础上，得到了非线性扩散理论。这些研究为建筑热湿迁移研究做了理论和方法上的准备。

最早的热湿耦合传递理论是 J. R. Philip 和 De Vries 建立的土壤热质耦合传递数学模型。N. Mendes 等在研究多孔围护结构含湿、传湿的潜热部分对围护结构导热的影响时采用了 Philip-De Vries 模型。

1957 年，A. B. Luikov 对多孔介质的热湿传递特性进行了大量系统性研究。他根据宏观质量、能量守恒定律和不可逆过程热力学，在引入迁移势概念的基础上，认为热传递同时受热传导和湿组分再分布的影响；质传递同时受湿传递和热传导的影响。

19 世纪七八十年代，Whitaker 和 Bear 根据经典输运理论和空间平均定律，得到了多孔介质热湿耦合传递的多相能量方程和运动方程。

1990 年，Kerestecioglu 等根据相变理论建立了多孔介质在非饱和含湿状态、有蒸发冷凝现象时的热湿耦合传递数学模型。Liesen 发展了这一模型，并在热力系统分析和建筑负荷分析时引入了响应因子。Jerzy Wyral 和 Andrzej Marynowicz 在 Liesen 研究的基础上，得到了温度、冷凝速度和含湿量的解析解。

多孔介质墙体不可避免地存在少量空气渗透。1997 年，P. Häupl 等在 Luikov 热湿迁移方程组的基础上，引入了空气和盐分等的传递，得到了多孔材料热、湿及空气渗透的耦合（HAM）非线性微分方程。Gerson Henrique dos Santos 等根据表征体元也推导得到 HAM 的方程组。2010 年，Fitsum Tariku 等利用 HAM 模型解决了多层多孔介质的热、空气和水分的传输问题。

国内学者对热湿传递问题也进行了大量的研究。王建珑在传统的稳态研究方法基础上导出了潮湿区的稳态湿度计算方法。王补宣等对多孔介质受迫对流凝结时的两相流共存区的非达西模型、非均一多孔介质的热湿迁移、液相饱和度对多孔介质导热系数的影响等方面作了大量研究。1990 年前后，陈启高等对多孔材料的含湿机理、多孔材料的热湿迁移模型的建立与求解、空气层中的湿状况等方面进行了仔细研究。

1994 年，季杰、许文发等利用 Luikov 热质迁移理论为基础，研究了建筑墙体的湿度分布。2002 年，苏向辉进行了多层多孔结构内热湿耦合迁移特性研究。2003 年，闫增峰对 I. Budaiwi 等人的理论进行了修正。近几年，李魁山等、陈友明等分别对热湿耦合迁移特性进行了研究。

1.2 传质系数

多孔介质的传热传质研究中，要求解传热传质基本方程，就必须确定各模型中的各种传递系数，比如水蒸气扩散系数和液态水扩散系数等。人们对传递系数的研究也经历了一个由浅入深的过程。

最初，Lewis（1921）等认为材料的扩散系数在整个湿传递过程中为一定值；Van Arsdel，W.B（1940）提出了线性扩散系数的概念。Liukov（1980）对多孔介质求解时归纳了一种方法，用宏观的方法进行归纳，把求解复杂的多孔介质问题归结为求解相当或有效导热系数的问题，即将多孔介质的导热问题折算为一般的固体导热问题。Van der Zanden，A.J.J 和 Schoenmaker，A.M.E（1996）在模拟黏土干燥过程时，把水蒸气扩散和液态水扩散分开处理，液态水扩散系数与密度有关，而水蒸气扩散系数可取为常数。

总的来说，传质系数的研究可以分为液态水传递法和扩散法两类。

（1）扩散法

扩散法对应的驱动力为水浓度梯度，并假定在湿传递的起始阶段，基于多孔介质的传递机理，只有水蒸气传递一种形式的湿传递。随着含湿量的进一步加大，多孔材料的湿传递将出现水蒸气和液态水两种传递形式。其传递系数分别对应水蒸气扩散系数和液态水扩散系数。

（2）液态水传递法

驱动力为毛细压力时，用于计算传湿量的系数定义为液态水传导系数。

液态水传递法和扩散法（压力驱动模型和液体扩散-蒸汽压模型）各有优缺点，可参见表 30。在当前的主流模型中，液体扩散-蒸汽压模型得到了更广泛的认可，在《民用建筑热工设计规范》GB 50176 - 2016 中也是采用的该种模型。

表 30　传质系数比较

项目	传递法	扩散法
驱动力	毛细压梯度	水浓度梯度
传递系数	液态水传导系数（渗透系数）	液态水扩散率
传递系数单位	$kg \cdot m^{-1} s^{-1} Pa^{-1}$	$m^2 \cdot s^{-1}$
传递公式	$j_1 = k_1 \dfrac{dp_v}{dx}$	$j_1 = \rho_1 D_1 \dfrac{d\omega_1}{dx}$
模型复杂程度	复杂	简单
毛细滞后	可考虑	未考虑
溶质及 VOC 的传递	可分析	不可分析
边界	连续	不连续

2　防潮分析方法及技术

2.1　防潮分析方法

湿热分析的总体目标是分析随着时间而改变的建筑围护结构的温度和湿度变化。按照具体目标和对象可以分为表 31 所示的情况。按照分析手段可以分为计算分析和测试两类方法。

表 31　热湿分析分类

目的	针对对象	使用对象
设计	新建、改造建筑	工程师、建筑师
评估	改造建筑、鉴定、调查	工程师、建筑师
研究	产品、标准、基础理论	研究人员

（1）计算分析

目前，不同学者根据各自不同的基本方程开发了十几种不同的热湿传递的计算分析软件，其考虑的因素及主要特点分析如表 32。从表 32 可以看到，目前比较全面和使用比较多的软件是 WUFI 和 DELPHIN4.1 两款。

表 32　热湿分析软件比较

软件名称	维数	液态水流动	风驱雨	湿分析可视	围护结构整体分析	空气渗透	超饱和流动	应用情况
WUFI	2	✓	✓	✓	✓	×	✓	✓
LATENITE	3	✓	✓	✓	✓	✓	×	×
DELPHIN4.1	2	✓	✓	✓	✓	✓	×	✓
SIMPLE-FULUV	2	×	×	✓	✓	×	×	×
TCCC2D	2	×	×	✓	✓	✓	×	✓
HMTRA	2	✓	×	✓	✓	✓	✓	✓

软件名称	维数	液态水流动	风驱雨	湿分析可视	围护结构整体分析	空气渗透	超饱和流动	应用情况
TRATMO2	2	√	√	×	√	√	×	×
JAM-2	2	√	×	√	×	×	×	×
FRET	2	√	×	×	×	√	×	×
2DHAV	2	×	×	√	×	×	×	×
FSEC	2	×	×	×	×	×	×	×
MOISTURE-EXPERT	2	√	√	√	√	√	×	×

（2）测试手段

不管是对于计算结果的验证还是计算过程中部分物性参数的确定，都需要进行湿物性等相关量的测试。目前国内在该部分的测试方面还缺乏相关标准，主要的参考国外的相关标准。

① 测试标准（表 33）

表 33　湿物性参数测试标准

参数	美国标准	欧标	ISO
饱和自由水含水率	—	DIN EN 13755	—
孔隙率和孔径分布	—	DIN 66133	—
骨架密度	—	DIN 66135	—
导热系数	ASTM StandardC177，ASTM StandardC518	DIN 52612	DIN ISO 12664
等温吸湿-解湿曲线（RH95%以下）	ASTM StandardC1498　CENStandard89 N 337 E	DIN EN ISO 12571	ISO 12571　ISO 11274
水蒸气渗透率	ASTM Standard E96　CEN Standard89 N 336 E　ASTM E96/E96M-05（ASTM 2005）	prEN ISO 2572	—
水蒸气扩散	—	DIN 52615	DIN EN ISO 12572
吸水系数	CEN Standard89 N 370 E	—	EN ISO 15148
空气渗透率	ASTM StandardC522	—	—

② 湿分分布测试技术

在众多湿物性相关参数的测试中，最复杂的是测试多孔材料中湿分的分布。以往由于技术的限制，只能通过烘干的办法来测得材料的整体含湿量，或通过切割材料后烘干来获得材料的局部含湿量。显然烘干法无法连续且无损的测量材料中各部分的含湿量，因此在应用上有很大局限。部分学者采用特定的方法，在湿分分布情况未知的情况下研究材料的湿分扩散率，但这些方法往往有较大局限性。

随着科技的进步，许多先进的方法相继被用于多孔材料中湿分分布的测量。比较有代表性的现代实验技术有 MRI 技术（MRI-technique）、γ 射线衰减技术（γ-ray attenuation technique）、NMR 技术（NMR-technique）、电容法（capacitance method）、TDR 技术（TDR-technique）、X 射线辐射图谱（microfocus X-ray radiography）和扫描中子辐射图谱（scanning neutron radiography）等，扫描电镜（SEM）以及数码摄像机也常被应用。

这些技术克服了烘干法的缺点，实现了对多孔材料湿分分布的动态连续测量，并且保证了材料的完好性，为进一步研究多孔建筑材料的传热与传湿奠定了基础。考虑到对样品处理、实验设备以及实验人员专业知识的要求，这些实验方法不适合于大规模的常规测试，但测试结果对验证理论模型和进一步研究传湿过程有着重要意义。也有一些学者用这些测试结果分析材料的空隙特征。不过这些测试方法所用到的仪器设备较为昂贵，并且未在建筑物理或建筑技术科学的相关实验室普及，因此暂未能在世界范围内得到普及。

2.2 防潮技术

目前，国内外在建筑围护结构防潮技术方面主要采用以下方法与技术：

（1）采用多层复合围护结构时，将蒸汽渗透阻较大的密实材料布置在水蒸气分压高的一侧，而将蒸汽渗透阻较小的材料布置在水蒸气分压低的一侧。

（2）对于采用松散多孔保温材料的多层复合围护结构，通常在水蒸气分压高的一侧设置隔汽层。对于有采暖、空调功能的建筑，应按采暖建筑围护结构设置隔汽层。

（3）外侧有密实保护层或防水层的多层复合围护结构，经内部冷凝受潮验算而必须设置隔汽层时，应严格控制保温层的施工湿度，宜采用板状或块状保温材料，避免湿法施工和雨天施工，并保证隔汽层的施工质量。对于卷材防水屋面或松散多孔保温材料的金属夹心围护结构，应有与室外空气相通的排湿措施。

（4）外侧有卷材或其他密闭防水层，内侧为钢筋混凝土屋面板的屋面结构，经内部冷凝受潮验算不需设隔汽层，应确保屋面板及其接缝的密实性，并应达到所需的蒸汽渗透阻。

（5）室内地表面和地下室外墙防潮宜采用以下措施：建筑室内一层地表面宜高于室外地坪 0.6m 以上；地坪可采用架空地板层，采用架空通风地板层时，通风口应设置活动的遮挡板，使其在冬季能方便关闭，遮挡板的传热阻应满足冬季保温的要求；地面和地下室外墙宜设保温层；地面面层材料可采用蓄热系数小的材料，减少表面温度与空气温度的差值；地面面层可采用带有微孔的面层材料；面层宜采用导热系数小的材料，使地表面温度易于紧随空气温度变化；表面材料宜有较强的吸湿性、解湿特性，具有对表面水分湿调节作用。

（6）在建筑围护结构的低温侧设置空气间层，保温材料层与空气层的界面宜采取防水、透气的挡风防潮措施，防止水蒸气在围护结构内部凝结。

（7）外围护结构表面防结露方面，主要是对热桥部位进行处理，保证内表面温度不低于空气露点温度，主要技术如下：提高热桥部位的热阻；确保热桥和平壁的保温材料连续；切断热流通路；减少热桥中低热阻部分的面积；降低热桥部位内外表面层材料的导温系数。

3 应用情况及未来展望

通过以上的分析可以看到，目前在围护结构热湿传递计算方面，国内外已经有相当多的研究成果，国外也有部分工程在利用 WUFI 等计算工具在进行工程的辅助设计及分析，但在国内，目前还是以考虑纯蒸汽扩散的 Glaser 模型（稳态理论）为主要依据在进行工程设计，《民用建筑热工设计规范》GB 50176－2016 亦是采用该稳态模型。这种计算方法假设材料内部仅有水蒸气而没有液态水，将建筑材料中的湿分扩散看作单纯的蒸汽扩散，将蒸汽压差视为唯一的传湿驱动力，利用稳态条件下的菲克定律进行计算。这种方法虽然简单，但却违背了湿分在多孔材料中传递的真实过程。因为湿分在多孔材料中的传递通常属于气态和液态水共同传递的状态，而且可能是多种传输机理的作用。当前使用的 Glaser 法不能准确预测凝结，也不能处理湿分的储存以及空气和液态水的传递，可见 Glaser 模型有很大的局限性，其准确程度也有待商榷。

造成这种状况的根本原因是目前的设计标准中缺乏应用复杂热湿分析软件（如 WUFI，DELPHIN）等所需的物性参数，外部气象数据也缺乏风驱雨等边界条件，所以限制了相关分析软件的使用。随着数据资料的完善，在不久的将来，这些软件将会变成工程设计所必需的软件之一。

专题八 自然通风设计原则与方法

杨允立

中南建筑设计院股份有限公司

1 自然通风设计现状

在建筑设计领域，自然通风历来都是改善环境热舒适性的技术措施之一。然而，由于在设计时要考虑的因素众多，这些因素之间还可能存在矛盾（例如外立面整洁美观就与开窗通风有矛盾），自然通风设计往往被安排在较后考虑，甚至是忽略。

随着绿色建筑受到政府的大力推动和社会的普遍关注，自然通风设计受到重视的程度逐步提高。在《绿色建筑评价标准》GB/T 50378-2014 的室内外环境要求中，自然通风设计指标均被作为评分项要求。

然而，从目前的实际情况来看，相当多的项目不是在设计初期就系统、有针对性地开展自然通风设计，而是在设计结束后、申报绿色建筑标识评价时才由咨询单位用 CFD 软件进行验证计算。这样是很难获得良好的自然通风效果的。

《民用建筑热工设计规范》GB 50176 的修编，增加了自然通风设计内容。在自然通风章节的编写过程中，内容变化非常大。一开始写的内容很多，包括了 CFD 模拟计算的边界条件和合格界定标准。后来由于标准内容必须是成熟技术，删减了 CFD 模拟计算等很多内容。最后保留了操作性较强、比较成熟的一些内容。标准最后的条款虽然不多，但也协调了场地通风与室内通风、过渡季节通风与供暖、空调季节防止室外空气渗入等方面的矛盾。

2 自然通风设计原则

自然通风设计，应该系统地解决问题，必须兼顾室内通风、场地通风，并避免在供暖和空调季节有大量室外空气渗入室内。以往的设计资料和设计方案，往往是孤立地考虑问题，最终只能是顾此失彼。

例如，有技术资料要求在布置建筑群时，迎风面积比（建筑在主导风向的迎风面积与建筑最大可能的迎风面积之比）不超过一定数值。这样是有利于场地的通风效果，使场地内的热量迅速散去。然而，迎风面积比大不利于场地通风，却有利于建筑室内通风。如果条形建筑的主立面与主导风向相垂直时，迎风面积比等于1，这时室外风受到了最大的阻挡（最小的阻挡是条形建筑的侧面垂直于主导风向），但建筑迎风面和背风面的风压差最大，为开窗通风提供了最好的条件。

对于场地自然通风，目标就是改善场地中人员活动区域的热舒适性，即冬季风速及建筑物迎风面与背风面的压差不能过大，夏季、过渡季节风速及建筑物迎风面与背风面的压差不能过小。对于室内自然通风，目标有二：一是要确保室内空气质量满足卫生标准，也就是CO_2浓度不能超标，这是所有建筑的底线目标；二是利用室外凉爽的空气带走室内的热量，改善室内热湿环境。当然，改善室内热湿环境，也可以减少空调系统的运行时间，从而也有节能的作用，也属于被动式节能措施之一，这应该是绿色建筑设计目标。

由于人员在室内的滞留时间要比室外长，对室内热舒适性的要求比室外热舒适性高，所以提高室内热舒适性就显得比提高室外热舒适性重要，二者有矛盾时应先考虑改善室内热舒适性。另外，提高室内热舒适性的目标与卫生标准的目标不相矛盾。对于一般情况而言，满足提高热舒适性的目标需要的自然通风风量远远大于满足卫生标准的目标所需要的风量。所以，自然通风应该首先在满足卫生标准目标的基础上满足热舒适性指标，其次才是满足室外热舒适性的目标。

综合上述分析，自然通风设计应遵循以下原则：

（1）总平面设计布置建筑朝向时，应根据当地气候特征确定设计原则。对于量大面广的夏热冬冷地区和夏热冬暖地区，应有利于过渡季节自然通风，优先保证室内自然通风效果，兼顾场地自然通风效果。

（2）室内自然通风设计，首先应确保室内空气质量卫生标准要求，其次要利用室外空气尽量多的带走室内热量，提高室内热舒适性，同时减少空调系统运行时间。

（3）室外自然通风设计，应根据项目所在地的气象情况，兼顾冬夏两季的场地热舒适性。对于寒冷和严寒地区，优先控制冬季场地风速不要过大；对于夏热冬暖地区，优先控制夏季场地风速不要过小；对于夏热冬冷地区，同时控制好冬季场地风速不要过大和夏季场地风速不要过小。

3 自然通风设计方法与技术措施

传统的自然通风设计是以定性分析为主，同时根据经验对构造措施进行定量设计，对自然通风效果的分析和预测没有什么技术手段。例如，在确定朝向的时候兼顾考虑一下项目所在地的各季节主导风向；根据项目所在地的气候特征确定建筑物的进深和外窗面积；按照技术标准要求确定外窗可开启面积比或者通风洞口与室内地面面积比；大进深的商业建筑还会在空间设计时布置一些采光通风中庭，在中庭的顶部设置一些可开启的通风窗。

随着技术进步，CFD技术开始应用于建筑工程设计。在传统设计方法的基础之上，通过模拟分析优化设计方案、验证设计效果；使设计更加精细，设计效果更加完美。结合目前的设计经验和具体情况，建议自然通风设计方法与技术措施如下：

3.1 总平面设计

（1）确定场地的风向和风速

确定场地主导风向和风速首先得确定采用什么气象资料。目前气象资料不止一种，这些资料的相关信息还是有明显差异的。建议采用列入国家或者行业标准的气象资料，例如《建筑节能气象参数标准》JGJ/T 346-2014。气象资料不会给出用于自然通风设计计算的各个季节的主导风向和风速，但有全年逐时的风向和风速信息。所以，气象资料需进行统计和整理才能用于自然通风设计和计算。建议的统计和整理方法如下：

各个季节相对应的月份：季节应分为冬季、夏季、过渡季节。不同的气候区域的相关季节所对应的月份会有所不同。对于夏热冬冷地区，冬季为12月、1月和2月；夏季为6、7、8月；过渡季节为3、4、5月和9、10、11月。

各个季节的主导风向：季节所对应的各个月份中，出现频率最大的风向为该季节的主导风向。

各个季节的计算风速：季节所对应的各个月份中，出现频率最大的风向（即主导风向）所对应风速的平均值为该季节的计算风速。

（2）确定建筑朝向、体形

根据各个季节的主导风向和前面所述的原则确定或调整建筑朝向或者造型。建筑朝向与夏季、过渡季节的主导风向夹角应有利于室内自然通风；条形建筑不宜大于30°，点式建筑宜在30°～60°之间。

对于建筑群体总平面设计，在夏季、过渡季节主导风向上应尽量避免建筑物相互遮挡，并将主导风向上游建筑底层架空，以改善场地通风效果；在冬季主导风向上游设置绿化带或者构筑物，避免冬季场地风速过大。

实例一：夏季或过度季节主导风向为东南风，冬季主导风向为东北风。建筑朝向设计成南偏东向，如图21所示。建筑物在夏季和过渡季节都可以形成穿堂风，在冬季可避免在主要外窗处形成过高的正压或负压。

实例二：夏季或过度季节主导风向为东南风，冬季主导风向为西北风。建筑体形设置成L形，如图22所示。利用建筑物的阴角和阳角，使夏季、过渡季节的风能够在主要外窗处形成较大的正压，冬季的风在主要外窗处不会形成较大的正压。

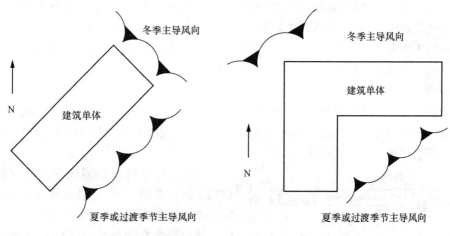

图21　建筑朝向适合于风向布置　　　　图22　建筑体形适合于风向

（3）确定引风和避风措施

在夏季和过渡季节的主导风向的上游，应采取底层架空的方式将气流引入场地内人员活动区域。在冬季主导风向的上游，布置低层的商业建筑或者绿化带来减缓冬季进入场地内的风速。

（4）定量分析计算

场地自然通风效果宜采用CFD软件做定量分析计算。定量分析计算在方案设计阶段就介入，并伴随着设计过程不断利用 CFD 分析提出优化建议，直至达到满意的结果。CFD 计算的边界条件应遵循一定的标准；计算结果满足《绿色建筑评价标准》GB/T 50378-2014 第 4.2.6 条所有得分要求为场地自然通风效果良好。CFD 计算的边界条件宜按以下要求设定：

计算区域：建筑覆盖区域小于整个计算区域的 3%；以目标建筑为中心，半径 $5H$（H 为建筑总高度）范围内为水平计算区域。建筑上方计算区域大于 $3H$。

模型再现区域：目标建筑边界 H 范围内应以最大的细节要求再现。

网络划分：建筑的每一边行人区 1.5m 或 2m 高处应划分 10 个网格或以上，重点观测区域要在地面以上第 3 个网格和更高的网格以内。

入口边界条件：给定入口风速的分布（梯度风）进行模拟计算，有可能的情况下，入口 k/e 也应采用分布参数进行定义。

地面边界条件：对于未考虑粗糙度的情况，采用指数关系式修正粗糙度带来的影响；对于实际建筑的几何再现，应采用适应实际地面条件的边界条件；对于光滑壁面，应采用对数定律。

3.2 建筑单体设计

（1）确定主要技术措施

主要的自然通风技术措施有两类。一是主要利用动压（风压）作为自然通风动力，二是主要利用热压作为自然通风动力。具体采用哪一类技术措施应根据建筑体形来确定。对于进深不大（不超过 40m）的建筑，宜主要利用动压来实现自然通风；一般以可开启的外窗作为进排风口，以各层的走道、内门窗作为室内风道；对于夏热冬冷地区和夏热冬暖地区的住宅建筑，进深不超过 12m 可以获得较好的自然通风效果。对于进深较大的建筑，宜主要利用热压来实现自然通风；一般以底层的门洞作为进风口，走道、内门窗和中庭作为室内风道，中庭顶部的可开启外窗作为排风口。

（2）确定进排风口

主要利用动压实现自然通风时，应考虑主要进风洞口的朝向与主导风向的关系。主要进风口洞口平面与主导风向之间的夹角不应小于 45°。当以平开窗作为进风口时，窗扇的开启应有利于导风入室，如图 23 所示。

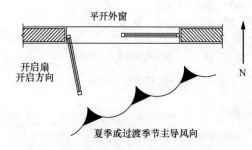

图 23　平开窗开启方向适合于风向示意

当住宅建筑有单侧通风房间时（即进风口和排风口在同一侧），通风窗与夏季或过渡季节主导风向之间的夹角应控制在 45°～60° 之间；迎风面应有凹凸变化，凹口深度尽可能大一些；迎风面采用凹阳台有助于自然通风。

主要利用热压实现自然通风时，应将排风口设置在进风口的上方，二者之间应有足够的高差。对于常见的大进深商业建筑，多采用通风中庭实现自然通风，利用底层的入口和各层的可开启外窗进风，中庭上部的可开启外窗作为排风口。

进排风口的布置应避免通风短路。进排风口的面积可根据进排风口处平均风速来确定，排风口处平均风速最好不超过 1m/s。如果设计目标是自然通风风量不小于 2 次/h 的换气次数，进排风口的面积可按下式计算：

$$F \geqslant V/1800 \tag{96}$$

式中：F——进风口面积总和（m^2）；

　　　V——自然通风空间的总体积（m^3）。

如果设计目标是利用自然通风来获得室内的热舒适性，即室内外温差不超过一定范围，例如 2℃，则进排风口的面积可按下式计算：

$$F \geqslant 3.73 \times 10^{-4} \cdot q \cdot A \tag{97}$$

式中：F——进风口面积总和（m^2）；

　　　q——房间发热量指标（W/m^2，通常包括人体显热、照明发热和设备发热）；

　　　A——自然通风房间面积总和（m^2）。

所有供暖或空调区域的进排风口应该能方便开启和关闭，并在关闭时有良好的气密性。

（3）确定室内通风路径

室内通风路径应布置均匀。室内开敞空间、走道、室内的门窗、多层的共享空间或者中庭都属于室内通风路径。在室内功能设计时组织好上述空间，避免出现通风死角。通风路径的截面积应足够大，以降低自然通风的阻力。通风路径的截面一般应大于排风口的总面积。

在室内功能设计时应考虑有利于空气质量，有利于室内热量的排放；将人流密度大或发热量大的场所设置在主通风路径上；将人流密度大的场所布置在主通风路径的上游，将热流密度小但发热量大的场所以及产生废气、异味的房间布置在通风路径的下游，并将这些空间或房间的外窗作为自然通风的排风口。

（4）定量分析计算

提高通风洞口（如外窗的可开启部分）的面积指标，可以有效地改善建筑自然通风效果。通风洞口面积指标为通风洞口面积与房间地板面积之比。通风洞口面积指标在夏热冬暖地区达到 10%，在夏热冬冷地区达到 8%，在其他地区达到 5%，就可以取得良好的通风效果。

然而对于进深较大的建筑而言，通风洞口面积指标很难达到上述要求。这就需要利用 CFD 技术优化设计来获取预期的自然通风效果。应用 CFD 技术优化室内自然通风设计，一是要确定边界条件标准，二是要设定合适的通风效果合格界定标准。如果没有 CFD 模拟分析计算的边界条件标准和效果合格界定标准，就会出现对于同一个模型，即使用相同的 CFD 软件计算，也会出现明显不同的结果。这显然是不合适的。

关于边界条件，包括三个方面。一是几何边界条件：几何模型应与设计建筑和计算区域内的其他建筑相一致。二是流体力学边界条件：应利用前面所述场地自然通风 CFD 计算的建筑单体各墙面的风压值作为流体力学边界条件。三是在热压通风设计时或者以排出室内热量为设计目标时需要用到的热边界条件：室外空气温度可取值过渡季节室外典型温度，如 24℃；室内发热量指标可按《公共建筑节能设计标准》GB 50189‑2015 附录取值。

关于通风效果合格界定标准，《绿色建筑评价标准》GB/T 50378‑2014 将房间的通风换气次数不小于 2 次/h 作为得分要求。换气次数显然是根据经验设定的自然通风效果评价指标。如前所述，自然通风的目的有二：一是使室内空气质量满足卫生标准要求（即卫生目标），二是带走室内热量维持室内热舒适性（即热舒适性目标）。换气次数不小于 2 次/h 作为得分要求，可作为以满足卫生标准要求为主的自然通风设计目标。这一目标适用于严寒或者寒冷地区的自然通风设计。

然而，对于室内不会产生大量污染物的房间，如办公室、商场等，满足热舒适性目标所需的通风风量要远大于满足卫生目标所需的通风风量。对于这类建筑，应将满足热舒适性目标作为自然通风设计目标。

所谓热舒适性目标就是利用自然通风带走室内的发热量，使室内温度与室外温度之差控制在合理范围之内。例如可将自然通风的热舒适目标设定为：利用自然通风，在不考虑围护结构传热的情况下，使室内 1m 高处的平均温度与室外温度之差不超过 2℃；即当室外温度为 24℃时，在不考虑围护结构传热的情况下，利用自然通风使室内 1m 高处的平均温度不超过 26℃。这一目标可作为夏热冬冷地区、夏热冬暖地区、温和地区的自然通风设计。

4 案例

下面介绍 2 个同处于夏热冬冷地区城市的公共建筑自然通风设计情况。按照前面介绍的方法，确定过渡季节主导风向为北向，相应的风速为 1.98m/s，室外空气温度均按 24℃计。

（1）某办公建筑

该建筑进深不大，具有良好的利用动压自然通风条件。建筑师为了丰富内部空间，在 9 层～20 层设计了交错设置的景观中庭。这个中庭可以作为利用热压自然通风的竖向风道。为了验证景观中庭的自然通风效果，应用 CFD 软件对设计实际情况（简称有中庭）和假设项目不设置中庭的情况（简称无中庭）进行分析对比。室内发热量均按 28.2W/m² 计。景观中庭示意图和 CFD 模型图见图 24、图 25，9 层～20 层各层距地面 1m 处平均温度与室外温度的差值见表 34。

图 24　景观中庭示意图　　图 25　CFD 模拟分析模型图

表 34 某办公建筑 9 层~20 层各层距地面 1m 处平均温度与室外温度的差值

楼层	9	10	11	12	13	14	15	16	17	18	19	20	平均
有中庭（℃）	0.85	0.81	0.79	0.80	0.78	0.76	0.75	0.74	0.75	0.77	0.76	0.79	0.78
无中庭（℃）	0.91	0.92	0.93	0.90	0.88	0.84	0.77	0.78	0.76	0.77	0.79	0.86	0.84
相对差率	7.1%	13.6%	17.7%	12.5%	12.8%	10.5%	2.7%	5.4%	1.3%	0.0%	3.9%	8.9%	8.1%

表 34 中的数据显示有中庭模型的室内外温差要小于无中庭模型。由自然通风风量计算公式可知通风量与室内外温差成反比。温差小就说明风量大，同时也说明热舒适性好。从整体上来看，有中庭自然通风风量比无中庭自然通风风量大 8.1%。

（2）某展览建筑

该建筑进深较大，约 150m。由于展览功能的要求，展厅的外墙无可用于自然通风的洞口。设计时利用展厅的高度（12m），采用了利用热压进行自然通风的方案。进风口利用底部的外门，排风口设置在展厅的屋顶上。设计将防烟楼梯间的门设置成平时可以敞开（火灾时自动关闭）。这样，室外空气可以通过防烟楼梯间直接达到每个展厅。为了验证利用热压自然通风的效果，利用 CFD 软件分别对展厅内有发热量和没有发热量两种情况进行模拟分析对比。展厅内发热量按 $32.3W/m^2$ 计，发热量均匀布置在房间的底部。项目的展厅布置及编号见图 26，CFD 模型见图 27，自然通风示意图见图 28，各展厅的体积、通风风量、换气次数以及距地面 1m 处的平均温度与室外温度之差见表 35。

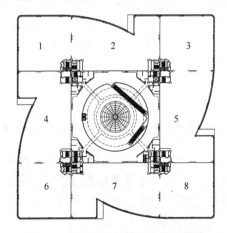

图 26 项目展厅布置及编号示意图

图 27 项目 CFD 模型图

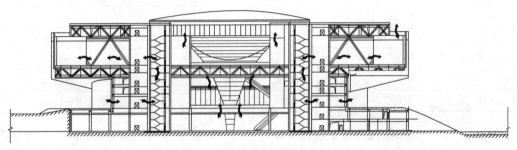

图 28 项目自然通风示意图

127

表 35 各展厅的体积、通风风量、换气次数以及距地面 1m 处的平均温度

房间编号		1	2	3	4	5	6	7	8	合计
体积（×10⁴m³）		1.86	2.85	1.85	2.84	2.81	1.86	2.82	1.86	18.39
室内无发热量	风量（×10⁴m³/h）	9.76	16.91	6.26	11.42	33.43	6.06	5.47	6.99	96.30
	换气次数（次/h）	5.26	5.93	4.99	4.03	11.88	3.26	1.94	3.77	5.24
室内有发热量	风量（×10⁴m³/h）	12.32	22.56	11.94	21.46	34.30	8.51	16.38	7.95	135.42
	换气次数（次/h）	6.66	7.78	6.45	7.48	12.19	4.59	5.81	4.29	7.36
	平均温差（℃）	3.80	2.83	3.44	3.88	2.94	3.99	3.31	3.75	—
换气次数增加率		26.6%	31.2%	29.3%	85.6%	2.6%	40.8%	199.5%	13.8%	40.6%

表 35 数据显示，对于高大空间，以室内发热量所产生的热压可以获得较好自然通风效果。对于所有 8 个展厅而言，以热压作为动力使自然通风总风量增加了 40.6%，各房间的换气次数也都超过了 4 次/h。表中的平均温差均超过了 2℃，这是由于为了简化计算，将室内发热量布置在房间的底部所致。如果将室内发热量按实际情况布置，平均温差将会有所降低。

5 两个问题的思考

5.1 关于《绿色建筑评价标准》GB/T 50378-2014 第 8.2.10 条要求的问题

该条将换气次数指标 2 次/h 作为得分要求，也就是将此指标作为绿色建筑自然通风设计目标。这一指标是如何确定的，未见有资料说明。但可以用其他标准或资料给出的技术指标、参数以及简单、常用的计算方法来验证其合理性。相关标准、资料给出的与办公建筑有关的技术指标见表 36。

表 36 相关标准、资料给出的与办公建筑有关的技术指标

指标名称	单位	数字	系数	计算值	信息来源
人员密度	m²/p	10	1	10	GB 50189-2015 附录 B
新风量指标	m³/(p·h)	30	1	30	GB 50189-2015 附录 B（其他标准强条）
照明功率密度	W/m²	9	0.95	8.55	GB 50189-2015 附录 B
设备功率密度	W/m²	15	0.95	14.25	GB 50189-2015 附录 B
人体显热	W/p	57	0.95	54.15	《实用供热空调设计手册》（第二版）

按照表 36 中给出的人员密度指标和新风量指标，计算室内净高为 3m 的办公建筑满足卫生标准所需的最小换气次数，计算公式如下：

$N=$新风量指标/(人员密度×室内净高)$=30/(10×3)=1$(次/h)

《绿色建筑评价标准》GB/T 50378-2014 要求的换气次数指标 2 次/h，相当于卫生标准要求的 200%，应该说是能够满足卫生标准要求的。

下面再来看看换气次数指标 2 次/h 的通风量对室内的热舒适性有什么影响，还是以室内净高 3m 的办公建筑为例。换气次数指标 2 次/h 相当于通风量指标(l)为 6m³/m²·h。不难计算出室内发热量(显热)指标(q)为 28.2W/m²。当室外温度为 24℃，空气密度(ρ)为 1.189kg/m³，比热容(c)为 1.013kJ/kg·K。

将上述数据代入自然通风热量平衡计算公式：$q=c·\rho·l·\Delta t/3.6$
$$\Delta t=3.61×28.2/(1.013×1.189×6)=14.1℃$$

这意味着，当室内发热量与 GB 50189-2015 附录 B 及《实用供热空调设计手册》(第二版)相一致时，如果室外温度为 24℃，自然通风量指标为 2 次/h，且不考虑围护结构传热时，室内温度将超过 38℃。这显然是不合适的。当然，上述计算所采用的室内发热量和不考虑围护结构传热可能是不合理的。但是，将 2 次换气次数作为夏热冬冷地区和夏热冬暖地区的自然通风设计目标，无论如何都是值得商榷的。

另外，关于换气次数的定义尚不明确。如果是按房间室内的空气在单位时间内被室外空气全部更换的次数来计算换气次数，对一般建筑而言，自然通风时会有相当一部分房间没有室外空气直接进入，可能有超过 50% 的房间不能达标，这显然不适合作为自然通风效果评价指标。如果将换气次数定义为单位时间内进入房间的空气总量与房间总体积之比，而不管进入房间的空气是不是室外的新鲜空气，就会有问题。举例说明如下：

假设一个房间的自然通风换气次数为 2 次/h。如果将这间房间沿气流方向分隔成两间同样体积房子（见图 29），而这一分隔产生的阻力所引起通风风量的变化可以忽略不计，按照换气次数为单位时间内进入房间的空气总量与房间总体积之商这一定义，在房间总体积和通风风量都没有变化的情况下，换气次数却由 2 次/h 变成了 4 次/h。这显然是不合理的。

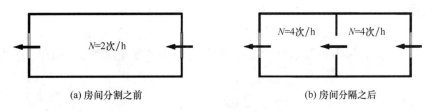

(a) 房间分割之前   (b) 房间分隔之后

图 29　房间分隔使换气次数发生变化示意

5.2　关于 CFD 软件应用标准问题

前面已经说过，应用 CFD 软件开展自然通风设计是工程设计技术进步的结果，是工程设计技术发展的趋势。但是，由于相关标准的滞后，CFD 模拟分析计算越来越成为设计包装的工具。许多项目的 CFD 模拟分析计算不是从方案阶段就开始介入，而是在施工图出图后，申报绿色建筑标识评价时才介入。为了能使计算结果达标，随意变化边界条件，使 CFD 模拟分析计算与工程设计成了完完全全的两张皮。建立 CFD 技术标准，包括边界条件标准和计算结果的处理标准和界定标准，是当务之急。

专题九　住宅建筑自然通风影响因素分析

任　俊　刘　刚　陈凤娜　高　峣
深圳市建筑科学研究院股份有限公司

1　引言

住宅建筑是人类生活居住的主要场所，除满足就寝、就餐、起居等使用功能外，还需要满足室内热环境、光环境、声环境、空气品质等环境的要求。自然通风是通过建筑设计手段，利用热压、风压的作用，将室外风引入室内，带走室内热量以及受污染的气体，从而达到室内热舒适和空气品质等环境要求的一种通风形式。

由于室内通风率不足，人们所出现头痛、干咳、皮肤干燥发痒、头晕恶心、注意力难以集中和对气味敏感等症状，这一现象被称为"致病建筑综合征"。因此，研究影响住宅自然通风的各种因素，并提出在设计中的应对策略以达到改善自然通风效果，是十分必要的。

2　自然通风的特点

2.1　自然通风的类型

建筑自然通风可分为两种类型：风力驱动通风和热压作用通风（图30、图31）。两种类型的自然通风都是由于自然形成的气压差引起的。不过，风力驱动通风是利用自然风力引起的气压差，而热压作用通风则利用气温和湿度上的差异引起的上升浮力所产生的压力。因此，需要采取不同的建筑设计来使这两种自然通风方式发挥最佳效果。

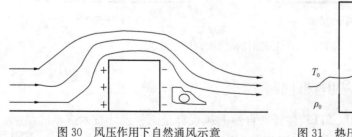

图30　风压作用下自然通风示意　　　　图31　热压作用下自然通风示意

2.2　自然通风的特点

自然通风是实现室内空气品质的一种最经济的手段。自古以来，人类都充分利用自然通风来改善居住环境，尤其是南方炎热地区，自然通风是减少室内热负荷的主要手段。由于不用设备，故不需要能耗，所以自然通风具有经济、节能、简便易行且无噪声等众多优点。

但也应注意到，自然通风易受季节影响，天气严寒和酷热均不适合开窗自然通风。此外，自然通风无法保证室内温度、湿度、洁净度，且通风效果不稳定，也不能对从污染房间排出的浑浊气体进行处理。

3 自然通风影响因素

3.1 建筑风环境

现代住宅大多是楼房形式，而且随着土地资源的减少及人们对社区服务环境的要求，建筑高密度是发展趋势。绿色建筑设计也强调土地的集约利用，人均居住面积要求控制在一定的水平。

风在城市中行进时，受到城市下垫面的粗糙程度、城市街道走向以及高层建筑等因素的影响，局部地段的风向、风速会发生显著变化。因此建筑密度增加会严重影响室外风环境，也对室内自然通风产生不利影响。

3.2 室外噪声

噪声对人体的危害有生理和心理两方面。暴露于噪声中使人烦恼、激动、易怒，甚至失去理智，容易使人疲劳，影响精力集中和工作效率。长期生活在噪声环境中会导致耳聋、心脏病的发展和恶化、消化系统方面的疾病和神经衰弱症。

住宅建筑应该满足一定的声环境要求，场地内环境噪声符合现行国家标准《声环境质量标准》GB 3096 的有关规定，主要功能房间的室内噪声级应满足现行国家标准《民用建筑隔声设计规范》GB 50118 中的低限要求。现代住宅建筑趋向于生活设施齐全、交通便利的环境，使得很多住宅建筑临近交通噪声过大的道路，即使室外气象参数满足自然通风的要求，住户也不得不采用紧闭窗门的方式来防止噪声污染。在对深圳 450 多住户影响自然通风因素的调研发现："室外太吵"以 27% 的比例成为住户不开窗自然通风的第一位影响因素，见图 32。

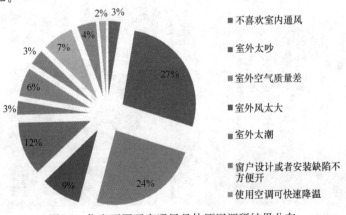

图 32　住户不愿开窗通风具体原因调研结果分布

某城市中心区采用cadna/A软件对环境噪声进行的模拟见图33，中心区白天整体噪声分布在55dB~80dB之间，夜间整体噪声分布在40dB~65dB之间；距离道路越近且没有建筑物遮挡的区域，噪声越大，在65dB~80dB之间，住户在这样的环境下是不愿意开窗自然通风的。

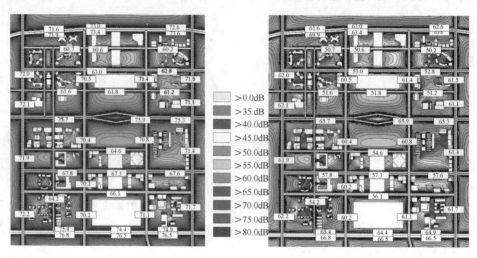

图33　某城市中心区白天、夜间室外噪声分布模拟分析

3.3　城市热岛

城市热岛效应是指城市因大量的人工发热、建筑物和道路等高蓄热体及绿地减少等因素，造成城市"高温化"，城市中的气温明显高于外围郊区的现象。由于室外气温的提高，降低了自然通风的效果，住户开窗通风的比例明显降低。

以某城市中心区夏季典型日热岛模拟分析为例，1.5m高度处的室外温度分布的平均温度为36.91℃，与进口空气温度相比升高2.83℃，可以认为此时该城市中心区的热岛强度为2.83K，见图34。

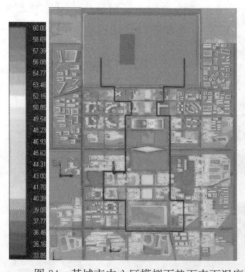

图34　某城市中心区模拟下垫面表面温度、1.5m高度空气温度分布（单位：℃）

3.4 空气污染

城市空气污染是全社会的问题，尤其是冬季，常有沙尘暴、PM2.5（图35），以及空气中二氧化硫严重超标的现象。这时住户必须关窗，因此自然通风的作用无法体现。

室外颗粒物进入房间浓度在开窗和关窗这两种情况下有一定的差别。开窗时，颗粒物直接从开启的窗户进入室内，门窗基本没有起到阻隔作用，此时进入房间的浓度基本与室外浓度一致。而在关窗时，颗粒物在经过门窗缝隙时，由于缝隙的尺寸非常小，室外的颗粒物相当于经过了一层过滤器，浓度能够降低20％～40％。

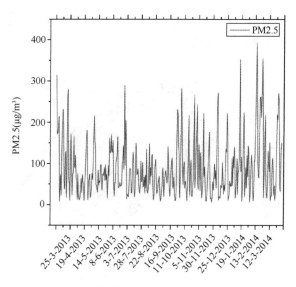

图35　北京市2013年室外PM2.5统计

3.5 室内空气温湿度要求

在没有机械手段改善室内热环境之前，人们除利用建筑的通风隔热技术外，对热环境的忍耐程度也是较大的，一般来说，大于30℃的热环境是可以忍受的。现代生活有了风扇、空调等机械改善热环境的手段，人们追求热舒适的标准也在提高，广州地区每百户家庭空调的拥有量从20世纪90年代初小于100台到2000年已达到127.6台，而现在城市家庭每个居室基本都配有空调。自然通风现在已逐渐成为夏季室内环境的次要手段。

3.6 容积率高

追求建筑的高容积率，造成建筑平面从南北通透的条形建筑，发展到今天更多的塔形等建筑形式，如图36所示。图36（a）平面便于自然通风，而图36（b）平面则几乎无法实施自然风环境。

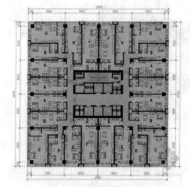

(a) 南北通透建筑平面　　　　　　　　(b) 塔形建筑平面

图36　南北通透建筑平面与塔形建筑平面示例

此外，由于住户内部生活的私密性要求，休息时卧室处于关闭状态，室内自然通风也达不到预定的效果，对住宅室内通风模拟计算示例见图 37。

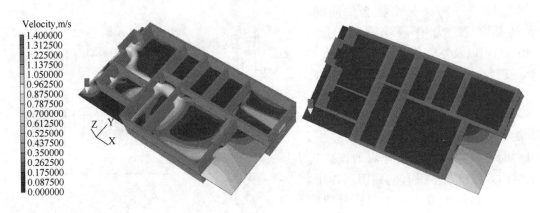

图 37　室内开关门窗自然通风对比

示例可以看出，在门窗开启的情况下（左图），风速介于 0～0.95 m/s 之间，南侧卧室、书房及北侧卧室风环境相对较好；在门窗关闭的情况下（右图），整体自然通风极差，南北侧无法形成对流通风，风速基本为 0。

3.7　窗面积及可开启部分面积

建筑外窗面积有增大趋势，而外窗可开启面积却有减小的趋势。人们喜爱与自然亲近，增加窗户面积无疑是使人们在室内也能亲近自然的措施。然而，在开窗面积增加的同时，外窗可开启面积却向着逐渐减小的方向发展，外窗可开启面积的大小在一定程度上能反映住宅自然通风效果的好坏，过小的外窗可开启面积难以保证良好的自然通风效果。

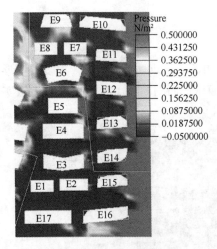

图 38　深圳某建筑小区风压云

4　自然通风的设计策略

综上所述，现代住宅自然通风设计面临更多的困难。因此，在自然通风的设计中，应该充分利用风力驱动和热压作用两种通风方式的设计理念。

4.1　建筑风环境的优化

建筑风环境的设计是通过对建筑的平面布置实现场地内风环境有利于室外行走、活动舒适和建筑的自然通风。优化设计的主要内容是建筑物的朝向和所处位置。在需要将通风能力调节到最大的时候，应该为建筑物选择一个多风的位置，而且在设计建筑物的朝向时，应该将迎风墙设计到垂直于当地夏季时的风向，见图 38。

仅从自然通风利用的角度来说，小区内建筑的合理布局（表 37）可以有效减小风影区，合理组织小区的风场，以利于区内建筑的自然通风利用。

表 37　建筑布局形式与通风

布局形式与通风	图　示	布局形式与通风	图　示
平行行列式；建筑的主要迎风面与风的吹来的方向呈 45° 为最佳，否则不利	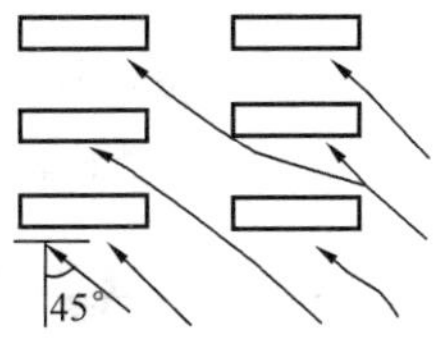	错列式；可以增大建筑的迎风面，易使气流导入到建筑群内部及建筑室内	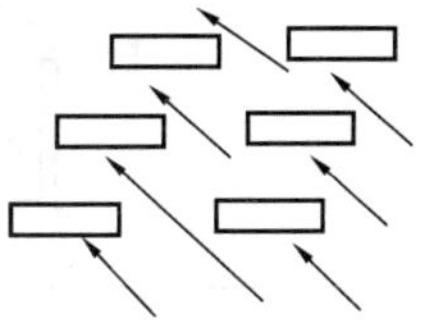
疏密相间式；即利用"狭管效应"，密处风速较大，可以改善通风效果	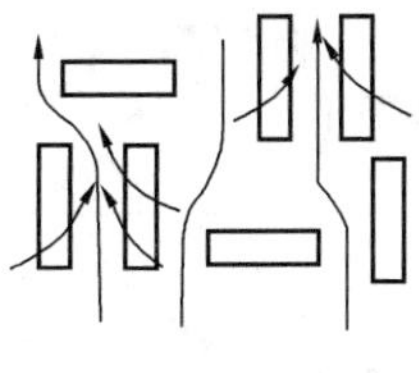	豁口迎风式；迎主导风向，前面布顺风向长条形建筑或布点式以形成豁口利于通风	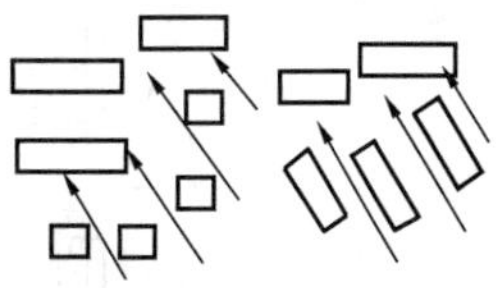
长短结合式；长幢住宅利于冬季阻挡寒风，短幢住宅利于夏季通风		周边式；应将四角敞开，围而不合，并开敞处与主风向斜交，则可增强通风效果	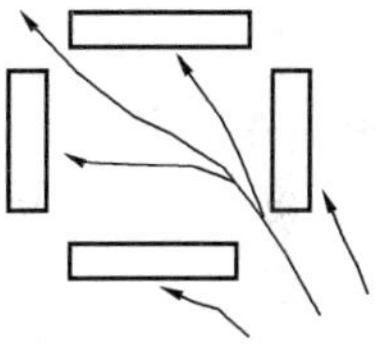

4.2　户型设计与开窗位置

单体建筑的户型设计及开窗位置（表 38）对其自然通风的利用效果也是非常重要。建筑周围的风场情况良好，具有利用自然通风的前提时，若户型设计不够理想，如房间进深过大，房间流场阻隔过多造成通风阻抗过大以及开窗位置不佳，这些都无法很好地利用自然通风。

表 38　窗的开启位置和室内流场

形式	图示	通风特点	备注
侧过型	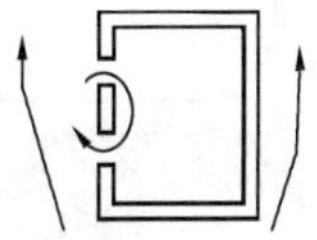	1）室外风速对室内通风影响小 2）室内空气扰动很小 3）无法创造室内良好通风条件	尽量避免
正排型	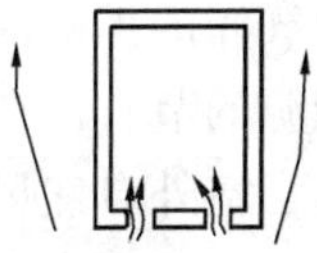	1）只有进风口，无出风口 2）典型的通风不利型 3）室内只存在一定的气流扰动	尽量避免
逆排型	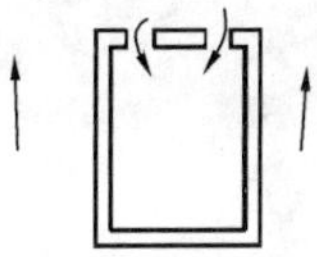	1）只有出风口，无进风口（相对而言） 2）最不佳洞口方式 3）仅靠空气负压作用吸入空气	尽量避免

形式	图示	通风特点	备注
垂直型		1）气流走向直角转弯，有较大阻力 ε 2）室内涡流区明显，通风质量下降	少量采用
错位型	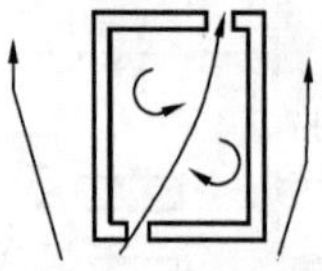	1）有较广的通风覆盖面 2）室内涡流较小，阻力较小 3）通风覆盖面较小	建议采用
侧穿型	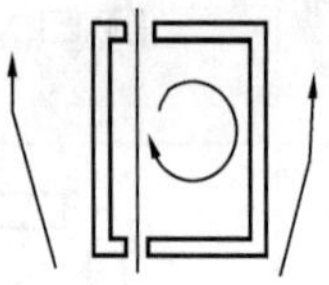	1）通风直接、流畅 2）室内涡流区明显，涡流区通风质量不佳 3）通风覆盖面积小	少量采用
穿堂型	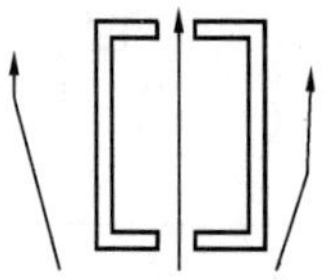	1）有较广的通风覆盖面 2）通风直接、流畅 3）室内涡流较小	建议采用

4.3 开窗形式

外窗的可开启形式对自然通风也有很大的影响，这种影响主要体现在外窗实际有效可开启面积的大小以及对自然来风的导风和调控性能。表 39 是几种可开启外窗的性能比较。

表 39 几种开启窗的性能比较

开启窗形式	有效开启面积	对自然风的导风性能	开启状态对立面外观的影响
上悬窗	小	差	中
平开窗	大	中	大
推拉窗	大	较差	小

4.4 自然通风器

窗式自然通风器就是根据自然环境造成的局部气压差和气体的扩散原理而产生空气交换的一种换气方式，由于不需要机械动力驱动，可以实现能源的节省。在室外无风时，依靠室内外稳定的温差，则能形成稳定的热压自然通风换气。当室外自然风风速较大时，依靠风压就能保证有效换气。

5 结语

自然通风对改善住宅建筑室内居住环境的效果是显而易见的，但现代城市的发展所产生的噪声污染、城市热岛、空气污染以及高容积率下建筑周边风环境的恶化等因素，已严重影响了自然通风的效果。加之现代住宅建筑在设计时往往在追求过大外窗面积的同时却大大减小了外窗可开启面积，这又进一步降低了自然通风的效果。

基于此，本文针对城市住宅的特性，提出自然通风设计应充分考虑各方面的影响因素，从建筑风环境的优化、户型设计与开窗位置、开窗形式以及自然通风器的选择等方面优化建筑空间、平面布局和构造设计，以达到改善自然通风效果的目的。

专题十　电扇调风对室内热环境的改善研究

赵士怀　胡达明　林新锋　张志昆

福建省建筑科学研究院

1　引言

电风扇是夏季纳凉用的传统家用电器。然而随着人们生活质量需求的提高和空调的普及，电风扇使用日益减少，市场趋于饱和，甚至一度认为其将退出历史舞台。但一个不容忽视的事实是：在保障热舒适性条件的前提下，电风扇也能满足一定的使用要求，而且与空调相比，电风扇更加节能。因此在空调状态下辅以风扇调风措施，是否能改善室内热环境，满足热舒适性要求，能否具备显著节能潜力，是研究空调主动节能领域值得关注的问题之一。以下将以同等的热舒适性为依据，研究风扇调风作用对建筑空调房间的舒适度和节能的影响。

2　热舒适评价方法

热舒适评价方法最有代表性的是丹麦 Fanger 的研究，即用预测平均投票值 PMV 和预测不满意百分数 PPD 指标来描述和评价热环境，PMV 指标综合考虑了环境因素和人的因素，包括人体活动情况（新陈代谢率）、衣着情况（服装热阻）、空气温度、空气相对湿度、空气流速、平均辐射温度这六个因素。

PMV 是一种指数，表明预计群体对于下述 7 个等级热感觉投票的平均值：＋3、＋2、＋1、0、−1、−2、−3，分别代表不同的热舒适状态：热、温暖、较温暖、适中、较凉、凉、冷。PMV 指数是根据人体热平衡计算得出的。

Fanger 等提出，当室内实际作用温度高于设计温度时，允许提高空气速度来弥补较高的作用温度的影响。

3　电风扇对室内风速的影响

了解电风扇对建筑室内风速的影响是本研究的前提条件。由于电风扇种类繁多，风量也存在较大差异，考虑到目前市面上绝大部分电风扇均具备对风量和风速进行调节的能力，所以可以典型的台式电风扇和典型的房间入手研究风扇对室内风速的影响。直径为 300mm、额定功率为 40W 的台式电风扇最大风量为 $1m^3/s$，典型房间开间大小为 3.6mm×4.8mm，层高 3m，在此条件下，采用 CFD 软件研究电风扇对室内风速的调节范围。研究表明，不论电风扇沿长轴放置还是沿短轴放置，电风扇最大风量条件下，工作面出口风速约为 10m/s，主要工作区域风速可达 2m/s 以上，房间平均风速约为

1.4m/s。如果考虑吊扇等形式，风速的可调节范围将更大。综合考虑电风扇的形式、档位调节以及风扇风向等因素，认为电风扇对室内风速的影响范围为 0.1m/s～1.5m/s 是基本合理的。

4 室内 PMV 指数计算参数

由于 PMV 指数涉及的参数较多，其计算也较为复杂，研究将在典型的条件下，重点关注空调环境下室内设定温度、风速与热舒适性及能耗的关系。设定条件见表 40。

表 40 室内 PMV 指数计算参数

项 目	参数范围	备 注
人体代谢率（W/m²）	坐着休息：46；站着休息：58；坐着活动（站着休息）：70；站着活动：93	适用于普通居住建筑及办公楼、商场、车站等公共建筑，且均取外部做功消耗 $W=0$
服装热阻（m²·℃/W）	0.08	夏季常规着装
空气相对湿度（%）	50	按照常规空调房间的湿度取值
空气流速（m/s）	空调条件下：0.2；电风扇条件下：0.1～1.5	考虑电风扇对室内风速的影响范围和常规空调设计时风速限定值
平均辐射温度（℃）	室内空气温度+2	考虑夏季围护结构内表面温度比室内温度高 1℃～3℃
空气温度（℃）	21～29	涵盖空调条件下房间能达到的可能温度

5 电风扇用于空调房间的热舒适性影响

5.1 空调状态下室内热舒适性

对于室内热舒适性指标要求而言，全年绝大多数时间满足｜PMV｜≤0.5 即可，同时冬季可以在 0～-0.5、而夏季允许在 0～+0.5 范围内，这对节能是有利的。所以从保证热舒适性和有利于节能的观点出发，将 $PMV=0.5$ 作为研究和比较分析的基准。依据 PMV 计算公式及表 40 的设定条件，得出在空调条件下，典型的人体活动状态下的 PMV 指数，见图 39。

从图 39 可以看出：①在服装热阻、空气相对湿度、空气流速一定的情况下，热舒适性指数 PMV 与室内温度大致呈线性关系，且随着人体活动的强度变小，室内标准舒适温度（即 $PMV=0.5$ 的温度）增高；②随着人体活动的强度越小，热舒适性随温度的变化越敏感（斜率变大）；③从数值上来说，人体在处于坐着休息、站着休息、坐着活动（站着休息）、站着活动四种典型活动状态下，室内能满足节能和热舒适性要求（即 $PMV=0.5$）的标准温度分别为 26.8℃、25.6℃、24.4℃、22.2℃。

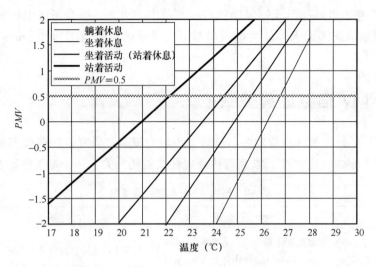

图 39　空调状态下室内温度与 PMV 的关系

5.2　风扇调风作用下室内热舒适性

将风扇调风作用引入室内热环境的 PMV 指数计算，且风扇调风限制在 $0.1℃ \sim$ $1.5m/s$ 的范围内进行考虑，则可以得到在典型的人体活动状态下，室内风速对 PMV 指数的影响，见图 $40 \sim$ 图 43。

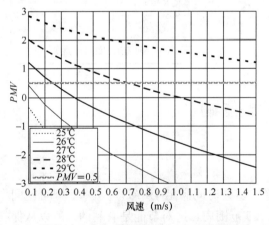

图 40　坐着休息时风速与 PMV 的关系

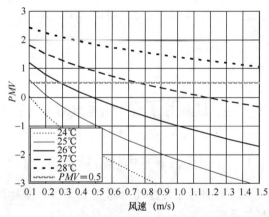

图 41　站着休息时风速与 PMV 的关系

从图 $40 \sim$ 图 43 可以看出：①室内风速与 PMV 指数呈非线性关系变化，当风速越大，PMV 指数减低；②在同一种活动状态下，室内温度越高，曲线越平滑，说明在温度较高的情况下，通过风扇调风对降低 PMV 的作用减小，同时也反映出在夏季炎热的条件下，通过单一的通过风扇调风是很难满足热舒适性要求的；③随着人体活动的强度变大，温度曲线越密集，说明在活动量较大时，通过风扇调风来改善室内热舒适性越具有可行性；④从数值上来说，人体在处于坐着休息、站着休息、坐着活动（站着休息）、站着活动四种典型活动状态下，室内能满足节能和热舒适性要求（即 $PMV＝0.5$）的标准温度分别为 $28.6℃$、$27.6℃$、$26.6℃$、$24.7℃$。

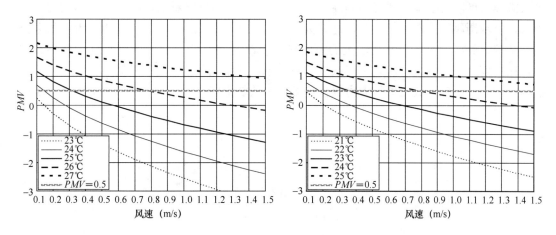

图 42　坐着活动时风速与 *PMV* 的关系　　　　图 43　站着活动时风速与 *PMV* 的关系

5.3　风扇调风作用对空调室内温度影响

以上分析可知，通过在空调房间内采用风扇调风的措施，可以降低室内的 *PMV* 指数。即在维持室内满足节能和热舒适性要求（即 *PMV*＝0.5）前提下，风扇调风的补偿作用可以提高室内空调的设置温度，其温度补偿作用见图 44。

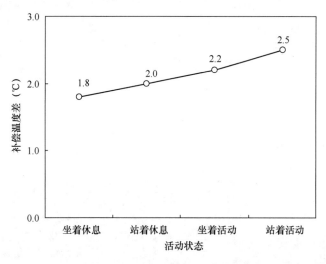

图 44　风扇调风的温度补偿作用

6　结论

根据以上分析可以看出，在温度较高的情况下，通过风扇调风对降低 *PMV* 的作用减小，同时也反映出在夏季炎热的条件下，通过单一的风扇调风是很难满足热舒适性要求的。人体在处于坐着休息、站着休息、坐着活动（站着休息）、站着活动四种典型活动状态下，风扇调风的温度补偿作用为 1.8℃～2.5℃，平均为 2.1℃，即在空调房间采用风扇调风措施，可以将空调设置温度调高 2℃左右。同时，还可以看出，随着人体活动强度的增大，风扇调风补偿作用越明显，这就为以坐着活动（站着休息）、站着活动为主的办公楼、学校、商场、车站等公共建筑的室内热环境改善和空调节能创造了良好的条件。因此，在目前空调已经成为建筑不可或缺的背景下，风扇调风这一传统的防暑措施不仅不应该淘汰，而且还应该成为值得大力提倡的低成本节能措施。

专题十一　建筑遮阳计算方法及其可视化程序研究

孟庆林　张　磊

华南理工大学建筑学院

1　研究背景

建筑遮阳是建筑节能以及改善室内热环境的关键措施之一。根据西向房间的实验观测资料显示，在闭窗情况下，有无遮阳，室温最大差值达 2℃，平均差值达 1.4℃；在开窗情况下，有无遮阳，室温最大差值达 1.2℃，平均差值为 1℃。室外遮阳比单层玻璃窗的热辐射透过量下降 88%，有遮阳时，房间温度波幅值较小，室温出现最大值的时间延迟，室内温度场均匀。

现代建筑空间造型设计是由各个环节交织在一起的复杂的系统工程。由于遮阳已成为建筑这一掩体功能的重要组成部分，遮阳也必然是建筑造型设计中不可缺少的环节，是现代建筑整体艺术形式重要的组成部分。因此，遮阳构配件的材料、颜色、比例、尺度等不仅是现代建筑外立面的重要造型因素，还是体现建筑师建筑细部创作能力的主要媒介之一。

良好的遮阳设计不仅有助于节能，改善室内热环境，符合未来发展的要求，而且遮阳构件成为影响建筑形体和美感的关键要素，特别是新型的遮阳构件和构造往往成为凸显建筑科技感和现代感的重要组成部分。

2　研究思路

建筑遮阳技术的研究思路如图 45 所示。

3　遮阳计算方法

3.1　水平遮阳和垂直遮阳的直射太阳辐射计算

为了求得逐时太阳直射辐射透光比，需要计算得到窗口玻璃上的逐时光斑面积的大小。一般认为照射到地球表面的太阳光线是一束平行光，而一般物体或部件大都由各种有规律的平行直线构成，它们在任意平面上的投影所形成的光斑，也必然由平行四边形组成，因此，只要能找到物体上几个拐角点的投影位置，就可以利用几何原理来求得上述光斑面积和透光系数，为了简化模型，对所研究的遮阳构造做了以下近似处理：

（1）忽略窗棂对光斑面积的影响；

（2）忽略遮阳板厚度的影响；

（3）忽略遮阳板间的反射。

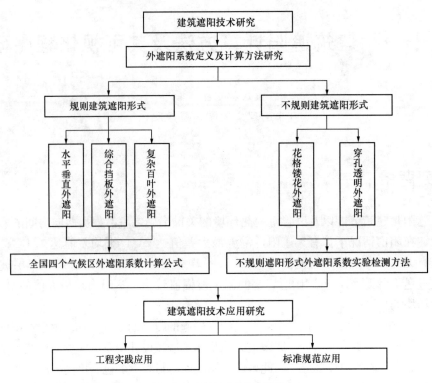

图 45　建筑遮阳研究思路

3.1.1　水平遮阳的直射太阳辐射透光比计算

水平遮阳的定义如图 46 所示。

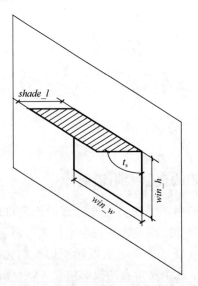

图 46　水平遮阳板尺寸关系

对于这种类型的水平遮阳板全天光斑形式有表 41 所示的三种变化（观测点在室外，下同）：由于光斑变化情况是以 0°壁面太阳方位角为对称的，因此，表 41 只列出了壁面太阳方位角小于 0°的情况，当该角度大于 0°时，除光斑图形发生对称变化外，计算公式相同。

表 41　水平遮阳光斑变化与直射太阳辐射透光比计算公式

光斑形状	直射太阳辐射透光比计算公式
阴影区 光照区	$$X_D = \frac{(win\_h - shade\_h) \cdot win\_w + 0.5 \cdot shade\_w \cdot shade\_h}{win\_w \cdot win\_h}$$
阴影区 光照区	$$X_D = \frac{0.5 \cdot win\_h \cdot win\_h \cdot shade\_w/shade\_h}{win\_w \cdot win\_h}$$
阴影区 光照区	$$X_D = \frac{win\_w \cdot win\_h - 0.5 \cdot win\_w \cdot win\_w \cdot shade\_h/shade\_w}{win\_w \cdot win\_h}$$

表中：

$$shade\_w = shade\_l \cdot \cos|t_s| \cdot \tan\varepsilon \tag{98}$$

$$shade\_h = shade\_l \cdot \cos|t_s| \cdot \tan\alpha/\cos|\varepsilon| + shade\_l \cdot \sin(-t_s) \tag{99}$$

式中：$shade\_l$——遮阳板挑出长度（mm）；

　　　t_s——遮阳板倾斜角（°）；

　　　ε——壁面太阳方位角（°）；

　　　α——太阳高度角（°）。

3.1.2　垂直遮阳板透光比计算

垂直遮阳板定义如图 47 所示。

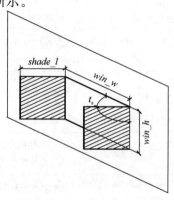

图 47　垂直遮阳板尺寸关系

其光斑变化情况和透光比计算公式如表 42 所示。

表 42　垂直遮阳光斑变化与透光比计算公式

光斑形状	透光比计算公式
光照区 阴影区	$X_D = \dfrac{(win\_w - shade\_w) \cdot win\_h + 0.5 \cdot shade\_w \cdot shade\_h}{win\_w \cdot win\_h}$
光照区 阴影区	$X_D = \dfrac{win\_w \cdot win\_h - 0.5 \cdot win\_h \cdot win\_h \cdot shade\_w/shade\_h}{win\_w \cdot win\_h}$
光照区 阴影区	$X_D = \dfrac{0.5 \cdot win\_w \cdot win\_w \cdot shade\_h/shade\_w}{win\_w \cdot win\_h}$

在不同壁面太阳方位角范围内，$shade\_w$ 和 $shade\_h$ 计算公式并不相同，可按以下方法计算：

当遮阳板倾斜角 $t_s < 0$ 时，$shade\_w$ 和 $shade\_h$ 计算公式如表 43 所示。

表 43　垂直遮阳 $shade\_w$ 和 $shade\_h$ 计算公式

壁面太阳方位 角范围	$shade\_w$ 计算公式 $shade\_h$ 计算公式
$-90 < \varepsilon \leqslant t_s$	$shade\_w = \sin(90+t_s) \cdot shade\_l \cdot \tan|\varepsilon| - shade\_l \cdot \cos(90+t_s)$ $shade\_h = \sin(90+t_s) \cdot shade\_l \cdot \tan\alpha/\cos|\varepsilon|$
$t_s < \varepsilon \leqslant 0$	$shade\_w = shade\_l \cdot \cos(90+t_s) - \sin(90+t_s) \cdot shade\_l \cdot \tan|\varepsilon|$ $shade\_h = \sin(90+t_s) \cdot shade\_l \cdot \tan\alpha/\cos|\varepsilon|$
$0 < \varepsilon < 90$	$shade\_w = shade\_l \cdot \cos(90+t_s) + \sin(90+t_s) \cdot shade\_l \cdot \tan|\varepsilon|$ $shade\_h = \sin(90+t_s) \cdot shade\_l \cdot \tan\alpha/\cos|\varepsilon|$

当遮阳板倾斜角 $t_s \geqslant 0$ 时，$shade\_w$ 和 $shade\_h$ 计算公式如表 44 所示。

表 44　垂直遮阳 $shade\_w$ 和 $shade\_h$ 计算公式

壁面太阳方位 角范围	$shade\_w$ 计算公式 $shade\_h$ 计算公式
$-90 < \varepsilon \leqslant 0$	$shade\_w = \sin(90-t_s) \cdot shade\_l \cdot \tan|\varepsilon| + shade\_l \cdot \cos(90-t_s)$ $shade\_h = \sin(90-t_s) \cdot shade\_l \cdot \tan\alpha/\cos|\varepsilon|$

壁面太阳方位角范围	$shade\_w$ 计算公式 $shade\_h$ 计算公式
$0 < \varepsilon \leqslant t_s$	$shade\_w = shade\_l \cdot \cos(90 - t_s) + \sin(90 - t_s) \cdot shade\_l \cdot \tan\|\varepsilon\|$ $shade\_h = \sin(90 - t_s) \cdot shade\_l \cdot \tan\alpha / \cos\|\varepsilon\|$
$t_s < \varepsilon < 90$	$shade\_w = \sin(90 - t_s) \cdot shade\_l \cdot \tan\|\varepsilon\| - shade\_l \cdot \cos(90 - t_s)$ $shade\_h = \sin(90 - t_s) \cdot shade\_l \cdot \tan\alpha / \cos\|\varepsilon\|$

3.2 水平遮阳与垂直遮阳的散射辐射透光比计算

由于透过遮阳板的散射辐射计算比较复杂，因此，在计算过程中可做以下的简化：

(1) 水平遮阳板两边无限长；

(2) 垂直遮阳板两侧板无限长；

(3) 忽略遮阳板间的反射。

3.2.1 水平遮阳的散射辐射透光比计算

对于水平遮阳板如图 48 所示。

当不存在水平遮阳构件时，门窗洞口受到的散射辐射照度为：

$$I_w = 0.5 I_d \qquad (100)$$

式中：I_d——水平面的天空散射辐射（W/m²）。

设置水平遮阳板后，外窗对天穹的"视系数"减少，为了简化计算，这里近似用∠BOC（角 α）与∠AOC（90°）的比例来反映天空散射辐射的减少程度。

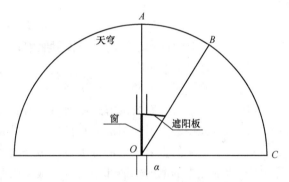

图 48 水平遮阳板散射辐射透光比示意

有遮阳板时，门窗洞口受到的散射辐射为：

$$I'_w = \frac{\alpha}{90} \cdot 0.5 I_d \qquad (101)$$

水平遮阳的散射辐射的透光比为：

$$X_d = \frac{\alpha}{90} \qquad (102)$$

3.2.2 垂直遮阳板散射辐射透光比计算

与水平遮阳情况类似，则有垂直遮阳时（图 49），门窗洞口受到的散射辐射为：

$$I'_w = \frac{\alpha}{90} \cdot 0.5 I_d \qquad (103)$$

垂直遮阳的散射辐射的透光比为：

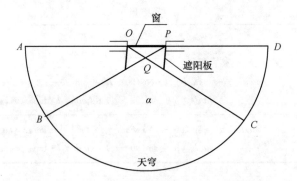

图 49　垂直遮阳板散射辐射透光比示意

$$X_d = \frac{\alpha}{90} \tag{104}$$

3.3　百叶遮阳的太阳辐射透射计算

百叶遮阳的遮光部位是百叶系统，百叶系统是由一组相同形状和特性的板条平行排列成面状的组件。入射到百叶系统的太阳辐射照度 I_0 由直射辐射照度和散射辐射照度构成。

$$I_0 = I_D + I_d \tag{105}$$

式中：I_0——入射到百叶系统的太阳辐射照度；

$\quad\quad I_D$——直射辐射照度；

$\quad\quad I_d$——散射辐射照度。

太阳辐射透过百叶系统的方式主要有三种：

（1）入射光中的直射辐射部分直接通过百叶系统的透空部分的透射；

（2）入射光中的直射辐射部分被百叶板条吸收、反射、透射后的散射透射；

（3）入射光中的散射辐射部分被百叶板条吸收、反射、透射后的散射透射。

3.3.1　散射辐射的透射计算

计算百叶系统的透射性能时，应考虑板条的光学性能、几何形状和位置等因素，如图50所示。

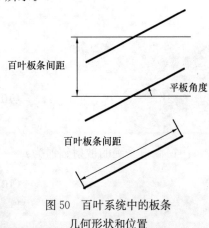

图 50　百叶系统中的板条
几何形状和位置

计算百叶系统的遮阳性能时可采用以下模型和假设：

（1）百叶板条为漫反射，并可以忽略百叶系统边缘的作用；

（2）模型单元考虑两个相邻的百叶板条，每个板条分为 k 等分段（图51）；

（3）忽略板条的轻微挠曲和厚度。

当百叶系统的入射侧受到波长为 λ_j 的散射辐射时，该散射辐射在百叶板条中间进行反射、透过和吸收后，会有一部分的散射辐射仍然以散射辐射的形式通过百叶系统透射出去，其比例为

$\tau_{\text{dif,dif}}(\lambda_j)$；一部分散射辐射被百叶系统反射到外部，其比例为 $\rho_{\text{dif,dif}}(\lambda_j)$；还有一部分的散射辐射被百叶系统所吸收，其比例为 $\alpha_{\text{dif,dif}}(\lambda_j)$。这三部分有以下关系式：

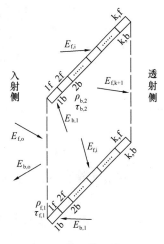

图51 模型单元中百叶板条的分割示意

$$\tau_{\text{dif,dif}}(\lambda_j) + \rho_{\text{dif,dif}}(\lambda_j) + \alpha_{\text{dif,dif}}(\lambda_j) = 1 \qquad (106)$$

式中：$\tau_{\text{dif,dif}}(\lambda_j)$——百叶系统对波长为 λ_j 的散射辐射的透光比；

$\rho_{\text{dif,dif}}(\lambda_j)$——百叶系统对波长为 λ_j 的散射辐射的反射率；

$\alpha_{\text{dif,dif}}(\lambda_j)$——百叶系统对波长为 λ_j 的散射辐射的吸收率。

当把百叶板条等分成 k 段时（如图51），则第 i（$1 \leqslant i \leqslant k$）段的两个表面上受到的散射辐射分别为：

第 i 段的外表面（记为 f）：

$$E_{\text{f},i}(\lambda_j) = E_{\text{f,o}}(\lambda_j) \cdot F_{\text{o}\to\text{f},i} + \sum_{n=1}^{k} \left[E_{\text{f,n}}(\lambda_j) \cdot \tau_{\text{b,n}} + E_{\text{b,n}}(\lambda_j) \cdot \rho_{\text{b,n}} \right] \cdot F_{\text{b,n}\to\text{f},i} \qquad (107)$$

第 i 段的内表面（记为 b）：

$$E_{\text{b},i}(\lambda_j) = E_{\text{f,o}}(\lambda_j) \cdot F_{\text{o}\to\text{b},i} + \sum_{n=1}^{k} \left[E_{\text{f,n}}(\lambda_j) \cdot \rho_{\text{f,n}} + E_{\text{b,n}}(\lambda_j) \cdot \tau_{\text{f,n}} \right] \cdot F_{\text{f,n}\to\text{b},i} \qquad (108)$$

通过百叶系统透射的散射辐射为：

$$E_{\text{f,k+1}}(\lambda_j) = E_{\text{f,o}}(\lambda_j) \cdot F_{\text{o}\to\text{f,n+1}} + \sum_{n=1}^{k} \left[E_{\text{f,n}}(\lambda_j) \cdot \rho_{\text{f,n}} + E_{\text{b,n}}(\lambda_j) \cdot \tau_{\text{f,n}} \right] \cdot$$
$$(109)$$
$$F_{\text{f,n}\to\text{f,n+1}} + \sum_{n=1}^{k} \left[E_{\text{b,n}}(\lambda_j) \cdot \rho_{\text{b,n}} + E_{\text{f,n}}(\lambda_j) \cdot \tau_{\text{b,n}} \right] \cdot F_{\text{b,n}\to\text{f,n+1}}$$

通过百叶系统反射的散射辐射为：

$$E_{\text{b,o}}(\lambda_j) = \sum_{n=1}^{k} \left[E_{\text{b,n}}(\lambda_j) \cdot \rho_{\text{b,n}} + E_{\text{f,n}}(\lambda_j) \cdot \tau_{\text{b,n}} \right] \cdot F_{\text{b,n}\to\text{b,o}} +$$
$$(110)$$
$$\sum_{n=1}^{k} \left[E_{\text{f,n}}(\lambda_j) \cdot \rho_{\text{f,n}} + E_{\text{b,n}}(\lambda_j) \cdot \tau_{\text{f,n}} \right] \cdot F_{\text{f,n}\to\text{b,o}}$$

式中：$E_{\text{f,o}}(\lambda_j)$——入射到百叶系统的散射辐射（W/m²）；

$E_{\text{b,o}}(\lambda_j)$——从百叶系统反射出来的散射辐射（W/m²）；

$E_{\text{f},i}(\lambda_j)$——百叶板条第 i 段外表面受到的散射辐射（W/m²）；

$E_{\text{b},i}(\lambda_j)$——百叶板条第 i 段内表面受到的散射辐射（W/m²）；

$E_{\text{f,k+1}}$——通过百叶系统透射出去的散射辐射（W/m²）；

$F_{\text{p}\to\text{q}}$——表面 p 到表面 q 的角系数；

$\rho_{\text{f,n}}$、$\rho_{\text{b,n}}$——百叶板条第 i 段外、内表面的太阳光反射比，与百叶板条材料特性有关；

$\tau_{f,n}$、$\tau_{b,n}$——百叶板第 i 段外、内表面的太阳光透射比,与百叶板条材料特性有关。

边界条件为:

$$E_{f,o}(\lambda_j) = I_d(\lambda_j)$$

$$E_{b,k+1}(\lambda_j) = I_n(\lambda_j) = 0$$

式中:$I_d(\lambda_j)$——百叶系统受到外侧入射的波长为 λ_j 的散射辐射(W/m²);

$I_n(\lambda_j)$——百叶系统受到内侧入射的散射辐射(W/m²),可忽略内侧环境对外部环境的散射辐射,取其为 0。

百叶系统散射辐射对散射辐射的透光比为:

$$\tau_{dif,dif}(\lambda_j) = E_{f,k+1}(\lambda_j)/I_d(\lambda_j) \tag{111}$$

百叶系统散射辐射对散射辐射的反射率为:

$$\rho_{dif,dif}(\lambda_j) = E_{b,o}(\lambda_j)/I_d(\lambda_j) \tag{112}$$

百叶系统外侧入射的波长为 λ_j 的散射辐射经过百叶系统反射后,到达门窗洞口的散射辐射按下式计算:

$$E_{dif,dif} = I_d(\lambda_j) \cdot \tau_{dif,dif}(\lambda_j) \tag{113}$$

3.3.2 直射辐射的透射计算

百叶系统受到的直射辐射,一部分是通过百叶系统的透空部位直接透射的,一部分是经过百叶板条的吸收、透射、反射后以散射形式透射的。

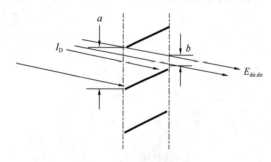

图 52 百叶系统透空部分的直射辐射示意

(1)直射辐射的直接透射

百叶系统对直射辐射的直接透射量应依据百叶的角度和几何尺寸,按投射的几何计算方法,当给定直射辐射入射角 θ 时,计算穿过百叶系统透空部分的直射辐射量(图 52)。

对于任何波长 λ_j,百叶板条倾角 φ 的直射辐射的透射,可近似取该条件下的透射光斑面积与百叶计算单元面积的比值,透光比 X_D 可按本规范附录 9-1 方法计算。

$$X_D = b/a \tag{114}$$

$$E_{dir,dir} = I_D \cdot X_D \tag{115}$$

式中:$E_{dir,dir}$——直射辐射通过百叶透空部分的直射辐射量(W/m²)。

对于任何波长 λ_j,百叶板条倾角 φ 的直射辐射的透射率:

$$\tau_{dir,dir}(\lambda_j,\varphi) = E_{dir,dir}(\lambda_j,\varphi)/I_D(\lambda_j,\varphi) \tag{116}$$

可假设百叶系统透空的部分反射率为 0,即:

$$\rho_{dir,dir}(\lambda_j,\varphi) = 0 \tag{117}$$

(2)直射辐射的散射透射

对给定入射角 ϕ,计算百叶系统中直接为 $I_{f,o}$ 所辐射的部分 k(图 53)。

在入射辐射 I_D 和直接受到辐射部分 k 之间的角系数为:

$$F_{f,o \to f,k} = 1 \quad 和 \quad F_{f,o \to b,k} = 1$$

内、外环境之间视角系数为：

$$F_{f,o \to b,k+1} = 0 \quad 和 \quad F_{b,0 \to f,k+1} = 0$$

解下列公式可得到直射-散射的透射率和反射率：

$$\tau_{\mathrm{dir,dif}}(\lambda_j, \phi) = E_{f,n}(\lambda_j, \phi)/I_D(\lambda_j, \phi) \tag{118}$$

$$p_{\mathrm{dir,dif}}(\lambda_j, \phi) = E_{b,n}(\lambda_j, \phi)/I_D(\lambda_j, \phi) \tag{119}$$

① 总透射量

$$E_\tau = E_{f,k+1} + E_{\mathrm{dir.dir}} + E_{f,n}(\lambda_j, \phi) \tag{120}$$

$$E_\tau = E_{\mathrm{dif.dif}} + E_{\mathrm{dir.dir}} + E_{\mathrm{dir.dif}} \tag{121}$$

② 遮阳系数

$$SC = E_\tau/I_0 \tag{122}$$

③ 计算机算法

在 ISO15099 中将百叶板板划分为五块，对于实际应用中的百叶遮阳板计算，将百叶板划分为两块，如图 54 所示，已经可以满足精度需要，其与 ISO15099 中的误差可以控制在 3% 以内。

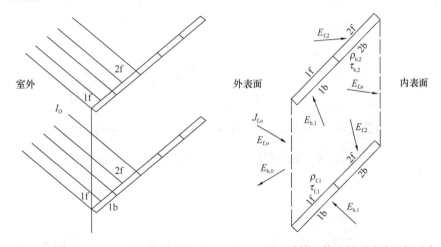

图 53 百叶板条受到直射辐射的部分　图 54 用于计算机算法的百叶遮阳板示意

根据式（99）、式（100），以及 $i=1$ 和 2，可以得到以下公式：

$$
\begin{aligned}
E_{f,1} =\; & E_{f,1} \cdot \tau_{b,1} \cdot F_{b,1 \to f,1} + E_{f,2} \cdot \tau_{b,2} \cdot F_{b,2 \to f,1} + E_{b,1} \cdot \rho_{b,1} \cdot F_{b,1 \to f,1} + \\
& E_{b,2} \cdot \rho_{b,2} \cdot F_{b,2 \to f,1} + E_{f,o} \cdot F_{o \to f,1} \tag{123}
\end{aligned}
$$

$$
\begin{aligned}
E_{f,2} =\; & E_{f,1} \cdot \tau_{b,1} \cdot F_{b,1 \to f,2} + E_{f,2} \cdot \tau_{b,2} \cdot F_{b,2 \to f,2} + E_{b,1} \cdot \rho_{b,1} \cdot F_{b,1 \to f,2} + \\
& E_{b,2} \cdot \rho_{b,2} \cdot F_{b,2 \to f,2} + E_{f,o} \cdot F_{o \to f,2} \tag{124}
\end{aligned}
$$

$$
\begin{aligned}
E_{b,1} =\; & E_{f,1} \cdot \rho_{f,1} \cdot F_{f,1 \to b,1} + E_{f,2} \cdot \rho_{f,2} \cdot F_{f,2 \to b,1} + E_{b,1} \cdot \tau_{f,1} \cdot F_{f,1 \to b,1} + \\
& E_{b,2} \cdot \tau_{f,2} \cdot F_{f,2 \to b,1} + E_{f,o} \cdot F_{o \to b,1} \tag{125}
\end{aligned}
$$

$$
\begin{aligned}
E_{b,2} =\; & E_{f,1} \cdot \rho_{f,1} \cdot F_{f,1 \to b,2} + E_{f,2} \cdot \rho_{f,2} \cdot F_{f,2 \to b,2} + E_{b,1} \cdot \tau_{f,1} \cdot F_{f,1 \to b,2} + \\
& E_{b,2} \cdot \tau_{f,2} \cdot F_{f,2 \to b,2} + E_{f,o} \cdot F_{o \to b,2} \tag{126}
\end{aligned}
$$

这是一个线性方程组，未知数为 $E_{f,1}$、$E_{f,2}$、$E_{b,1}$ 和 $E_{b,2}$，其他角系数和百叶板透过率、反射率等参数可以根据遮阳板材料特性得到，因此上述方程组可以简化为下式表示：

$$Ax = b \tag{127}$$

式中：

$$A = \begin{vmatrix} 1 - \tau_{b,1} \cdot F_{b,1 \to f,1} & -\tau_{b,2} \cdot F_{b,2 \to f,1} & -\rho_{b,1} \cdot F_{b,1 \to f,1} & -\rho_{b,2} \cdot F_{b,2 \to f,1} \\ -\tau_{b,1} \cdot F_{b,1 \to f,2} & 1 - \tau_{b,2} \cdot F_{b,2 \to f,2} & -\rho_{b,1} \cdot F_{b,1 \to f,2} & -\rho_{b,2} \cdot F_{b,2 \to f,2} \\ -\rho_{f,1} \cdot F_{f,1 \to b,1} & -\rho_{f,2} \cdot F_{f,2 \to b,1} & 1 - \tau_{f,1} \cdot F_{f,1 \to b,1} & -\tau_{f,2} \cdot F_{f,2 \to b,1} \\ -\rho_{f,1} \cdot F_{f,1 \to b,2} & -\rho_{f,2} \cdot F_{f,2 \to b,2} & -\tau_{f,1} \cdot F_{f,1 \to b,2} & 1 - \tau_{f,2} \cdot F_{f,2 \to b,2} \end{vmatrix}$$

$$x = \begin{vmatrix} E_{f,1} \\ E_{f,2} \\ E_{b,1} \\ E_{b,2} \end{vmatrix}, b = \begin{vmatrix} E_{f,o} \cdot F_{o \to f,1} \\ E_{f,o} \cdot F_{o \to f,2} \\ E_{f,o} \cdot F_{o \to b,1} \\ E_{f,o} \cdot F_{o \to b2} \end{vmatrix}$$

采用 Gauss-Seidel 迭代法，可以得到上述方程组的数值解。将数值解代入到公式中，得到透过百叶遮阳系统的太阳散射辐射和反射到百叶系统外部的散射辐射，如下列公式所示：

$$
\begin{aligned}
E_{f,n} = & E_{f,1} \cdot \rho_{f,1} \cdot F_{f,1 \to n} + E_{f,1} \cdot \tau_{b,1} \cdot F_{b,1 \to n} + E_{f,2} \cdot \rho_{f,2} \cdot F_{f,2 \to n} + \\
& E_{f,2} \cdot \tau_{b,2} \cdot F_{b,2 \to n} + E_{b,1} \cdot \tau_{f,1} \cdot F_{f,1 \to n} + E_{b,1} \cdot \rho_{b,1} \cdot F_{b,1 \to n} + \\
& E_{b,2} \cdot \tau_{f,2} \cdot F_{f,2 \to n} + E_{b,2} \cdot \rho_{b,2} \cdot F_{b,2 \to n} + E_{f,o} \cdot F_{o \to n}
\end{aligned} \tag{128}
$$

$$
\begin{aligned}
E_{b,o} = & E_{f,1} \cdot \rho_{f,1} \cdot F_{f,1 \to o} + E_{f,1} \cdot \tau_{b,1} \cdot F_{b,1 \to o} + E_{f,2} \cdot \rho_{f,2} \cdot F_{f,2 \to o} + \\
& E_{f,2} \cdot \tau_{b,2} \cdot F_{b,2 \to o} + E_{b,1} \cdot \tau_{f,1} \cdot F_{f,1 \to o} + E_{b,1} \cdot \rho_{b,1} \cdot F_{b,1 \to o} + \\
& E_{b,2} \cdot \tau_{f,2} \cdot F_{f,2 \to o} + E_{b,2} \cdot \rho_{b,2} \cdot F_{b,2 \to o}
\end{aligned} \tag{129}
$$

结合入射太阳散射辐射参数，可以得到该遮阳系统散射对散射辐射的透过率、反射率及吸收率。

4 软件介绍

Visual shade（以下简称 VS）程序，是华南理工大学开发的用于计算目前常用外遮阳构件外遮阳系数的可视化程序，其开发语言为 Visual Basic 语言，运行环境为 Windows 98/2000/xp。

4.1 程序组成模块

VS 程序由不同功能的模块组成，如图 55 所示。

4.2 程序用途

用于计算常用水平和垂直外遮阳构件的外遮阳系数，如图 56、图 57 所示。

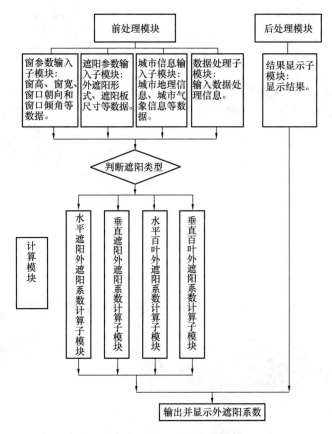

图 55　VS 程序系统组成

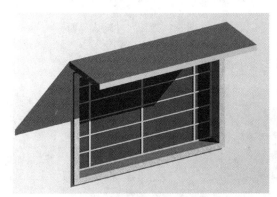

图 56　水平式窗口外遮阳形式
示意-非透明板材

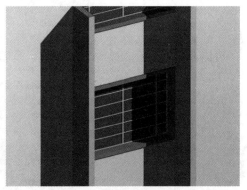

图 57　垂直式窗口外遮阳形式
示意-非透明板材

用于计算水平百叶和垂直百叶的外遮阳系数，如图 58、图 59 所示。

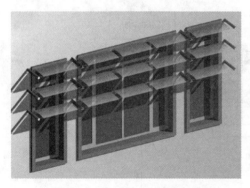
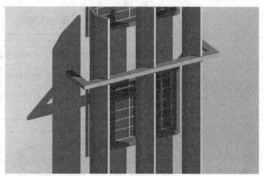

图 58　水平百叶遮阳板　　　　　图 59　垂直百叶遮阳板

4.3　程序特点

程序的界面可视，参数输入简单，结果浏览方便（图 60、图 61）。

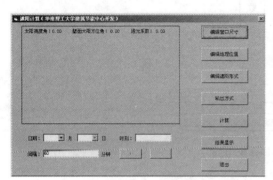
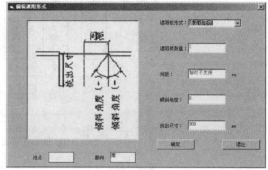

图 60　程序主界面　　　　　　　图 61　遮阳尺寸输入界面

可以调用 DeST 软件气象文件中，全国 221 个城市的太阳辐射数据（图 62）。

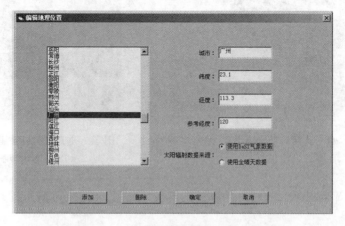

图 62　地理信息和气象参数调用界面

计算后产生的结果文件，可以被其他软件所调用（图 63）。

154

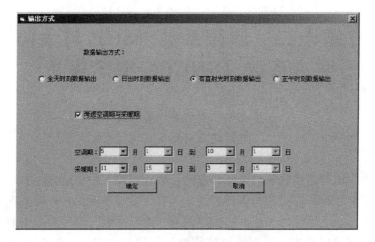

图 63　输出结果文件界面

专题十二　遮阳系数（*SC*）与太阳得热系数（*SHGC*）概念辨析

林海燕　董　宏　周　辉
中国建筑科学研究院

作为评价太阳辐射遮挡效果的指标，遮阳系数在建筑工程中已应用多年。但是，遮阳系数的概念、定义和计算方法却有多种表述，其含义多有不同。一直以来在涉及透光围护结构辐射传热方面缺乏系统的描述，这也造成对"遮阳系数"理解和应用的混乱。特别是现行有关建筑节能的标准中，遮阳系数被作为控制房间太阳辐射得热的关键指标。若对"遮阳系数"的理解存在偏差，则标准的执行难免大打折扣。作为一本基础性规范，原《民用建筑热工设计规范》GB 50176—93 中没有相关的术语定义，本次规范修编有必要明确和统一遮阳系数以及相关的一些术语概念，给出一个比较准确的"标准"定义，供以后别处引用。

1　遮阳系数概念的不同表述

在目前可以查到的公开出版物中，"遮阳系数"（或近似的术语）一词被反复定义。但在不同表述中，"遮阳系数"的内涵差异很大。概括起来，主要可以分为以下两类：

1.1　第一类表述

这一类型的定义以不同时期、不同版本的《建筑物理》教材为代表。

（1）《建筑物理》（"建筑物理"教材选编小组选编，中国工业出版社出版，1961.7 第一版）

从关闭的窗子传入室内的热量有两部分，一是因室内外气温差而传入的热量 Q_1，二是太阳光透过窗玻璃进入室内的辐射热 Q_2。

通过窗玻璃进入的太阳辐射热与玻璃的层数有关，对于单层玻璃其 Q_2 为：

$$Q_2 = \mu J m F \tag{130}$$

式中：F——窗孔面积（包括樘子、梃子等面积）；

$\quad\quad m$——窗子的有效面积系数，即玻璃面积占窗孔面积的百分比，对于单层窗 $m =$ 0.55～0.65，双层窗取 0.50～0.60；

$\quad\quad J$——垂直面上的太阳辐射强度（千卡/米^2·时），因垂直面的朝向与时间而定，其值参阅当地气象站的观测资料；

$\quad\quad \mu$——窗玻璃对太阳辐射热的透过系数，其值与太阳光的入射角有关。双层玻璃的 μ 值为单层玻璃的 0.8 倍。

对于有遮阳设备的窗子，它传入的太阳辐射热量仍按上式计算，但须再乘上一个遮阳系数。

（2）《炎热地区建筑降温》（建筑工程部建筑科学研究院建筑物理研究室主编，中国工业出版社出版，1965.8 第一版）

遮阳的太阳辐射透过系数是指透过有遮阳窗户的太阳辐射强度与透过无遮阳窗户的太阳辐射强度的比值。

应该指出，这一系数只能说明遮阳对太阳辐射的透过能力，并不能完全反映出各种遮阳不同的传热性质。因此，它主要用作选择遮阳构造的参考，并不能据此准确地计算有遮阳窗户的传热量。

（3）《建筑物理》（西安冶金建筑学院等编著，中国建筑工业出版社，1980.7 第 1 版）

遮阳系数是指在照射时间内，透进有遮阳窗口的太阳辐射量与透进无遮阳窗口的太阳辐射量的比值。

（4）《建筑物理》（西安冶金建筑学院等编著，中国建筑工业出版社，1987.7 第 2 版）

遮阳系数是指在照射时间内，透进有遮阳窗口的太阳辐射量与透进无遮阳窗口的太阳辐射量的比值。

（5）《建筑物理》（西安建筑科技大学等编著，中国建筑工业出版社，2000.12 第 3 版）

遮阳系数是指在照射时间内，透进有遮阳窗口的太阳辐射量与透进无遮阳窗口的太阳辐射量的比值。

（6）《建筑物理》（西安建筑科技大学等编著，中国建筑工业出版社，2009.8 第 4 版）

遮阳系数是指在照射时间内，透进有遮阳窗口的太阳辐射量与透进无遮阳窗口的太阳辐射量的比值。建筑外遮阳系数的定义为：透过有外遮阳构造的外窗的太阳辐射得热量与透过没有外遮阳构造的相同外窗的太阳辐射得热量的比值。

（7）《建筑物理》（柳孝图主编，中国建筑工业出版社，1990 第一版）

在直射阳光照射时间内，透进有遮阳窗口与没有遮阳窗口的太阳辐射热量的比值。

（8）《建筑防热》（林其标，广东科技出版社，1997.5）

遮阳系数是指在照射时间内，透进有遮阳窗口的太阳辐射量与透进无遮阳窗口的太阳辐射量的比值。

1.2 第二类表述

此类定义多以透光围护结构传热计算为基础进行描述，但所用到的术语名称和表述都有少许的差异。

（1）《建筑热过程》（彦启森、赵庆珠合编，中国建筑工业出版社，1986.12 第一版）

通过各种窗玻璃的太阳得热量，常采用标准太阳得热量再乘以不同修正系数的方法进行简化计算，而遮阳系数就是在采用不同类型或厚度的玻璃，以及玻璃窗内外具有某种遮阳设施时，对标准太阳的热率的修正系数，用符号"SC"表示。由于太阳得热率与阳光入射角有关，因此，对于不同入射角的条件下，遮阳系数并不相同。为了简化计算，将遮阳系数定义为：在法向入射条件下，通过其透光系统（包括透光材料和遮阳措施）的太阳得热率，与相同入射条件下的标准太阳得热率之比，即：

$$SC = \frac{\text{某透光系统的太阳得热率} \, \overline{g}_{Di=0}}{\text{标准太阳得热率} \, g_{Di=0}} \tag{131}$$

（2）国家标准《建筑玻璃　可见光透射比、太阳光直接透射比、太阳能总透射比、紫外线透射比及有关窗玻璃参数的测定》GB/T 2680—94

第3.9条　遮蔽系数　各种窗玻璃构件对太阳辐射热的遮蔽系数用下式计算：

$$S_e = \frac{g}{\tau_s} \tag{132}$$

式中：S_e——试样的遮蔽系数；

　　　g——试样的太阳能总透射比（％）；

　　　τ_s——3mm厚的普通透明平板玻璃的太阳能总透射比，其理论值取88.9％。

（3）行业标准《建筑门窗玻璃幕墙热工计算规程》JGJ/T 151—2008

第2.1.7条　遮阳系数　在给定条件下，玻璃、门窗或玻璃幕墙的太阳光总透射比，与相同条件下相同面积的标准玻璃（3mm厚透明玻璃）的太阳光总透射比的比值。

（4）国家标准《民用建筑设计术语标准》GB/T 50504—2009

第3.11.29条　遮阳系数（SC）相同条件下，透过玻璃窗的太阳能总透过率与透过3mm透明玻璃的太阳能总透过率之比。

（5）行业标准《建筑玻璃应用技术规程》JGJ 113—2003

第11.1.1条中，符号说明部分："玻璃的遮蔽系数，按现行国家标准《建筑玻璃 可见光透射比、太阳光直接透射比、太阳能总透射比、紫外线透射比及有关窗玻璃参数的测定》GB/T 2680测定。"

（6）行业标准《建筑玻璃应用技术规程》JGJ 113—2009

第3.2.2条　用于建筑外围护结构上的建筑玻璃应进行玻璃热工性能计算。玻璃传热系数的计算方法可按本规程附录A执行，玻璃遮阳系数可按现行国家标准《建筑玻璃 可见光透射比、太阳光直接透射比、太阳能总透射比、紫外线透射比及有关窗玻璃参数的测定》GB/T 2680执行。

2　遮阳系数概念的发展与比较

2.1　"遮阳系数"概念的发展

第一类表述中，"遮阳系数"最早出现在《建筑物理》（1961）中，在相关计算中用到了"遮阳系数"一词，但没有给出明确的定义。《炎热地区建筑降温》（1965）指出："遮阳的太阳辐射透过系数是指透过有遮阳窗户的太阳辐射强度与透过无遮阳窗户的太阳辐射强度的比值"，这一描述基本具备了之后遮阳系数定义的雏形。《建筑物理》（1980）中明确定义了"遮阳系数是指在照射时间内，透进有遮阳窗口的太阳辐射量与透进无遮阳窗口的太阳辐射量的比值"。该定义自20世纪80年代初一直沿用至今，多年来其表述和含义基本稳定。因此，在建筑物理教科书中，传统的建筑遮阳设计也是以该定义为基础，采用棒影图为工具进行的。

第二类表述中，比较明确提出"遮阳系数"概念的是在《建筑热过程》（1986）中最早出现。需要注意的是：在GB/T 2680—94中，这一概念的术语是"遮蔽系数"。JGJ 113—2003、JGJ 113—2009中没有直接给出定义，都是引用了GB/T 2680。其中，JGJ

113—2003 采用了和 GB/T 2680 一样的"遮蔽系数";JGJ 113—2009 采用的"遮阳系数"在 GB/T 2680 中并没有出现。

此外，从 GB 2680 标准的发展过程看：第一版 GB 2680—81 中，只有可见光总透过率的概念和定义如下：

平板玻璃的可见光总透过率（简称透光率）是指由光源 A 发出的一束平行光束垂直照射平板玻璃时，透过它的光通量 ϕ_2 对入射光通量 ϕ_1 的百分比，以 τ（%）表示，即：

$$\tau = \frac{\phi_2}{\phi_1} \times 100 \tag{133}$$

GB 2680—81 的替代标准 GB/T 2680—94 中，除了定义了"可见光透射比"外，还定义了"太阳光直接透射比"、"太阳能总透射比"和"遮蔽系数"等。相关的计算公式分别如下所示：

可见光透射比：

$$\tau = \frac{\int_{380}^{780} D_\lambda \cdot \tau(\lambda) \cdot V(\lambda) \cdot d_\lambda}{\int_{380}^{780} D \cdot V(\lambda) \cdot d_\lambda} \tag{134}$$

式中：τ——试样的可见光透射比（%）；

$\tau(\lambda)$——试样的可见光光谱透射比（%）；

D_λ——标准照明体 D_{65} 的相对光谱功率分布；

$V(\lambda)$——明视觉光谱光视效率。

太阳光直接透射比：

$$\tau = \frac{\int_{300}^{2500} S_\lambda \cdot \tau(\lambda) \cdot d_\lambda}{\int_{300}^{2500} S_\lambda \cdot d_\lambda} \tag{135}$$

式中：S_λ——太阳光辐射相对光谱分布；

$\tau(\lambda)$——试样的太阳光光谱透射比（%）。

太阳能总透射比：

$$g = \tau_e + q_i \tag{136}$$

式中：g——试样的太阳能总透射比（%）；

τ_e——试样的太阳光直接透射比（%）；

q_i——试样向室内侧的二次热传递系数（%）。

遮蔽系数：

$$S_e = \frac{g}{\tau_s} \tag{137}$$

式中：S_e——试样的遮蔽系数；

g——试样的太阳能总透射比，%；

τ_s——3mm 厚的普通透明平板玻璃的太阳能总透射比，其理论值取 88.9%。

从中可以看出：对于建筑玻璃产品来说，对太阳辐射透过性能是从可见光部分起步，逐步考虑了太阳辐射全波段和二次传热部分。

2.2 相关文献对两类表述的区分

由于长期以来两种"遮阳系数"的定义同时存在，虽然在各自的学科范围内各自表述互不相干，但是在交叉学科或相互交流时如果同时用到，或在某一学科中使用了其他学科中的定义，而又没有详细的说明时，则难免出现混淆，产生歧义和混乱。其实对于这两种不同的定义，已有文献注意到，并通过各种方式在进行区分。

例如《建筑物理》（2010）中，同时出现了外遮阳系数、窗口综合遮阳系数和窗玻璃综合遮阳系数的概念，通过在"遮阳系数"前加定语和使用不同符号的方式给予区分：

（1）《建筑物理》（东南大学 柳孝图编著，中国建筑工业出版社，2010.7 第 3 版）

在阳光直射的时间里，投进有遮阳设施窗口的太阳辐射量与投进没有遮阳设施窗口的太阳辐射量的比值，称为外遮阳系数，用符号 SD 表示。

窗玻璃遮阳系数 SC 表征窗玻璃自身对太阳辐射透射得热的减弱程度。其数值为透过窗玻璃的太阳辐射量与透过 3mm 厚普通透明窗玻璃的太阳辐射量之比值。

窗口综合遮阳系数 S_w，为窗玻璃遮阳系数 SC 与窗口的外遮阳系数 SD 的乘积。

此外，综合了多个专业的《中国土木建筑百科词典》显然也注意到了不同定义的区别，其解决方法是也是在"遮阳系数"前加上了不同的定语。

（2）《中国土木建筑百科词典（建筑）》（中国建筑工业出版社，1999.5 第一版）

遮阳系数：在日照时间内，透过有遮阳与无遮阳窗口的太阳辐射量的比值。它可表征遮阳的防热效果，其数值与遮阳形式及遮阳的构造处理、安装位置、材料选用、表面色泽等因素有关。

（3）《中国土木建筑百科词典（建筑设备工程）》（中国建筑工业出版社，1999.5 第一版）

窗玻璃遮阳系数：根据玻璃种类、玻璃厚度或玻璃层数相对于标准玻璃而言，对太阳辐射造成的向室内传热量的影响的系数。

窗户遮阳系数：用来考虑窗户遮阳设施（如建筑物的外遮阳，内外窗帘和百叶窗等）对太阳辐射热的遮挡作用的系数。

窗综合遮阳系数：用来综合考虑遮阳设施和玻璃自身对太阳辐射造成的向室内传热量的影响的系数。

2.3 两类"遮阳系数"定义的主要区别

以《建筑物理》教材为代表的第一类表述，对"遮阳系数"的定义是："指在照射时间内，透进有遮阳窗口的太阳辐射量与透进无遮阳窗口的太阳辐射量的比值"。

以玻璃产品标准为代表的第二类表述，对"遮阳系数"的定义是："在法向入射条件下，通过其透光系统（包括透光材料和遮阳措施）的太阳得热率，与相同入射条件下的标准太阳得热率之比"。

两种类型定义的主要区别是：

（1）比较对象不同

第一类表述的核心是将通过建筑构件（窗口）前后太阳辐射量的绝对值进行比较，遮阳系数是两个辐射量的比值，是两个"绝对值"的比例。

第二类表述是将透光系统的太阳辐射透射比与标准产品（通常为3mm透明平板玻璃）的太阳辐射透射比进行比较，遮阳系数是两个辐射透射比的比值，是两个"相对值"的比例。

（2）辐射热传递的过程不同

第一类表述只考虑太阳辐射的透过部分，不考虑太阳辐射被构件吸收后二次传热部分。

第二类表述既考虑太阳辐射的透过部分，也要考虑二次传热部分。

（3）值域范围不同

第一类表述遮阳系数的值域范围是在0~1之间。

第一类表述遮阳系数的值域范围会大于1。因为，理论上存在比3mm更薄的透明平板玻璃，所以值域范围会大于1。

（4）数值含义不同

第一类表述遮阳系数的数值直观表示了太阳辐射透过遮阳装置后的百分比，可以据此直接算出透过的太阳辐射量。

第二类表述遮阳系数的数值大小与用于比较的"标准产品"的太阳辐射透射性能相关。当"标准产品"的总透射比未知时，无法通过该数值直接计算出进入的太阳辐射量。而"标准产品"（3mm玻璃）的太阳辐射透过性能也是有区别的（《建筑热过程》比较了美国、日本和中国的3mm玻璃在透过率、反射率和吸收率上的差别）。此外，总透射比还与测试（或计算）时玻璃两侧的边界条件相关，不同标准对其数值的规定也不同。

2.4 两类"遮阳系数"的现实意义

（1）不同学科研究的侧重点不同，是两种"遮阳系数"同时存在的现实基础。

建筑热工学重点关注热作用的效果及其对人热舒适的影响，对辐射对人体的热作用关注度较传热量更高。因此，建筑外遮阳设计的经典方法"棒影图"就是从控制太阳直射辐射的角度进行设计的。因为在绝大多数情况下，直射辐射都是太阳总辐射的主要部分，而且其方向性强、密度集中且便于控制。

从采暖空调和节能的角度看，需要准确计算太阳辐射经过围护结构向室内的传热量。对于透光围护结构来说，对辐射的透过、反射和吸收是三个非常清晰的过程。因此，按照不同的传热过程可以非常准确地计算室内辐射得热量。

（2）两类"遮阳系数"的定义及其内涵的差异与不同学科在处理太阳辐射时采用的方法有关。

通常，对于太阳辐射直接透过部分的计算方法在不同学科中是基本一致的。但在如何处理被透光围护结构吸收的太阳辐射方面有所区别。方法1：用室外综合温度将围护结构吸收的太阳辐射热通过室内外温差传热来考虑；方法2：将其作为透过透光围护结构的太阳辐射中的一部分来考虑，即计算被吸收的太阳辐射向室内侧的二次传热。

建筑热工学采用方法1以便于计算围护结构表面温度和空气温度。此外，在建筑围护结构中，既有透光部分、也有非透光部分。对于非透光部分而言，显然用室外综合温度来考虑太阳辐射的影响更为合适。而将透光部分中二次传热部分也采用非透光部分一样的处理方法是简单的。

从传热学的角度看，采用方法 2 计算得热量，从热过程的角度看是清晰的。当给定边界条件时，对得热量的定量计算是准确的。玻璃工业中，因为只涉及透光材料（玻璃），所以也选择了这种方法。

2.5 对"遮阳系数"定义的再思考

（1）尊重各学科的发展规律，不改变习惯用法。

需求不同，决定了方法不同。从上述对文献的分析看，两种不同的定义源于两种不同的解决问题的思路。因此，两种不同的定义并无对错之分。且在不同的学科内，相关概念已经存在了很长时间，没有必要也不应该去改变。

（2）在学科间的交叉领域中，规范术语的使用方法。

为了解决学科间概念混淆问题，首先是规范术语的使用方法。有关文献已经在这方面作出了努力。即：在涉及名词相同、含义不同，且要同时使用时，应当在名词前加上不同的定语，以示区别。

此外，使用中必须严格执行所引用标准的规定，准确使用术语。

（3）明确各术语的含义、使用范围，阐述清楚术语间的区别、联系。

在同一学科内部，为了避免不必要的混乱，有必要对相关术语进行梳理，明确各术语的含义、使用范围，阐述清楚术语间的区别、联系。

（4）新热工规范应该也必须协调好两种不同定义。

热工规范修编中增加了透光围护结构和建筑遮阳两方面的内容，不可避免地要面对两种不同定义的协调问题。规范中应当对相关术语作出定义，处理好术语间的相互关系，明确概念、避免混淆。应当解决好建筑热工学科内部以及与相关学科间，透光围护结构在太阳辐射性能方面的相关参数在术语、含义、使用范围、使用方法等方面的问题。

3 规范中的定义和应用

3.1 透光围护结构的辐射传热

透光围护结构部件（如窗户）接收到的太阳辐射能量可以分成三部分：第一部分透过透光围护结构部件的透光部分，以辐射的形式直接进入室内，称为"太阳辐射室内直接得热量"；第二部分则被透光围护结构部件吸收，提高了透光围护结构部件的温度，然后以温差传热的方式分别传向室内和室外，这个过程称为"二次传热"，其中传向室内的那部分又可称为"太阳辐射室内二次传热得热量"；第三部分反射回室外，不会成为室内的得热。

之所以将通过透光围护结构的太阳辐射室内得热量分成室内直接得热量和室内二次传热得热量，是因为：一般情况下，"太阳辐射室内得热量"中的"太阳辐射室内直接得热量"远大于"太阳辐射室内二次传热得热量"。因此，"太阳辐射室内二次传热得热量"存在着可以简化计算而又不造成太阳辐射室内得热量计算产生过大误差的可能性，方便热工设计。

其次，虽然从能量的角度看，"直接得热量"和"二次传热得热量"都是一样的，但从室内热环境的角度看，两者还是不同的。直接得热量以辐射的形式出现，人体直接感受到，二次传热则主要以温差传热的形式出现，人体间接感受到。这个差别从内遮阳挡住直接辐射但基本上不影响室内得热最容易体现。坐在靠近大玻璃附近的人，很习惯将内遮阳展开，甚至秋冬季都这样，主要原因显然是过强的直接辐射让人感觉到不舒服。

3.2 遮阳系数与太阳得热系数

从建筑热工学研究的主要内容看，修编后的热工规范中新增了透光围护结构的保温、隔热，和建筑遮阳两方面的内容。因此，在规范中必须考虑不同使用要求对术语及其内涵的不同需求。首先应当明确两个基本概念：

遮阳系数：在照射时间内，透过构件的太阳辐射量与到达构件外表面的太阳辐射量的比值。

太阳得热系数：在照射时间内，通过构件形成的太阳辐射室内得热量与到达构件外表面的太阳辐射量的比值。

需要特别说明的是：

（1）从建筑热工学的主要关注对象——室内热环境和人体热舒适来看，应当保留长期以来在本学科中形成的"遮阳系数"的概念。建筑热工学首先要解决夏季太阳辐射对人体的热作用，即：建筑热工设计要控制太阳辐射的"直接得热"对人体造成的"不舒适感"。首先应当控制太阳辐射的透射作用，降低"直接得热量"，这只有通过"遮阳"才能够实现。因此，采用"遮阳系数"作为控制"直接得热量"的指标。

此外，作为节能设计的基础，建筑热工学必须解决室内太阳辐射得热计算的问题，因此引入了"太阳得热系数"的概念，作为控制"室内得热量"的指标。

（2）遮阳系数只涉及第一部分"太阳辐射室内直接得热量"，不涉及"二次传热"。太阳得热系数既包括了第一部分太阳辐射能量，又包括第二部分太阳辐射能量中传向室内的部分，即："太阳辐射室内二次传热得热量"。

（3）由于要区分直接得热量和二次传热得热量，所以透光围护结构部件（窗户）除了太阳得热系数还不得不需要遮阳系数，而遮阳系数的物理概念对建筑遮阳、透光围护结构部件（窗户）、内遮阳三者都是统一的，也很容易理解和接受。

（4）由于太阳的高度角和方位角都是缓缓地变化着的，严格地讲，即使是一个固定的建筑外遮阳（例如窗口上方的一个水平挑檐）其遮阳系数数值也是不停地在变的。对于不同的工程应用，用不同的"照射时间"来处理。例如，对于以小时为步长的建筑热过程模拟程序，为精确计算某个带水平挑檐的窗口每个小时所接收到的太阳辐射量，理论上可以采用每个小时不同的建筑遮阳系数。这种情况下"照射时间"就是1小时。而对于建筑节能设计标准这样的应用，使用者更关心的是一个月甚至一个冬季（或夏季）平均的遮阳系数，这种情况下"照射时间"就是一个月、一个冬季（或夏季）。因此，确定遮阳系数的数值要靠测试和计算的结合。

（5）与遮阳系数的定义相比，太阳得热系数多考虑了二次传热部分的室内得热。严格来说，太阳得热系数也是随着边界条件的不同在变化。例如：直接得热部分随着太阳入射角度的不同而有所差异；二次得热量的大小也随着透光围护结构表面换热系数的改变而发生变化。因此，按照定义计算透光围护结构太阳得热系数是非常复杂的。对于一般的透光围护结构而言，这种变化（特别是二次得热部分）在总得热量中所占比重较小，从便于应用的角度考虑，可以采取适当简化的方法来计算。

（6）定义中的"太阳辐射量"均是指太阳辐射全波段（300nm～2500nm）的能量，且包括直射辐射和散射辐射两部分。

3.3 规范中的定义和应用

与上面的定义相对应，规范中新增加了1条关于名称的术语和5条关于系数的术语如下：

- 建筑遮阳　shading

在建筑门窗洞口室外侧与门窗洞口一体化设计的遮挡太阳辐射的构件。

- 建筑遮阳系数　shading coefficient of building element

在照射时间内，同一窗口（或透光围护结构部件外表面）在有建筑外遮阳和没有建筑外遮阳的两种情况下，接收到的两个不同太阳辐射量的比值。

- 透光围护结构遮阳系数　shading coefficient of transparent envelope

在照射时间内，透过透光围护结构部件（如：窗户）直接进入室内的太阳辐射量与透光围护结构外表面接收到的太阳辐射量的比值。

- 透光围护结构太阳得热系数　solar heat gain coefficient（SHGC）of transparent envelope

在照射时间内，通过透光围护结构部件（如：窗户）的太阳辐射室内得热量与透光围护结构外表面接收到的太阳辐射量的比值。

- 内遮阳系数　shading coefficient of curtain

在照射时间内，透射过内遮阳的太阳辐射量和内遮阳接收到的太阳辐射量的比值。

- 综合遮阳系数　general shading coefficient

建筑遮阳系数和透光围护结构遮阳系数的乘积。

此外，对于透光围护结构在规范关于"围护结构"的条文说明中解释如下："围护结构又可分为透光和非透光两类：透光围护结构有玻璃幕墙、窗户、天窗等；非透光围护结构有墙、屋面和楼板等。"

有了上述5条术语后，对于不同情况下进入室内的辐射得热量均可以进行清晰、明确的计算。

（1）通过透光围护结构的室内得热量可表述为下式：

$$Q_{\mathrm{g \cdot T}} = Q_{\mathrm{g \cdot d}} + Q_{\mathrm{g \cdot t}} \tag{138}$$

式中：$Q_{\mathrm{g \cdot T}}$——太阳辐射室内得热量；

$Q_{\mathrm{g \cdot d}}$——太阳辐射室内直接得热量；

$Q_{\mathrm{g \cdot t}}$——太阳辐射室内二次传热得热量。

（2）无内、外遮阳的情况

$$Q_{\mathrm{g \cdot T}} = I \cdot SHGC \tag{139}$$

$$Q_{\mathrm{g \cdot d}} = I \cdot SC_{\mathrm{T}} = I \cdot SC_{\mathrm{w}} \tag{140}$$

式中：$Q_{\mathrm{g \cdot T}}$——太阳辐射室内得热量；

$Q_{\mathrm{g \cdot d}}$——太阳辐射室内直接得热量；

I——门窗洞口（透光围护结构部件外表面）朝向的太阳辐射量；

$SHGC$——透光围护结构太阳得热系数；

SC_T——综合遮阳系数；

SC_w——透光围护结构遮阳系数。

（3）有外遮阳无内遮阳的情况

$$Q_{g \cdot T} = I \cdot SC_s \cdot SHGC \tag{141}$$

$$Q_{g \cdot d} = I \cdot SC_T = I \cdot SC_s \cdot SC_w \tag{142}$$

式中：SC_s——建筑遮阳系数。

（4）无外遮阳有内遮阳的情况

$$Q_{g \cdot T} = I \cdot SHGC \tag{143}$$

$$Q_{g \cdot d} = I \cdot SC_T \cdot SC_c = I \cdot SC_w \cdot SC_c \tag{144}$$

式中：SC_c——内遮阳系数。

（5）有外、内遮阳的情况

$$Q_{g \cdot T} = I \cdot SC_s \cdot SHGC \tag{145}$$

$$Q_{g \cdot d} = I \cdot SC_T \cdot SC_c = I \cdot SC_s \cdot SC_w \cdot SC_c \tag{146}$$

至此，规范中的定义基本解决了直接影响人体热舒适的太阳辐射"直接得热"和室内得热量计算（"直接得热量"和"二次传热得热量"）两方面不同的需求。按照这些定义，可以从不同应用需求和不同精度要求，方便地定义或限定建筑内外遮阳、透光围护结构在太阳辐射作用下的性能要求。

专题十三 建筑遮阳形式、构造设计及若干应用问题研究

任 俊[1] 赵士怀[2]

1. 深圳市建筑科学研究院股份有限公司 2. 福建省建筑科学研究院

1 引言

建筑遮阳是建筑隔热的一种方式，主要通过遮挡的方式减少太阳辐射热通过窗户、屋面、墙体进入室内。建筑遮阳范围包括外窗、屋面、外墙等围护结构，其中主要以外窗的遮阳为主。建筑遮阳系统不仅减少太阳辐射进入室内的作用，遮阳系统还能减少紫外线对人类的伤害和增加财物的使用寿命，此外，遮阳系统还可以调节可见光，防止眩光，这对于现代办公的光环境是非常必要的。当然建筑遮阳最为重要的是减少空调的功耗，从而达到节能的目的。

我国传统的建筑形式，考虑了不同的地理气候特点，具有较好的遮阳效果。20 世纪50 年代以来，随着建筑进入不理性阶段，建筑遮阳几乎被遗弃。现阶段乘建筑节能的强劲东风，建筑遮阳又得到较快的发展，成为建筑节能的一种方法。

2 建筑遮阳的分类及形式

建筑遮阳按固定方式可以分为固定遮阳、活动遮阳；按遮阳位置又可以分为外遮阳、内遮阳、中间遮阳，此外还包括新型遮阳玻璃的遮阳等。

2.1 固定遮阳

固定式遮阳也可称"形体遮阳"，是运用建筑形体的外挑与变异，利用建筑构件自身产生的阴影来形成建筑的"自遮阳"，进而达到减少围护结构受热的目的。固定式遮阳起到调节建筑外观形式的作用，其伸出的位置、角度、长度等通过计算优化，能自然地遮挡夏季最强烈的直射阳光，不仅形成了建筑的"自遮阳"，同时也创造了与众不同的建筑形态。固定外遮阳表现形式可分为水平遮阳、垂直遮阳、挡板遮阳三种基本形式。实际中可以单独选用或者进行组合，常见的还有综合遮阳、固定百叶遮阳、花格遮阳等。

此外可以选择在建筑的屋面加设固定式偏角百叶板、天篷帘等遮阳设施来阻挡太阳辐射（图 64）。例如华南理工大学逸夫人文馆遮阳工程案例，就是典型的屋面遮阳示范工程，在人文馆顶楼天台加装了百叶天花遮阳（图 65）。百叶天花的角度是针对广州的气候特点而设计的，冬天不会遮蔽阳光，夏天又可以有效地挡住过强的光线。当建筑墙体需要加设遮阳设施时，可采用遮阳百叶或绿化两种形式。

图 64　建筑固定外遮阳示例　　　　　图 65　华南理工大学逸夫人文馆

2.2　活动遮阳

　　活动遮阳通常在建筑建成后由使用者安装，也有在建筑建造时同步安装。活动遮阳可以根据使用者个人喜好及环境变化自由控制遮阳系统的工作状况，其表现形式有遮阳卷帘、活动百叶遮阳、遮阳篷、遮阳纱幕等。

　　（1）水平百叶帘

　　百叶窗帘通风透气性能好、可调节室内光照强度，尤其适用于简洁明快的室内空间（图 66）。百叶帘既可以升降，也可以调节角度，在遮阳和采光，通风之间达到了平衡，不易褪色、不变形、隔热效果好，因而在办公楼宇及民用住宅上得到了很大的应用。据材料的不同，分为铝百叶帘、木百叶帘和塑料百叶帘。

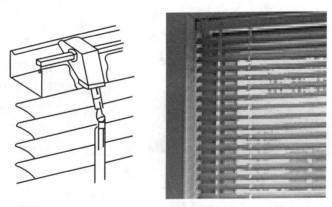

图 66　水平百叶帘

　　（2）卷帘

　　卷帘是一种有效的遮阳措施，适用于各个朝向的窗户（图 67）。对外卷帘，当卷帘完全放下的时候，能够遮挡住绝大部分的太阳辐射，这时候进入外窗的热量只有卷帘吸收的太阳辐射能量向内传递的部分。此外也可以适当拉开遮阳卷帘与窗户玻璃之间的距离，利用自然通风带走卷帘上的热量，也能有效地减少卷帘上的热量向室内传递。

　　（3）垂直百叶帘

　　垂直百叶帘与水平百叶帘类似，也是用于不同的窗口，起到遮阳的作用（图 68）。

167

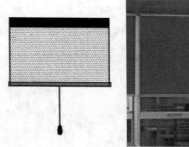

图 67　卷帘

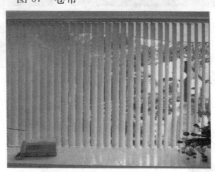

图 68　垂直百叶帘

（4）百摺帘

百摺帘与百叶帘不同，叶片连在一起（图 69）。

图 69　百摺帘

（5）遮阳篷

遮阳篷可分为重型简式遮阳篷、罩壳式遮阳篷、斜伸式遮阳篷等（图 70），一般采用全铝合金骨架结构，保证整个机构既轻巧又牢固，机构表面阳极氧化处理，使其外观持久亮丽。多种款式的面料，不仅可完全遮挡紫外线，并且能满足人们对色彩的不同需求，有手摇曲柄式及电动卷取式两种方式可供选择。

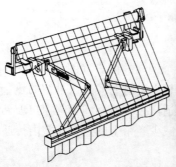

图 70　遮阳篷

（6）卷闸

卷闸门窗选用优质铝合金（钢质）双层滚压成型，表面经多层烤漆处理，中间填充不含碳氟化合物的聚氨酯绝热发泡材料，采用精密的生产工艺及制造技术生产而成。叶片宽度为37mm～42mm。传动形式有电机传动、摇杆传动及皮带传动等（图71）。

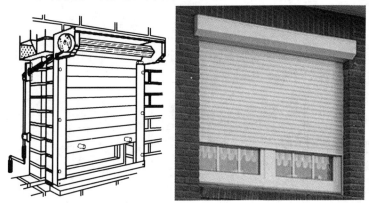

图 71　卷闸

2.3　外遮阳

外遮阳是一种有效的遮阳措施，适用于各个朝向的窗户。例如外遮阳卷帘，当卷帘完全放下的时候，能够遮挡住几乎所有的太阳辐射。此外还有外遮阳百叶帘、百叶护窗等形式。其中百叶帘可调节角度，在遮阳、采光、通风之间达到了平衡，因而在办公楼宇及民用住宅上得到了广泛应用。根据材料的不同，可分为铝百叶帘、木百叶帘和塑料百叶帘。

2.4　内遮阳

内遮阳的形式有：百叶窗帘、垂直窗帘、卷帘等。主要根据住户的个人喜好来选择面料及颜色，很少顾及节能要求。

2.5　中间遮阳

近年来出现中置式遮阳产品（中间遮阳），主要是在外窗的双层玻璃的中间装置可调节百叶，调节对太阳辐射的遮挡和进入室内的光线。

2.6　遮阳玻璃

窗户可选用不同遮阳系数的玻璃，利用窗户玻璃自身的遮阳性能，阻断部分阳光进入室内。遮阳性能好的玻璃有吸热玻璃、热反射玻璃、低辐射玻璃。这几种玻璃的遮阳系数低，具有良好的遮阳效果。前两种玻璃对采光有不同程度的影响，而低辐射玻璃的透光性能良好。

3　遮阳构造的设计

在设计遮阳时，应根据建筑所在地区的气候条件、建筑的朝向、房间的使用功能等因素，综合进行遮阳设计。同时，在设计时可以通过永久性的建筑构件，如外檐廊、阳台、外挑遮阳板等，制作永久性遮阳设施。考虑固定遮阳不可避免地会带来与采光、自然通风、冬季采暖、视野等方面的矛盾，使用时受到一定的限制，而活动遮阳可以根据使用者根据环境变化和个人喜好，自由地控制遮阳系统的工作状况，更加适宜于夏热冬暖地区。除了以上因素外，遮阳设计同时还应充分考虑采光、通风、外观、安全等因素。

3.1 遮阳的板面组合与构造

为了兼顾通风、采光、通视要求及便于进行构造和立面处理，通常遮阳板面做成各种不同的组合形式，如图 72 所示。

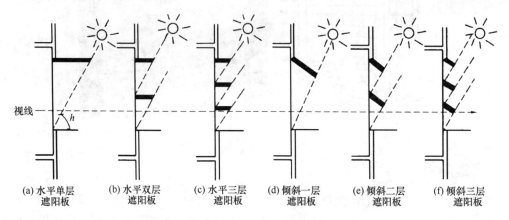

图 72 遮阳板面组合形式

阳光照射会使遮阳板温度升高，遮阳板附近的空气被加热。为了避免热气流通过窗口流入室内，通常在遮阳板与墙体间留出一段空隙或将遮阳板设置成百叶形式。遮阳板常用的构造方式如图 73 所示。

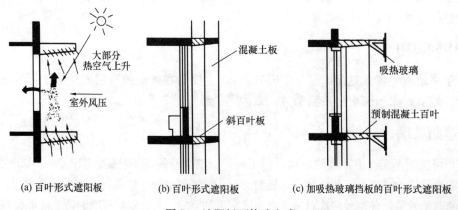

图 73 遮阳板面构造方式

3.2 遮阳板的安装位置

遮阳设施的安装位置对室内气温的影响非常大。图 74（a）中，大量热空气直接进入室内；图 74（b）中，大部分热空气沿墙面流走；图 74（c）中以百叶窗作为遮阳措施，

170

有 60％以上的太阳辐射热量传入室内；图 74（d）的处理方式使传入室内的热量仅为太阳辐射热量的 30％。

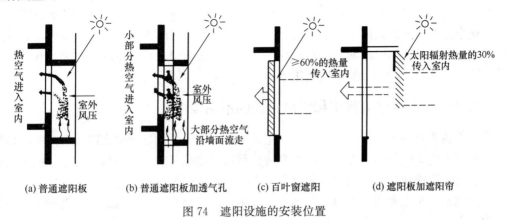

(a) 普通遮阳板　　(b) 普通遮阳板加透气孔　　(c) 百叶窗遮阳　　　(d) 遮阳板加遮阳帘

图 74　遮阳设施的安装位置

3.3　材料及颜色

设置遮阳板时，应选择合适的材料并注意颜色对遮阳效果的影响。对材料的选择，应尽量减轻遮阳板的自重，并使之坚固耐用。遮阳板背向阳光的一面应尽量无光泽，而朝向阳光的一面则应为浅色并尽量光泽。

4　建筑遮阳若干问题研究

4.1　重玻璃遮阳轻构件遮阳

目前建筑节能设计标准均对建筑遮阳提出要求，但大多数人认为这只是对玻璃提出的遮阳要求，把重点放在对具有遮阳性能的玻璃方面，不重视建筑构件的遮阳效果，较少考虑采取形式多样的遮阳措施来达到节能标准的设计要求。南方炎热地区在做好建筑遮阳的同时，要充分考虑室内通风。利用低辐射玻璃进行遮阳必须在关闭窗户时才能达到遮阳效果，而关窗会影响房间的自然通风，使滞留在室内的部分热量无法散发出去；固定式及活动式外遮阳的遮阳效果不受窗户是否打开的影响，对间歇式空调房间建筑外遮阳可以做到与自然通风结合，达到更好的节能效果。

4.2　构件遮阳形式缺少优化

即使在节能设计中采用了构件遮阳，大多也只是采取简单的水平或垂直遮阳方式，很少考虑采用专业软件计算进行遮阳的设计优化，以取得建筑和遮阳效果最佳的设计方案。国外在进行建筑遮阳方面的软件很多，主要有分析建筑日照的如 Ecotect，此外有进行传热分析的如 THERM、光学分析软件 OPTICS、窗户能耗计算软件 WINDOW 等。我国近年来也开发了一些进行遮阳分析计算的软件，如中国建筑科学研究院建筑工程软件所开发的 PKPM 建筑遮阳设计分析软件、飞时达软件公司的日照分析软件 FastSUN、清华大学建筑学院人居环境模拟实验室建筑日照分析软件 Sun Shine 等。

4.3 忽略南北方在建筑遮阳方面的不同要求

不了解南、北地区对玻璃遮阳要求存在的差异，南方遮阳要求玻璃有较低的遮阳系数以减少夏季进入室内的太阳辐射热，而北方希望冬季有更多的太阳辐射进入室内，减少对采暖供热的要求。低辐射玻璃具备较低辐射率，但有遮阳型、高透型两大系列，在使用上要根据使用地域和设计要求的不同而选用。

4.4 忽略南北方对建筑遮阳和传热方面的不同要求

窗户传热系数是考虑窗户两侧温差产生的传热，遮阳系数是考虑太阳辐射产生的辐射传热。南方夏季室内外的温差较小，外窗传热系数对建筑节能的作用相对较小，而太阳辐射热是影响建筑能耗的主要因素；北方冬季室内外温差较大，温差传热是影响能耗的主要因素。因此南方重点考虑减少辐射传热，若选用中空玻璃窗其主要目的是降低噪声，而花大精力开发窗框断桥的技术意义不大。

4.5 如何评价内遮阳的作用

内遮阳是建筑遮阳的一种形式，当采用内遮阳的时候，太阳辐射透过玻璃，使内遮阳帘受热升温，这部分热量实际上已经进入室内，有很大一部分将通过对流和辐射的方式，加热室内空气。内遮阳对调节室内光线作用大，也可以减少对辐射热人体的直接辐射，但减少室内空调负荷的作用不明显。

5 结语

遮阳形式与效果评价是一个综合性的大课题，我国与发达国家先进水平还有较大差距，需要不断研究，也需要开展国际合作，不断推陈出新，使建筑遮阳更好地为建筑节能服务。

专题十四　建筑热工设计用室外气象参数的统计计算方法

董 宏 周 辉
中国建筑科学研究院

《民用建筑热工设计规范》GB 50176 主要解决建筑围护结构保温、隔热和防潮的设计问题。规范中给出了进行上述设计统一的方法和计算公式。由于建筑设计与所在地的气候条件密切相关，为了完成围护结构的热工设计，必须有相应的室外气象参数作为支撑。

1　中国气象台站的概况

我国现行行业标准《地面气象观测规范》QX/T 45 将地面气象观测台站分为四类：国家基准气候站（简称"基准站"）、国家基本气象站（简称"基本站"）、国家一般气象站（简称"一般站"）、无人值守气象站（简称"无人站"）。其中：基准站、基本站是国家气候站网的主要组成部分，担负着定时地面天气观测并实时发报的任务。

承担气象辐射观测任务的台站分为三级，气象辐射一级站：每天 24h 连续观测，观测项目有太阳总辐射、太阳直接辐射、散射辐射、反射辐射以及净全辐射。气象辐射二级站：每天 24h 连续观测，观测项目有太阳总辐射和净全辐射。气象辐射三级站：每天从日出观测至日落，观测项目为太阳总辐射。

1989 年，全国有地面气象台站 2478 个，其中基准气候站 55 个、国家基本站 634个。至 2004 年底，全国共有地面气象台站 2456 个，其中基准站 143 个、基本站577 个。

不同级别和类型的观测站观测的频次也都各不相同。1980 年之前，气象台站基本没有逐时观测值，定时观测次数、时间多为每日 08、14、20 时 3 次或 02、08、14、20 时 4次观测。1980 年之后，国家基准气候站（台）为每日 24 次逐时观测；国家基本站每日02、08、14、20 时 4 次观测。

本次规范修编主要依据国家基准站和基本站的气象观测数据进行统计计算工作。受观测频次的影响，大部分观测站都没有逐时观测值，因此对室外计算参数的统计计算主要以4 次观测值为基础。

2　规范中需要的室外气象参数

以规范中建筑围护结构保温、隔热和防潮的设计方法和计算公式为基础，整理出完成围护结构热工设计所必须的室外气象参数如表 45 所示。

表 45　热工设计用室外气象参数

序号	名称	定义	用途
1	最冷月平均温度	累年一月平均温度的平均值	一级区划指标
2	最热月平均温度	累年七月平均温度的平均值	一级区划指标
3	采暖度日数	历年采暖度日数的平均值	二级区划指标
4	空调度日数	历年空调度日数的平均值	二级区划指标
5	采暖室外计算温度	累年年平均不保证 5d 的日平均温度	保温设计
6	累年最低日平均温度	历年最低日平均温度中的最小值	保温设计
7	夏季室外计算温度逐时值	历年最高日平均温度中的最大值所在日的室外温度逐时值	隔热设计
8	夏季室外太阳辐射逐时值	与温度逐时值同一天的各朝向太阳辐射的逐时值	隔热设计
9	采暖期天数	采用滑动平均法计算出的累年日平均温度低于或等于 5℃的天数	防潮设计
10	采暖期室外平均温度	计算采暖期内，室外干球温度的平均值	防潮设计
11	采暖期室外平均相对湿度	计算采暖期内，室外相对湿度的平均值	防潮设计

3　热工区划用室外气象参数

3.1　最冷月平均温度

（1）选择连续 n 年（$n \geqslant 10$）的 1 月逐日日平均干球温度 $t_{m,i}$（$1 \leqslant m \leqslant n$，$1 \leqslant i \leqslant 31$），形成下式所示的 n 个数列：

$$\begin{bmatrix} t_{1,1} & t_{1,2} & \cdots & t_{1,31} \\ t_{2,1} & t_{2,2} & \cdots & t_{2,31} \\ \cdots & \cdots & \cdots & \cdots \\ t_{n,1} & t_{n,2} & \cdots & t_{n,31} \end{bmatrix} \tag{147}$$

其中：日平均干球温度采用逐时干球温度观测值或每日四次定时观测值的算术平均值。

（2）计算 n 年 1 月逐日日平均干球温度的平均值 t_m^{m1}：

$$t_m^{m1} = \frac{1}{31} \sum_{i=1}^{31} t_{m,i} \tag{148}$$

式中：$t_{m,i}$ 为第 m 年 1 月第 i 天的日平均干球温度。

将 t_m^{m1} 形成下式所示数列：

$$(t_1^{m1} \quad t_2^{m1} \quad \cdots \quad t_i^{m1} \quad \cdots \quad t_n^{m1}) \tag{149}$$

（3）计算 n 年 1 月平均干球温度的平均值 $t_{\min \cdot m}$：

$$t_{\min \cdot m} = \frac{1}{n} \sum_{m=1}^{n} t_m^{m1} \tag{150}$$

3.2　最热月平均温度

（1）选择连续 n 年（$n \geqslant 10$）的 7 月逐日日平均干球温度 $t_{m,i}$（$1 \leqslant m \leqslant n$，$1 \leqslant i \leqslant 31$），

形成下式所示的 n 个数列：

$$\begin{bmatrix} t_{1,1} & t_{1,2} & \cdots & t_{1,31} \\ t_{2,1} & t_{2,2} & \cdots & t_{2,31} \\ \cdots & \cdots & \cdots & \cdots \\ t_{n,1} & t_{n,2} & \cdots & t_{n,31} \end{bmatrix} \tag{151}$$

其中：日平均干球温度采用逐时干球温度观测值或每日四次定时观测值的算术平均值。

（2）计算 n 年 7 月逐日日平均干球温度的平均值 t_m^{m7}：

$$t_m^{m7} = \frac{1}{31} \sum_{i=1}^{31} t_{m,i} \tag{152}$$

式中：$t_{m,i}$ 为第 m 年 7 月第 i 天的日平均干球温度。

将 t_m^{m7} 形成下式所示数列：

$$(t_1^{m7} \quad t_2^{m7} \quad \cdots \quad t_i^{m7} \quad \cdots \quad t_n^{m7}) \tag{153}$$

（3）计算 n 年 7 月平均干球温度的平均值 $t_{\max \cdot m}$：

$$t_{\max \cdot m} = \frac{1}{n} \sum_{m=1}^{n} t_m^{m7} \tag{154}$$

3.3 采暖度日数（HDD18）

（1）选择连续 n 年（$n \geqslant 10$）的逐日日平均干球温度 $t_{m,i}$（$1 \leqslant m \leqslant n$，$1 \leqslant i \leqslant 365$），形成下式所示的 n 个数列：

$$\begin{bmatrix} t_{1,1} & t_{1,2} & \cdots & t_{1,365} \\ t_{2,1} & t_{2,2} & \cdots & t_{2,365} \\ \cdots & \cdots & \cdots & \cdots \\ t_{n,1} & t_{n,2} & \cdots & t_{n,365} \end{bmatrix} \tag{155}$$

其中：日平均干球温度采用逐时干球温度观测值或每日四次定时观测值的算术平均值。

（2）在第 m 年中，当日平均干球温度低于 18℃时，计算日平均干球温度与 18℃ 的差值，并将此差值累加，得到第 m 年的采暖度日数 t_m^{hdd}：

$$t_m^{hdd} = \sum_{i=1}^{365} (18 - t_{m,i}) \times \text{sign}(18 - t_{m,i}) \tag{156}$$

$$\text{sign}(18 - t_{m,i}) = \begin{cases} 1, & 18 - t_{m,i} > 0 \\ 0, & 18 - t_{m,i} \leqslant 0 \end{cases}$$

（3）将 t_m^{hdd} 形成下式所示的数列：

$$(t_1^{hdd} \quad t_2^{hdd} \quad \cdots \quad t_m^{hdd} \quad \cdots \quad t_n^{hdd}) \tag{157}$$

（4）计算 n 年采暖度日数 t_m^{hdd} 的平均值，得到该地方的采暖度日数（HDD18）值：

$$HDD18 = \frac{t_1^{hdd} + t_2^{hdd} + \cdots + t_n^{hdd}}{n} \tag{158}$$

3.4 空调度日数（*CDD26*）

（1）选择连续 n 年（$n \geqslant 10$）的逐日日平均干球温度 $t_{m,i}$（$1 \leqslant m \leqslant n$，$1 \leqslant i \leqslant 365$），形成下式所示的 n 个数列：

$$\begin{pmatrix} t_{1,1} & t_{1,2} & \cdots & t_{1,365} \\ t_{2,1} & t_{2,2} & \cdots & t_{2,365} \\ \cdots & \cdots & \cdots & \cdots \\ t_{n,1} & t_{n,2} & \cdots & t_{n,365} \end{pmatrix} \tag{159}$$

其中：日平均干球温度采用逐时干球温度观测值或每日四次定时观测值的算术平均值。

（2）在第 m 年中，当日平均干球温度高于 26℃时，计算日平均干球温度与 26℃的差值，并将此差值累加，得到第 m 年的空调度日数 t_m^{cdd}：

$$t_m^{\text{cdd}} = \sum_{i=1}^{365} (t_{m,i} - 26) \times \text{sign}(t_{m,i} - 26)$$

$$\text{sign}(t_{m,i} - 26) = \begin{cases} 1, & t_{m,i} - 26 > 0 \\ 0, & t_{m,i} - 26 \leqslant 0 \end{cases} \tag{160}$$

（3）将 t_m^{cdd} 形成下式所示数列：

$$\begin{pmatrix} t_1^{\text{cdd}} & t_2^{\text{cdd}} & \cdots & t_m^{\text{cdd}} & \cdots & t_n^{\text{cdd}} \end{pmatrix} \tag{161}$$

（4）计算 n 年空调度日数 t_m^{cdd} 的平均值，得到该地方的空调度日数（*CDD26*）值：

$$CDD26 = \frac{t_1^{\text{cdd}} + t_2^{\text{cdd}} + \cdots + t_n^{\text{cdd}}}{n} \tag{162}$$

4 保温设计用室外气象参数

4.1 采暖室外平均温度

（1）选择连续 n 年（$n \geqslant 10$）的逐日日平均干球温度 $t_{m,i}$（$1 \leqslant m \leqslant n$，$1 \leqslant i \leqslant 365$），形成下式所示的 n 个数列：

$$\begin{pmatrix} t_{1,1} & t_{1,2} & \cdots & t_{1,365} \\ t_{2,1} & t_{2,2} & \cdots & t_{2,365} \\ \cdots & \cdots & \cdots & \cdots \\ t_{n,1} & t_{n,2} & \cdots & t_{n,365} \end{pmatrix} \tag{163}$$

其中：日平均干球温度采用逐时干球温度观测值或每日四次定时观测值的算术平均值。

（2）将 $365n$ 个日平均温度从小到大排序，第 $5n+1$ 个日平均温度即为采暖室外平均温度。

4.2 累年最低日平均温度

（1）选择连续 n 年（$n \geqslant 10$）的逐日日平均干球温度 $t_{m,i}$（$1 \leqslant m \leqslant n$，$1 \leqslant i \leqslant 365$），

形成下式所示的 n 个数列：

$$\begin{bmatrix} t_{1,1} & t_{1,2} & \cdots & t_{1,365} \\ t_{2,1} & t_{2,2} & \cdots & t_{2,365} \\ \cdots & \cdots & \cdots & \cdots \\ t_{n,1} & t_{n,2} & \cdots & t_{n,365} \end{bmatrix} \tag{164}$$

其中：日平均干球温度采用逐时干球温度观测值或每日四次定时观测值的算术平均值。

（2）将 $365n$ 个日平均温度从小到大排序，第 1 个日平均温度即为累年最低日平均温度。

5 隔热设计用室外气象参数

5.1 夏季室外计算温度逐时值

（1）选择连续 n 年（$n \geqslant 10$）的逐日日平均干球温度 $t_{m,i}$（$1 \leqslant m \leqslant n$，$1 \leqslant i \leqslant 365$），形成下式所示的 n 个数列：

$$\begin{bmatrix} t_{1,1} & t_{1,2} & \cdots & t_{1,365} \\ t_{2,1} & t_{2,2} & \cdots & t_{2,365} \\ \cdots & \cdots & \cdots & \cdots \\ t_{n,1} & t_{n,2} & \cdots & t_{n,365} \end{bmatrix} \tag{165}$$

其中：日平均干球温度采用逐时干球温度观测值或每日四次定时观测值的算术平均值。

（2）将 $365n$ 个日平均温度从大到小排序，第 1 个日平均温度所在日的温度逐时值即为夏季室外计算温度逐时值。

5.2 夏季室外太阳辐射逐时值

与温度逐时值同一天的各朝向太阳辐射的逐时值即为夏季室外太阳辐射逐时值。

受太阳辐射观测台站数量的限制，我国仅有部分台站有太阳辐射观测值。在能够进行辐射观测的台站中，能观测逐时直射、散射辐射台站的数量更少。因此，在实际太阳辐射观测数据大范围缺少的前提下，对于没有太阳辐射观测值或太阳辐射观测值不全的台站，本规范中给出的太阳辐射值是根据太阳辐射模型计算得到的。本规范中各朝向太阳总辐射计算方法如下：

（1）水平面太阳总辐射照度逐时值按下式计算：

$$I_\mathrm{h} = \frac{1}{k} \left\{ I_0 \cdot \sinh \cdot \left[C_0 + C_1 \cdot \frac{cc}{10} + C_2 \cdot \left(\frac{cc}{10} \right)^2 + C_3 \cdot (\theta_n - \theta_{n-3}) + C_4 \cdot \phi \right] - C_5 \right\}$$

$$\tag{166}$$

式中：$C_0 \sim C_5$，k——常数；

$\qquad I_\mathrm{h}$——太阳总辐射照度（W/m²）；

$\qquad I_0$——太阳常数（W/m²）；

h——太阳高度角（°）；

cc——云量（成），范围：0～10；

θ_n——某时刻气温（℃）；

θ_{n-3}——3h 前的气温（℃）；

ϕ——相对湿度（%）。

（2）太阳辐射中法向直射辐射照度和散射辐射照度按下式计算：

$$\left.\begin{array}{l} I_N = K_n I_0 \\ I_d = I_h - I_N \cdot \sin h \\ K_n = A_1 A_2^{-A_3 A_2^{-A_4 K_t}} \\ K_t = \dfrac{I_h}{I_0 \cdot \sin h} \end{array}\right\} \tag{167}$$

式中：$A_1 = -0.1556 \sin^2 h + 0.1028 \sin h + 1.3748$；

$A_2 = 0.7973 \sin^2 h + 0.1509 \sin h + 3.035$；

$A_3 = 5.4307 \sin h + 7.2182$；

$A_4 = 2.990$；

I_N——法向太阳直射辐射照度（W/m²）；

I_d——太阳散射辐射照度（W/m²）。

（3）各朝向太阳总辐射照度应按下列公式计算：

$$I_s = I_N \cos h \cdot \cos \gamma_s + 0.63 I_d + 0.1 I_h \tag{168}$$

$$I_n = I_N \cos h \cdot \cos \gamma_s + 0.37 I_d + 0.1 I_h \tag{169}$$

$$I_e = I_N \cos h \cdot \sin \gamma_s + 0.50 I_d + 0.1 I_h \tag{170}$$

$$I_w = I_N \cos h \cdot \sin \gamma_s + 0.50 I_d + 0.1 I_h \tag{171}$$

式中：I_s——南向太阳总辐射照度（W/m²）；

I_n——北向太阳总辐射照度（W/m²）；

I_e——东向太阳总辐射照度（W/m²）；

I_w——西向太阳总辐射照度（W/m²）；

γ_s——太阳方位角（°）。

6 防潮设计用室外气象参数

6.1 计算采暖期天数

（1）选择连续 n 年（$n \geqslant 10$）的逐日日平均干球温度 $t_{m,i}$（$1 \leqslant m \leqslant n$，$1 \leqslant i \leqslant 365$），形成下式所示的 n 个数列：

$$\begin{bmatrix} t_{1,1} & t_{1,2} & \cdots & t_{1,365} \\ t_{2,1} & t_{2,2} & \cdots & t_{2,365} \\ \cdots & \cdots & \cdots & \cdots \\ t_{n,1} & t_{n,2} & \cdots & t_{n,365} \end{bmatrix} \tag{172}$$

其中：日平均干球温度采用逐时干球温度观测值或每日四次定时观测值的算术平均值。

（2）计算 n 年逐日日平均干球温度的平均值 t_i^{dny}

$$t_i^{\text{dny}} = \frac{1}{n} \sum_{m=1}^{n} t_{m,i} \tag{173}$$

式中：$t_{m,i}$ 为第 m 年第 i 天的日平均干球温度。

将 t_i^{dny} 形成下式所示数列：

$$(t_1^{\text{dny}} \quad t_2^{\text{dny}} \quad \cdots \quad t_i^{\text{dny}} \quad \cdots \quad t_{365}^{\text{dny}}) \tag{174}$$

（3）计算每日起连续 5d 时间段内 t_i^{dny} 的滑动平均值 t_i^{5dny}

$$t_i^{\text{5dny}} = \frac{1}{5} \sum_{k=i}^{i_1} t_k^{\text{dny}} \quad 1 \leqslant i \leqslant 365 ; i_1 = \text{mod}(i+4, 365) \tag{175}$$

式中：i_1 表示被除数是 365 时，$(i+4)$ 的余函数值。

将 t_i^{5dny} 形成下式所示数列：

$$(t_1^{\text{5dny}} \quad t_2^{\text{5dny}} \quad \cdots \quad t_i^{\text{5dny}} \quad \cdots \quad t_{365}^{\text{5dny}}) \tag{176}$$

（4）将式（176）所示数列以积日数 183 为起始重新排列成式（178），将第一个数值小于或等于 5℃（采暖室外临界温度）的日期作为采暖期开始日，其积日数记为 N_{hps}；最后一个数值小于或等于 5℃ 的日期之后第 4 日作为采暖期结束日，其积日数记为 N_{hpe}。

$$(t_{183}^{\text{5dny}} \quad t_{184}^{\text{5dny}} \quad \cdots \quad t_{365}^{\text{5dny}} \quad t_1^{\text{5dny}} \quad t_2^{\text{5dny}} \quad \cdots \quad t_{182}^{\text{5dny}}) \tag{177}$$

N_{hps}、N_{hpe} 应满足以下三个条件之一：

① $183 \leqslant N_{\text{hps}} \leqslant 365$ 且 $1 \leqslant N_{\text{hpe}} < 183$；

② $1 \leqslant N_{\text{hps}} < N_{\text{hpe}} < 183$；

③ $183 \leqslant N_{\text{hps}} < N_{\text{hpe}} \leqslant 365$。

（5）从确定的采暖期开始日（积日数 N_{hps}）到结束日（积日数 N_{hpe}）之间的时段即为计算采暖期，计算采暖期天数 Z 应根据下式确定：

$$Z = \begin{cases} 365 + N_{\text{hpe}} - N_{\text{hps}} + 1, & 1 \leqslant N_{\text{hpe}} < 183 \text{ 且 } 183 \leqslant N_{\text{hps}} \leqslant 365 \\ N_{\text{hpe}} - N_{\text{hps}} + 1, & 1 \leqslant N_{\text{hps}} < N_{\text{hpe}} < 183 \text{ 或 } 183 \leqslant N_{\text{hps}} < N_{\text{hpe}} \leqslant 365 \end{cases} \tag{178}$$

6.2 采暖期室外平均温度

（1）选择连续 n 年（$n \geqslant 10$）每年的计算采暖期的日平均干球温度，形成下式所示数列：

$$\begin{pmatrix} t_{1,N_{\text{hps}}} & t_{1,N_{\text{hps}}+1} & \cdots & t_{1,N_{\text{hpe}}} \\ t_{2,N_{\text{hps}}} & t_{2,N_{\text{hps}}+1} & \cdots & t_{2,N_{\text{hpe}}} \\ \cdots & \cdots & \cdots & \cdots \\ t_{n,N_{\text{hps}}} & t_{n,N_{\text{hps}}+1} & \cdots & t_{n,N_{\text{hpe}}} \end{pmatrix} \tag{179}$$

（2）计算逐年采暖期室外平均温度 t_m^{hp}：

$$t_m^{\text{hp}} = \frac{t_{m,N_{\text{hps}}} + t_{m,N_{\text{hps}}+1} + \cdots + t_{m,N_{\text{hpe}}}}{Z} \quad (m = 1, 2 \cdots n) \tag{180}$$

将逐年 t_m^{hp} 形成下式所示数列：

$$(t_1^{hp} \quad t_2^{hp} \quad \cdots \quad t_m^{hp} \quad \cdots \quad t_n^{hp}) \tag{181}$$

（3）计算 n 年采暖期室外平均温度的平均值，得到计算采暖期室外平均温度：

$$t^{hp} = \frac{t_1^{hp} + t_2^{hp} + \cdots + t_n^{hp}}{n} \tag{182}$$

6.3 采暖期室外平均相对湿度

（1）选择连续 n 年（$n \geqslant 10$）每年的计算采暖期的日平均相对湿度，形成下式所示数列：

$$\begin{bmatrix} RHM_{1,N_{hps}} & RHM_{1,N_{hps}+1} & \cdots & RHM_{1,N_{hpe}} \\ RHM_{2,N_{hps}} & RHM_{2,N_{hps}+1} & \cdots & RHM_{2,N_{hpe}} \\ \cdots & \cdots & \cdots & \cdots \\ RHM_{n,N_{hps}} & RHM_{n,N_{hps}+1} & \cdots & RHM_{n,N_{hpe}} \end{bmatrix} \tag{183}$$

（2）计算逐年采暖期室外平均相对湿度 RHM_m^{hp}：

$$RHM_m^{hp} = \frac{RHM_{m,N_{hps}} + RHM_{m,N_{hps}+1} + \cdots + RHM_{m,N_{hpe}}}{Z} \quad (m = 1,2 \cdots n) \tag{184}$$

将逐年 RHM_m^{hp} 形成下式所示数列：

$$(RHM_1^{hp} \quad RHM_2^{hp} \quad \cdots \quad RHM_m^{hp} \quad \cdots \quad RHM_n^{hp}) \tag{185}$$

（3）计算 n 年采暖期室外平均相对湿度的平均值，得到计算采暖期室外平均相对湿度：

$$RHM^{hp} = \frac{RHM_1^{hp} + RHM_2^{hp} + \cdots + RHM_n^{hp}}{n} \tag{186}$$

7 参考台站的选择

在我国的行政区划中，至 2009 年底，全国 31 个省级行政区中（不包括港、澳、台地区），有 333 个地级行政区划单位，2858 个县级行政区划单位。从城市数量看，截至 2009 年，我国城市数量达到 654 个（其中：4 个直辖市、283 个地级市、367 个县级市）。因此，本规范所给出的城镇数量远远不及城镇的实际数量，更无法覆盖全部行政区。本规范中采用选择已有临近地点的气象参数作为替代，以弥补气象数据缺乏的问题。

按照《建筑气象参数标准》JGJ35－87 中的规定，当建设地点与拟引用数据的气象台站水平距离在 50km 以内，海拔高度差在 100m 以内时可以直接引用。本规范规定了可以按照附录表 A.0.2 确定未知城镇的气象参数。

计算目标城镇与参考城镇间的距离（即椭球面上两点间的最短程曲线）采用了高斯平均引数反算公式。计算步骤如下：

（1）计算 $S \cdot \sin A_m$，$S \cdot \cos A_m$：

$$S \cdot \sin A_m = r_{01} \Delta L'' + r_{21} \Delta B''^2 \Delta L'' + r_{03} \Delta L''^3 \tag{187}$$

$$S \cdot \cos A_m = S_{10} \Delta B'' + S_{20} \Delta B'' \Delta L''^2 + S_{30} \Delta B''^3 \tag{188}$$

式中：$r_{01} = \dfrac{N_m}{\rho''} \cos B_m$，$r_{21} = \dfrac{N_m \cos B_m}{24\rho''^3}(1 - \eta_m^2 - 9\eta_m^2 t_m^2)$，$r_{03} = \dfrac{N_m}{24\rho''^3} \cos^3 B_m t_m^2$

$S_{10} = \dfrac{N_m}{\rho'' V_m^2}$，$S_{20} = \dfrac{N_m \cos^2 B_m}{24\rho''^3}(-2 - 3t_m^2 + 3\eta_m^2 t_m^2)$，$S_{30} = \dfrac{N_m}{8\rho''^3}(\eta_m^2 - \eta_m^2 t_m^2)$；

$\quad S$——大地线长度（m）；

$\quad L$——经度（°）；

$\quad B$——纬度（°）；

A_m——平均方位角（°）。

（2）计算 A_m：

$$\mathrm{tg}A_m = \frac{S \cdot \sin A_m}{S \cdot \cos A_m} \tag{189}$$

（3）计算 S：

$$S = \frac{S \cdot \sin A_m}{\sin A_m} = \frac{S \cdot \cos A_m}{\cos A_m} \tag{190}$$

设 M 点是两点之间的中点，则 A_m，B_m，L_m，η_m，t_m，N_m，V_m 都是 M 点的参数。

其中：$t = \mathrm{tg}B$，$\eta^2 = e'^2 \cos^2 B$，$V = \sqrt{1 + e'^2 \cos^2 B}$，$N = \dfrac{a}{W}$，$W = \sqrt{1 - e^2 \sin^2 B}$

$\rho'' = 206265''$，$e = \sqrt{\dfrac{a^2 - b^2}{a}}$，$e' = \sqrt{\dfrac{a^2 - b^2}{b}}$。

我国 80 大地坐标系参数：a：长半轴 6378140m；

$\qquad\qquad\qquad\qquad\quad b$：短半轴 6356755.288157m；

$\qquad\qquad\qquad\qquad\quad e$：椭圆第一偏心率；

$\qquad\qquad\qquad\qquad\quad e'$：椭圆第二偏心率；

$\qquad\qquad\qquad\qquad\quad e'^2 = 0.006\ 739\ 501\ 819\ 47$；

$\qquad\qquad\qquad\qquad\quad e^2 = 0.006\ 694\ 384\ 999\ 59$。

专题十五　保温材料的导热系数分析

方修睦

哈尔滨工业大学

保温材料的导热系数是反映其导热性能的物理量，是选择保温材料的依据。了解常用保温材料导热系数的特点、数据来源及数据检测条件，正确选用保温材料的导热系数，对合理确定保温构造有重要意义。

1　材料导热系数的概念

导热系数是材料本身的固有属性，它是针对均质材料，仅存在导热的传热形式时，表征物质传递热量能力大小的一个参数，是指在稳定传热条件下，单位温差作用下通过单位厚度、单位面积匀质材料传递的热流量[W/(m·K)]。严格说，保温材料由于孔隙存在，不应视为均质介质；但如果孔隙的大小和物体的总几何尺寸比起来很小的话，仍可以有条件地认为它们是均质材料。在建筑工程中，还存在有多孔、多层、多结构、各向异性的材料，这些材料的导热系数实际上是一种综合导热性能的表现，称为平均导热系数。

导热系数是在实验室内测得的。在《绝热材料稳态热阻及有关特性的测定 防护热板法》GB/T 10294—2008（等同采用 ISO 8302：1991）和《绝热材料稳态热阻及有关特性的测定 热流计法》GB/T 10295—2008（等同采用 ISO 8301：1991E）的引言中指出：大部分传热性质的试验是针对低密度的多孔材料进行的。在这种情况下，材料内部的真实传热情况可能包含辐射、固相和气相热传导和（在某些情况的）对流传热三种方式的复杂组合，以及它们的交互作用和传质（尤其是含湿材料）。对于这些材料，通过测量热流量、温度差及尺寸，利用公式计算得到的试件的传热性质（常误称为导热系数），可能并不是材料自身的固有性质。这两个标准根据《绝热辐射传热物理量和定义》ISO 9288，将该性能称作保温材料的"传递系数（transfer factor）"。传递系数取决于试验条件，表征试样与传导和辐射复合传热的关系；在相同的测试平均温度下，可能很大程度上取决于试样的厚度或温差，而与试验条件无关。在传导和辐射复合传热情况下，传递系数在厚试样中达到的极限值，称为材料的等效导热系数或有效导热系数。它实际上是用导热形式的公式计算热量，相当于与多孔材料有相同形状、尺寸和边界时，通过相同热量的某种匀质材料的导热系数，即我们习惯称谓的导热系数。

2　试样的状态调节

保温材料为多孔材料，它是一种不同物质、不同相态的聚集体。多孔固体骨架遍及多孔介质所占据的体积空间，孔隙空间相互连通。在多孔固体骨架构成的孔隙空间中，充满单相或多相介质。其内的介质可以是气相流体、液相流体或气液两相流体。保温材料的干湿状态对导热系数测试结果有很大影响。当水分侵入时，不仅替代孔隙内的部分空气，更重要的是由于水分存在，大大加快了热量传递，从而导致导热系数发生较大的变化。为消除水分的影响，要求测试样品（试样）要在恒重状态下测试。为使试样达到温度和湿度的平衡状态，试样在测试前要进行一系列的操作（如干燥、冷却、封闭等），通常将这些操作，称为状态调节。

一般测定试样质量后，要把试样放在干燥器或通风的烘箱里，以对材料适宜的温度将试样调节到恒定的质量（在烘干过程中间隔 4h，前后两次质量差不超过试样质量的 0.5％）。把试样调节到恒定质量之后，试样应冷却并储存在封闭的干燥器或者封闭的部分抽真空的聚乙烯袋中。如试样在给定的温度范围内使用，则在这个温度范围的上限、空气流动的控制环境下，调节到恒定的质量；如果测量过程所需要的时间比试样从实验室的空气中吸收大量水蒸气所需要的时间短时（如混凝土试样），要在干燥结束时，快速把试样放入装置中，以防止吸收水蒸气；低密度的纤维材料或泡沫塑料试样，可把试样留在标准的实验室空气中（23 ℃±1 ℃；50％±10％RH）继续调节，与室内空气平衡（恒定质量）。为防止测定过程中湿气渗入（或溢出）试样，需将试样封闭在防水蒸气的封套中。

3 导热系数的测量方法

导热系数的大小取决于被测材料的结构组成、平均温度、含水率、传热时间、两侧温差等诸多因素。影响导热系数的物理、化学因素很多；导热系数对物质晶体结构、显微结构和组分的很小变化都非常敏感。尽管有很多学者提出了很多计算方程式，但是这些理论计算方程式都有很大的局限性。导热系数至今仍通过实验测定来获得。

导热系数的测定方法很多，目前在建筑工程中常用材料的导热系数是通过间接测量获取的，大多通过测量由被检测材料所组成的试样的热阻来计算。按照流过检测试样的热流状态，可以分为稳态法和非稳态法。

3.1 稳态法

在稳态法测试中，待测试样处在一个不随时间而变化的温度场里，当达到热平衡后，测定通过试样单位面积上的热流速率、试样热流方向上的温度梯度，以及试样的几何尺寸等，根据傅立叶定律计算出导热系数。在稳态法中将直接测量热流量的方法，称为绝对法；通过测量参比试样的温度梯度，间接测量热流量的方法，称为比较法。

目前采用稳态法检测导热系数的标准有两类，一类为等同于 ISO 的国标：《绝热材料稳态热阻及有关特性的测定　防护热板法》GB/T 10294—2008，《绝热材料稳态热阻及有关特性的测定 热流计法》GB/T 10295—2008，《绝热层稳态传热性质的测定　圆管法》GB/T 10296—2008。仲裁采用防护热板法。

用防护热板测量导热系数，按下式计算：

$$\lambda = \frac{Q}{S} \times \frac{d}{T_1 - T_2} \tag{191}$$

式中：λ——试样导热系数[W/(m·K)]；

　　　Q——总热流量（W）；

T_1、T_2——分别为试件热面温度平均值和冷面温度平均值（℃）；

S——计量面积（m^2）；

d——被测试件的厚度（m）。

热流计法计算公式形式同式（191），只不过是用热流计的标定系数 $C_r[\mathrm{W}/(m^2 \cdot \mathrm{V})]$ ×热流计输出电势 $E_r(\mathrm{V})$ 代替 Q/S。

试验温差按照特定材料、产品或系统的技术规范的要求确定，一般围护结构保温用材料测试的平均温度取：23℃±2℃，温差为10℃～20℃。防护热板标准中推荐了多种试样尺寸，目前应用较多的试样尺寸一般为：长 300mm×宽 300mm×厚 5mm～40mm。热流计法试样尺寸一般为：长 300mm×宽 300mm×厚 15mm～50mm。用于管道及设备保温的材料测试的平均温度取70℃。

另一类为测量非均质材料的国标：《墙体材料当量导热系数测定方法》GB/T 32981—2016。在标准中将非均质材料的导热系数，定义为当量导热系数 λ_e（effective thermal conductivity），它表示在稳定传热状态下，表征 1m 厚非均质材料，两侧表面温差为 1K，单位时间内通过 1 m^2 面积传递的热量[$\mathrm{W}/(m \cdot \mathrm{K})$]。该方法基于稳定传热原理，将填充体（已知材料导热系数）、试样（干燥至恒质状态，置于填充体中）安装在冷箱和计量箱之间，在热传导平衡时，根据通过试件的热流量和温差来计算出试件的当量导热系数［式（192）］。实验条件为：热箱温度为 25℃，冷箱温度为－15℃。温差 40℃。设备的试样尺寸为：长 500mm×宽 500mm×厚 30mm～400mm。

$$\lambda_e = \frac{Q}{S} \times \frac{d}{T_1 - T_2} \times k \tag{192}$$

式中：λ_e——试样当量导热系数[$\mathrm{W}/(m \cdot \mathrm{K})$]；

Q——总热流量（W）；

T_1——计量箱平均温度，单位为摄氏度（℃）；

T_2——冷箱平均温度（℃）；

S——被测试件面积（m^2）；

d——被测试件的厚度（m）；

k——修正系数。

由该标准提供的工作原理可以看到：试样冷热面的热量传递过程不是导热，参与公式（192）计算的是环境空气温度，由此可知，按照该标准检测出来的不是导热系数。因此，在进行热工计算时，需对新材料的导热系数来源、所采用检测方法、检测条件进行了解，以免误用。

3.2 非稳态法

在非稳态法测试中，试样的温度分布随时间而变化。非稳态法测试物质导热系数的物理基础是一维非稳态传热原理。测试时，通常是使试样的某一部分温度作突然的或周期的变化，而在试样的另一部分测量温度随时间的变化速率，进而求出导热系数。非稳态法具有测量时间短、环境要求低，测量装置简单，测量精度不如稳态法高等特点。目前非稳态法标准有：《非金属固体材料导热系数的测定方法　热线法》GB/T 10297—2015，《加气混凝土导热系数试验方法》JC 275—1996，《轻骨料混凝土技术规程》JGJ 51—2002。

几种常用材料的导热系数测量方法见表46。

表 46　几种常用材料的导热系数测量方法

标准	测量平均温度（℃）	状态调节	测量温差（℃）	执行标准
《绝热用模塑聚苯乙烯泡沫塑料》GB/T 10801.1—2002	25±2	二级环境 23/50 下（温度（23±2）℃，相对湿度：45%～55%），调节 16h	15～25	1.《绝热材料稳态热阻及有关特性的测定　防护热板法》GB/T 10294—2008　2.《绝热材料稳态热阻及有关特性的测定　热流计法》GB/T 10295—2008
《绝热用挤塑聚苯乙烯泡沫塑料》GB/T 10801.2—2002	10±2 25±2	二级环境 23/50 下，调节不少于 88h（《塑料试样状态调节和试验的标准环境》GB/T 2918）	—	
《柔性泡沫橡塑绝热制品》GB/T 17794—2008	−20/0/40		—	1.GB/T 10294—2008　2.GB/T 10295—2008　3.《绝热层稳态传热性质的测定　圆管法》GB/T 10296—2008
《绝热用玻璃棉及其制品》GB/T 13350—2008	—	在试验前应对试样进行干燥预处理。环境条件：16℃～28℃；30%～80%RH（《矿物棉及其制品试验方法》GB/T 5480.1—2004）	—	
《绝热用岩棉、矿渣及其制品》GB/T 11835—2007	—		—	
《建筑外墙外保温用岩棉制品》GB/T 25975—2010	—		—	1.GB/T 10294—2008　2.GB/T 10295—2008
《喷涂聚氨酯硬质泡沫保温材料》JC/998—2006	23±2	23℃/50℃二级环境下调节 72h		GB/T 10294—2008
《蒸压加气混凝土砌块》GB 11968—2006	—	试样在（60±5）℃下保温 24h，然后在（80±5）℃下保温 24h，再在（105±5）℃下烘至恒质。实验室空气条件：23℃±1℃；50%±10%RH	—	
《泡沫混凝土》JG/T 266—2011	—	现场浇筑 24h 脱模，并标准养护 28 天。实验室空气条件：23℃±1℃；50%±10%RH	—	
《轻骨料混凝土技术规程》JGJ 51—2002	—	测量干燥状态的热物理系数时，试样应在 105～110℃下烘干至恒重	—	JGJ 51—2002 标准规定的热脉冲法检测
《胶粉聚苯颗粒外墙外保温系统》JG 158—2004	—	试样成型后，在试验室温度条件下养护 7d 后拆模，拆模后在试验室标准条件下养护 21d，然后将试样放入（65±2）℃的烘箱中，烘干至恒重，取出放入干燥器中冷却至室温。实验室空气条件：23℃±1℃；50%±10%RH	—	GB/T 10294—2008
《墙体材料当量导热系数测定方法》GB/T 32981—2016	—	被测试样需干燥至恒质状态。在室温条件下养护 24h	40℃	GB/T 32981—2016 标准规定的热箱测定

4 传热系数的测量方法

传热系数是砌体（构件）的热工参数，与构造及材料的导热系数及内外表面换热阻有关。一般加气混凝土砌块、混凝土空心砌块、多孔砖、多孔砌块等，多采用《绝热稳态传热性质的测定标定和防护热箱法》GB/T 13475—2008（等同 ISO 8990：1994E）进行测定。该方法要求的试样尺寸远大于导热系数检测所要求的试样尺寸，试样一般为 1500mm（高）×1500mm（长），也可以按照实际构造尺寸建造，目前最大构件可以做到 2800mm×3600mm。该方法是将试样放置在已知环境温度的热室与冷室之间，在稳定状态下测量空气温度、试样表面温度以及输入热室的功率。先计算出试样的热阻，再根据规定的内外表面换热阻数值，计算出试样的传热系数。测试的平均温度一般在 10℃～20℃，最小温差为 20℃。

热箱法测量传热系数，由于试样尺寸较大，无法做到像导热系数测量时将材料干燥至恒质状态，一般是在自然环境下放置若干天后或采用红外线等设备烘干后，再进行测量。试样中的湿迁移直接影响着试验结果的准确度和确切性，短短的几天（用红外烘干）至几十天的风干（在自然条件下），其质传递不可能达到稳定状态。用此方法得到的传热系数，由于试样没有达到湿平衡，往往每隔一段时间再检测，检测的结果与前几次都不相同。目前的标准中，仅规定了检验报告中要有状态调节的方法，没有规定一个试验前的状态调节方法和应调节的状态。用这种方法得到的传热系数，反映的仅仅是某一含湿状态下的传热系数，与传热达到稳定状态下的传热系数差距较大。该方法用于围护结构构造研究是有效的方法，但用于实际工程的传热系数判定，可信程度值得商榷。尤其是将该检测原理移植到导热系数测定，其可行性更值得怀疑。

5 建筑构件中的材料热工性能变化

GB/T 10294—2008、GB/T 10295—2008、GB/T 10296—2008、GB/T 32981—2016、GB/T 10297—2015、JC 275—1996、JGJ 51—2002 规定：被测试样在测试前，需干燥至恒质状态。这表明，按照这些标准得到的导热系数是在标准的实验室状态下，达到温度和湿度的平衡状态后，在规定的测试平均温度和温度差下得到的试样数据。

保温材料在建筑中应用后，其性能除了受建筑施工、保温构造等因素影响外，还会因压缩、干燥或吸湿、渗透、温度等因素造成物理性能改变，从而导致材料的导热系数发生改变，进而引起构件的传热系数发生变化。含湿构件在自然状态下从开始失水，直至与所在环境的大气湿度达到平衡，此时的含水率称为平衡含水率。平衡含水率随地域差异、季节不同而变化。

图 75 为哈尔滨工业大学利用动态实验台测试的 490mm 红砖砌体传热系数变化情况。墙体建成的时间为 1987 年 10 月，建成时未进行测定。由图 75 可见，南向墙体 2 年传热系数达到稳定状态，北向墙体需要 3 年传热系数达到稳定状态。这表明，建筑围护结构位于不同朝向时，达到湿稳定的时间不同。对红砖墙体的理论分析表明（初始含湿率为 19%），太阳辐射，风力等对红砖墙体的含湿率变化影响影响较大，不考虑太阳辐射等外

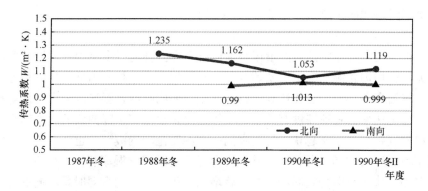

图 75　红砖传热系数

图中：1988 年冬指 1989 年 1 月 27 日～2 月 4 日；1989 年冬指 1989 年 12 月 12 日～
12 月 17 日；1990 年冬 I 指 1991 年 1 月 1 日～1 月 7 日；1990 年冬 II 指 1991 年 1 月
26 日～1 月 30 日

部因素影响时，490 红砖含湿率变化缓慢，考虑太阳辐射等外界影响因素后，墙体含湿率变
化加速，湿稳定时间可以由 10.9 年，降到 5 年。东向最早达到湿稳定，北向最慢（图 76）。

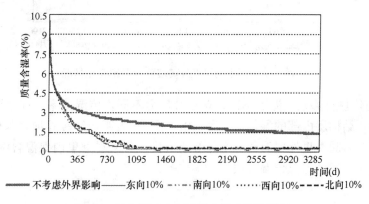

图 76　哈尔滨 490 红砖墙含湿率变化情况

　　图 77 为哈尔滨工业大学利用动态实验台测试加气混凝土砌体的传热系数变化情况。
墙体建成时间为 1990 年 11 月，建成时的传热系数未测，于当年的采暖季分 3 次测定。每

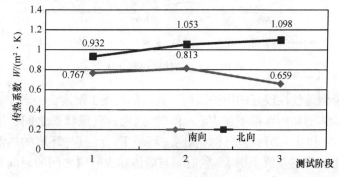

图 77　加气混凝土传热系数

图中：1 阶段指 1991 年 1 月 1 日～1 月 7 日；2 阶段指 1991 年 1 月 26 日～1 月 30 日；3 阶段指
1991 年 3 月 15 日～3 月 17 日

次测定结果不同，北向传热系数逐渐增加，南向先增加后降低，这可能与施工水分、南向日照及风（哈尔滨主导风向为 S\SSW）有关。

理论分析表明，湿稳定的含湿量仅与墙体材料含湿性能以及室内外环境有关，与初始含湿率无关。在均匀含湿情况下，初始含湿率不同的墙体，材料内部达到湿稳定的时间基本相同。但初始含湿率影响墙体达到湿稳定状态所需的时间，湿稳定的含湿率与材料的厚度无关。湿稳定速率与材料厚度有关系，墙体越厚，含湿率下降曲线的斜率越小。相同条件下，材料厚度越小，干燥越快，最终在同一个湿度范围内波动。也就是说，在同一种环境下，对于不同厚度的同一种材料，其最终含湿稳定时的含湿率相同（图78）。对于红砖墙体，每多加一块砖，湿稳定时间基本上就增加一年。不均匀含湿时，不同的含湿分布形式，对湿稳定的速率基本上是没有影响的。

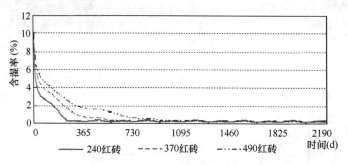

图78　哈尔滨不同厚度红砖墙体含湿率变化情况

湿迁移与传热有关系，温度不同，含湿分压力不同，传湿速率也就不同。结构层外加了保温层后，结构层内部的湿传递速率减缓。图79表明，红砖外加聚苯板后，红砖含湿率变化较慢，采暖季里外保温含湿率降低速率快；非采暖季里内保温含湿率降低较快。但总体上，内保温比外保温传湿要快。

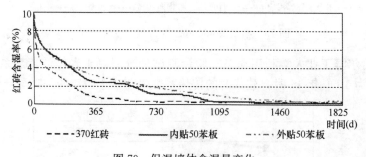

图79　保温墙体含湿量变化

单层结构和外侧透气性较好的围护结构，其内部的施工湿度，经若干时间后即能达到正常平衡湿度。墙体的初始含湿率在100％和0％这两种极限状态之间。结构相同的初始含湿率分别为100％和0％的两种墙体，在同一环境下，经过与环境的热湿交换，将它们的平均体积含湿率的相对差值小于5％的时刻与墙体建成时刻之间的时间长度定义为此类墙体在这一地区的最大湿稳定时间。同类墙体的实际湿稳定时间均小于此值。不同地区、不同厚度的墙体，达到湿稳定时所需的最大湿稳定时间和稳定时的含湿率均不同。复合墙体达到湿稳定的时间及湿稳定时的含湿率要比单层结构大。北京交通大学徐宇工认为：

（1）钢筋混凝土 EPS 复合保温墙，哈尔滨达到湿稳定时的最大湿稳定时间需要 11.8 年，北京达到湿稳定时的最大湿稳定时间需要 9.9 年（表 47、表 48、图 80）。（2）复合墙体建成后，由于湿分不断向内外环境散失，保温层受潮现象随之缓解，在墙体达到湿稳定前，保温层受潮现象率先消失，使保温性能恢复。因此导致复合保温墙传热系数的稳定时间与墙体的湿稳定时间并不相同。以北京为例，钢筋混凝土 EPS 复合保温墙，初始含湿率 100% 的墙体的传热系数大约在 5 年时达到稳定，而此墙体达到湿稳定则需要约 10 年的时间。（3）在复合保温墙中，EPS 板在保温的同时，也阻碍了墙体与环境的湿交换过程，导致湿分在墙体内部的积累，加之融冻作用，极易造成保温层损坏脱落、跌落伤人等不利影响。（4）复合墙体中保温材料由于拼接产生的缝隙（用缝隙率表示，指缝隙面积在实际 EPS 复合保温墙单位面积中所占的比例）大小，可以缩短蒸汽渗透阻较大材料达到湿平衡的时间，对于墙体湿传递、湿积累起着至关重要的作用。在相同的室内外环境下，缝隙率越大，达到湿稳定所需时间越短。缝隙率仅 1% 的墙体最大湿稳定时间要比无缝隙的墙体缩短 7 年。缝隙对湿稳定时间的影响非常明显，但对墙体保温性能的影响相对有限。调整缝隙率可以在保温效果不受重大影响的情况下，有效地改善墙体与环境的湿交换状况。在施工中有意识地控制缝隙份额范围，相当于间接控制了保温墙的湿特性。

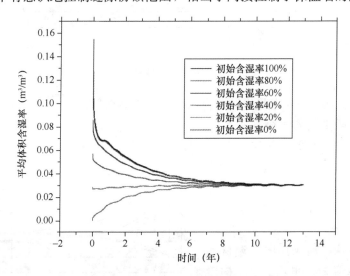

图 80　北京地区钢筋混凝土 EPS 复合保温墙（1% 缝隙）含湿率变化

表 47　墙体达到湿稳定时的最大湿稳定时间（年）

墙体类型	哈尔滨	北京	上海	广州
烧结黏土砖墙	10.9	4.7	2.5	2.0
钢筋混凝土 EPS 复合保温墙	11.8	9.9	7.6	8.5（胶粉聚苯颗粒）
空心砌块 EPS 复合保温墙	5.3	3.5	3.0	/
加气混凝土墙	/	3.4（有 EPS）	/	1.4（无 EPS）

注：烧结黏土砖墙：哈尔滨为 490mm，北京为 370mm，上海及广东为 240mm；钢筋混凝土复合保温墙：160mm 厚钢筋混凝土，EPS 厚度哈尔滨为 90mm，北京为 70mm，上海为 30mm，广州为 25mm 胶粉聚苯颗粒；空心砌块复合保温墙：EPS 厚度哈尔滨为 90mm，北京为 70mm，上海为 30mm；加气混凝土 EPS 复合保温墙：200mm 厚加气混凝土，EPS 厚度北京为 40mm，上海为 30mm；广州加气混凝土墙厚度为 200mm。

表 48　墙体达到湿稳定时的含湿率（％）

墙体类型	哈尔滨	北京	上海	广州
烧结黏土砖墙	1.17	1.15	1.93	1.56
钢筋混凝土 EPS 复合保温墙	20.63	21.4	27.97	28.1 （胶粉聚苯颗粒）
空心砌块 EPS 复合保温墙	7.87	7.0	7.73	/
加气混凝土墙	/	1.16（有 EPS）	/	1.5（无 EPS）

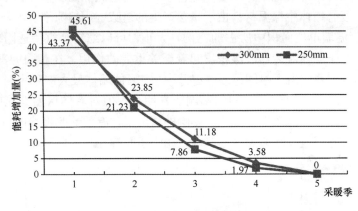

图 81　加气混凝土墙能耗增加量

初始含水率虽然不影响湿稳定时的含水率，但是影响初始条件下的能耗。红砖墙体第 1 个采暖季的能耗要比第 4 个采暖季的能耗增加 20%。图 81 所示的加气混凝土墙体，第 1 个采暖季的能耗要比第 5 个采暖季的能耗增加 43.4%～45.6%。因此在热工计算时，需要考虑初始含水率对导热系数的影响。

在热工计算中，所采用的保温材料导热系数的计算值 λ_c，实际上是结构传热系数达到稳定状态时（K_c）的导热系数，也可称为导热系数限值（表 49）。在本规范中，λ_c 按照下式计算（图 82）：

$$\lambda_c = a \times \lambda_{23,\phi0} \qquad (193)$$

式中：$\lambda_{23,\phi0}$ ——按照检测标准规定的检测条件测得的材料导热系数；

a ——保温材料导热系数的修正系数。

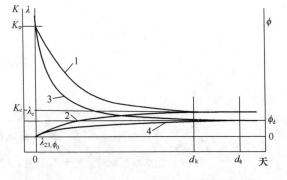

图 82　复合墙体保温材料导热系数的计算值

1—含水率为 ϕ 时墙体的传热系数；2—干燥状态墙体的传热系数；3—初始含湿率为 ϕ 时的含湿率曲线；4—初始含湿率为 0 时的含湿率曲线；λ—导热系数；K—传热系数；ϕ—含湿率；d_k—传热系数达到稳定的时间；d_ϕ—湿稳定时间；K_c—传热稳定状态下的传热系数；λ_c—导热系数限值；ϕ_d—墙体达到湿稳定时的含湿率

实际使用状态下的保温材料的导热系数，受使用环境及结构的初始含湿率制约。在传热系数达到稳定状态之后，保温材料的实际导热系数总是等于或低于导热系数限值。但在构件传热系数达到稳定之前，由于建造当年保温材料的导热系数初始值要比结构传热系数达到稳定状态时采用 λ_c 高得多，且在此段时间内，保温材料湿度一直处于不稳定状态，因此在相当长的一段时期内，保温材料实际的导热系数要大于 λ_c。为保证保温系统安全可靠和保障该保温系统所服务目标的技术指标（如环境温度等），应根据技术经济分析结果，对 λ_c 进行适当修正。

表 49 导热系数限值 λ_c

气候区	修正系数 a		导热系数限值 W/（m·K）	
	聚苯板	挤塑苯板	聚苯板	挤塑苯板
严寒和寒冷地区	1.05	1.1	0.039	0.032
夏热冬冷地区	1.05	1.1	0.041	0.035
夏热冬暖地区	1.1	1.2	0.043	0.038
温和地区	1.05	1.05	0.041	0.034

6 温度对导热系数的影响

一般认为在通常的气温下，材料的导热系数受温度影响较小，所以在围护结构的热工计算时，可忽略不计。实际上，我国南北气候差异较大，保温材料的使用环境与材料检测环境差别较大，因此忽略掉温度的影响，将会带来较大的误差。按照日本学者给出的导热系数与温度的关系曲线，材料的导热系数是在 20℃时检测的，如果应用温度为 0 ℃，则导热系数约减小 7.5%。

图 83 为根据我国研究人员的实验数据得出的几种保温材料的导热系数与检测时冷热表面的平均温度关系曲线。实验条件为：试样厚度：聚苯板、挤塑板和脲醛板均为 80mm，聚氨酯板厚度为 60mm；冷热表面温差为 20℃，热面温度为 25℃～45℃，冷面温度为 5℃～20℃。由图 83 可见，随着平均温度的降低，导热系数在逐渐减少，其关系式为：

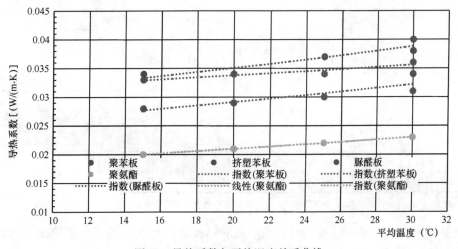

图 83 导热系数与平均温度关系曲线

聚苯板： $$\lambda = 0.0304e^{0.0052t_p} \tag{194}$$

挤塑苯板： $$\lambda = 0.0238e^{0.01t_p} \tag{195}$$

脲醛板： $$\lambda = 0.0286e^{0.0102t_p} \tag{196}$$

聚氨酯： $$\lambda = 0.0174e^{0.0093t_p} \tag{197}$$

式中：t_p——平均温度，为冷热面温度的平均值（℃）。

为简单分析起见，近似取建筑物室内外平均温度等于保温材料的平均温度。取冬季室内温度为18℃，夏季室内温度为26℃，则根据各城市最冷月与最热月以及采暖期的室外平均温度，可以得到各气候区部分城市，在最冷月、最热月及采暖期室外平均温度下的导热系数（表50）。

表50　各城市进行温度修正后导热系数

城市	气候区	平均温度（℃）						导热系数［W/（m·K）］								
		室外温度			保温材料			膨胀聚苯板			挤塑板			聚氨酯		
		最冷月	最热月	采暖期	最冷月	最热月	采暖期	最冷月	最热月	采暖期	最冷月	最热月	采暖期	最冷月	最热月	采暖期
图里河	1A	−28.4	17.5	−14.4	−5.2	21.8	1.8	0.0296	0.0340	0.0307	0.0226	0.0296	0.0242	0.0166	0.0213	0.0177
嫩江	1A	−23	21.7	−11.9	−2.5	23.9	3.1	0.0300	0.0344	0.0309	0.0232	0.0302	0.0245	0.0170	0.0217	0.0179
哈尔滨	1B	−16.9	23.8	−8.5	0.6	24.9	4.8	0.0305	0.0346	0.0312	0.0239	0.0305	0.0250	0.0175	0.0219	0.0182
乌鲁木齐	1C	−12.2	10.5	−6.5	2.9	18.3	5.8	0.0309	0.0334	0.0313	0.0245	0.0286	0.0252	0.0179	0.0206	0.0184
四平	1C	−12.8	24.4	−5.5	2.6	25.2	6.3	0.0308	0.0347	0.0314	0.0244	0.0306	0.0253	0.0178	0.0220	0.0184
沈阳	1C	−11.2	25	−4.5	3.4	25.5	6.8	0.0309	0.0347	0.0315	0.0246	0.0307	0.0255	0.0180	0.0221	0.0185
呼和浩特	1C	−10.8	23.4	−4.4	3.6	24.7	6.8	0.0310	0.0346	0.0315	0.0247	0.0305	0.0255	0.0180	0.0219	0.0185
太原	2A	−4.6	24.1	−1.1	6.7	25.1	8.5	0.0315	0.0346	0.0318	0.0254	0.0306	0.0259	0.0185	0.0220	0.0188
北京	2B	−2.9	27.1	0.1	7.6	26.6	9.1	0.0316	0.0349	0.0319	0.0257	0.0310	0.0261	0.0187	0.0223	0.0189
济南	2B	−0.1	27.6	1.8	9.0	26.8	9.9	0.0318	0.0349	0.0320	0.0260	0.0311	0.0263	0.0189	0.0223	0.0191
西安	2B	0.9	27.8	2.1	9.5	26.9	10.1	0.0319	0.0350	0.0320	0.0262	0.0311	0.0263	0.0190	0.0223	0.0191
武汉	3A	4.7	29.6	—	11.4	27.8	—	0.0322	0.0351	—	0.0267	0.0314	—	0.0193	0.0225	—
贵阳	5A	4.8	23.3	—	11.4	24.7	—	0.0323	0.0346	—	0.0267	0.0305	—	0.0193	0.0219	—
上海	3A	4.9	28.5	—	11.5	27.3	—	0.0323	0.0350	—	0.0267	0.0313	—	0.0194	0.0224	—
长沙	3A	5.3	29	—	11.7	27.5	—	0.0323	0.0351	—	0.0267	0.0313	—	0.0194	0.0225	—
成都	3A	6.3	26.1	—	12.2	26.1	—	0.0324	0.0348	—	0.0269	0.0309	—	0.0195	0.0222	—
武夷山	3B	8.2	27.6	—	13.1	26.8	—	0.0325	0.0349	—	0.0271	0.0311	—	0.0197	0.0223	—
福州	4A	11.6	29.2	—	14.8	27.6	—	0.0328	0.0351	—	0.0276	0.0314	—	0.0200	0.0225	—
广州	4B	14.3	28.8	—	16.2	27.4	—	0.0331	0.0351	—	0.0280	0.0313	—	0.0202	0.0224	—
海口	4B	18.6	29.1	—	18.3	27.6	—	0.0334	0.0351	—	0.0286	0.0313	—	0.0206	0.025	—
三亚	4B	23.3	28.8	—	20.7	27.4	—	0.0338	0.0351	—	0.0293	0.0313	—	0.0211	0.0224	—

注：气候区中1为严寒地区；2为寒冷地区；3为夏热冬冷地区；4为夏热冬暖地区；5为温和地区。

将各城市在上述平均温度下的导热系数除以检测标准规定的测定平均温度（23℃±2℃）下的导热系数，可以得到各城市使用温度下的导热系数比（表51）。

192

由表 50 及表 51 可见：

（1）冬季各地室外温度较低，导致材料的导热系数由南向北逐渐减低。

① 最冷月严寒地区聚苯板降低 9%～13%，采暖期降低 7%～10%；挤塑板降低 18%～25%，采暖期降低 15%～19%；聚氨酯降低 18%～25%，采暖期降低 16%～20%。

② 最冷月寒冷地区聚苯板降低 6%～7%，采暖期降低 6%～7%；挤塑板降低 13%～15%；采暖期降低 12%～14%；聚氨酯降低 14%～16%，采暖期降低 13%～14%。

③ 最冷月夏热冬冷地区和温和地区聚苯板降低 4%～5%；挤塑板降低 10%～11%；聚氨酯降低 11%～14%。

④ 最冷月夏热冬暖地区聚苯板降低 0%～3%；挤塑板降低 2%～8%；聚氨酯降低 4%～9%。

（2）夏季各地室外温度较高，导致材料的导热系数由北向南逐渐增加。

① 最热月严寒地区聚苯板增加 −2%～2%；挤塑板增加 −5%～2%；聚氨酯增加 0%～−6%。

② 最热月寒冷地区聚苯板增加 2%～3%；挤塑板增加 2%～4%；聚氨酯增加 0%～2%。

③ 最热月夏热冬冷地区和温和地区聚苯板增加 2%～3%；挤塑板增加 2%～5%；聚氨酯增加 −1%～2%。

④ 最热月夏热冬暖地区聚苯板增加 3%；挤塑板增加 4%～5%；聚氨酯增加 2%。

表 51　各城市导热系数与标准温差时导热系数比值

城市	最冷月			最热月			采暖期		
	聚苯板	挤塑板	聚氨酯	聚苯板	挤塑板	聚氨酯	聚苯板	挤塑板	聚氨酯
图里河	0.87	0.75	0.75	1.00	0.99	0.97	0.90	0.81	0.80
嫩江	0.88	0.77	0.77	1.01	1.01	0.99	0.91	0.82	0.81
哈尔滨	0.90	0.80	0.79	1.02	1.02	1.00	0.92	0.83	0.83
乌鲁木齐	0.91	0.82	0.81	0.98	0.95	0.94	0.92	0.84	0.83
四平	0.91	0.81	0.81	1.02	1.02	1.00	0.92	0.84	0.84
沈阳	0.91	0.82	0.82	1.02	1.02	1.00	0.93	0.85	0.84
呼和浩特	0.91	0.82	0.82	1.02	1.02	1.00	0.93	0.85	0.84
太原	0.93	0.85	0.84	1.02	1.02	1.00	0.93	0.86	0.86
北京	0.93	0.86	0.85	1.03	1.03	1.01	0.94	0.87	0.86
济南	0.94	0.87	0.86	1.03	1.04	1.01	0.94	0.88	0.87
西安	0.94	0.87	0.86	1.03	1.04	1.02	0.94	0.88	0.87
武汉	0.95	0.89	0.88	1.03	1.05	1.02	—	—	—
贵阳	0.95	0.89	0.88	1.02	1.02	0.99	—	—	—
上海	0.95	0.89	0.88	1.03	1.04	1.02	—	—	—
长沙	0.95	0.89	0.88	1.03	1.04	1.02	—	—	—
成都	0.95	0.90	0.89	1.02	1.03	1.01	—	—	—
武夷山	0.96	0.90	0.89	1.03	1.04	1.01	—	—	—
福州	0.97	0.92	0.91	1.03	1.05	1.02	—	—	—
广州	0.97	0.93	0.92	1.03	1.04	1.02	—	—	—
海口	0.98	0.95	0.94	1.03	1.04	1.02	—	—	—
三亚	1.00	0.98	0.96	1.03	1.04	1.02	—	—	—

7 湿度对导热系数的影响

大多数保温材料为多孔介质材料，内部含有大量孔隙，通常属于含湿非饱和多孔介质。材料中的质量传输和热量传输是强耦合的。含湿量较低时，其换热模式主要是固体颗粒的导热。含湿量增加，颗粒间的接触点形成液岛，不但有效地减小固体颗粒间的接触热阻，还提供了孔隙中流体的蒸发和冷凝条件。液岛一侧向另一侧的蒸发冷凝使换热增大；材料含湿量接近饱和时，其导热系数达到最大值，此时含水率对导热系数的影响也趋于饱和。材料含湿量的增加，将影响保温结构的热工性能，甚至导致构造损坏。

导热系数是在绝干或在标准规定的状态下测定的，与实际使用情况不一致。在工程设计中，往往采用对材料导热系数进行修正的方法，来减少设计值与实际值的偏差。

图 84 及图 85 为聚苯板的含水率对导热系数影响曲线和挤塑苯板的含水率对导热系数影响曲线〔实验条件为：环境温度（23±2)℃，相对湿度 40%～60%；试样厚度为 50mm，聚苯板密度为 21.84kg/m³，挤塑板密度为 31.16kg/m³〕。图 86 为不同含湿量条件下的导热系数相对于干燥状态下导热系数的比值。由图 84～图 86 可见，材料的导热系数随着质量含水率的增加而增加。聚苯板含水率由 10% 变化到 28% 时，导热系数比为 1.1～1.41；挤塑板含水率由 6% 变化到 28% 时，导热系数比为 1.12～1.38。

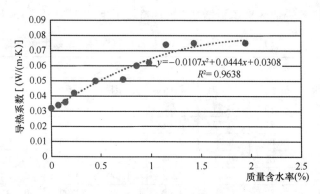

图 84　聚苯板不同含水率时导热系数

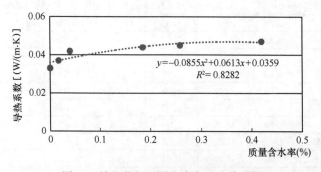

图 85　挤塑苯板不同含水率时导热系数

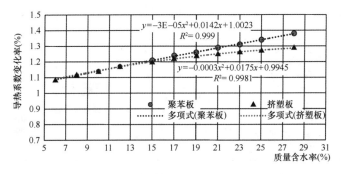

图 86　含水率对导热系数影响

8　温湿度对导热系数的影响

近似取不同温度下材料由于含湿量变化而导致的导热系数变化，等于在标准温度下测试的材料含湿量变化而导致的导热系数变化率，导热系数限值取表 49 中的数据，则可以得到图 87～图 92 不同气候区主要城市不同含水率时的导热系数。

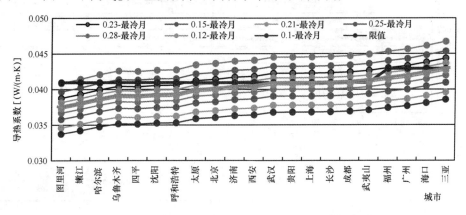

图 87　聚苯板最冷月不同质量含水率时各城市导热系数

由图 87～图 89 可见，在不考虑其他影响，仅考虑温度及含湿量影响时：

（1）最冷月，严寒地区聚苯板最大允许质量含水率为 23%；寒冷地区最大允许质量含水率为 20%；夏热冬冷地区和温和地区，最大允许质量含水率为 19%；夏热冬暖地区，最大允许质量含水率为 20%。

（2）采暖季，严寒地区聚苯板最大允许质量含水率为 21%；寒冷地区最大允许质量含水率为 20%。

（3）最热月，严寒地区、寒冷地区、夏热冬冷地区和温和地区聚苯板最大允许质量含水率为 12%；夏热冬暖地区，最大允许质量含水率为 15%。

这表明，在冬季严寒和寒冷地区聚苯板最大允许质量含水率为 21%。最热月寒冷地区、夏热冬冷地区和温和地区，最大允许质量含水率为 12%；夏热冬暖地区，最大允许质量含水率为 15%。

由图 90～图 92 可见，在不考虑其他影响，仅考虑温度及含湿量影响时：

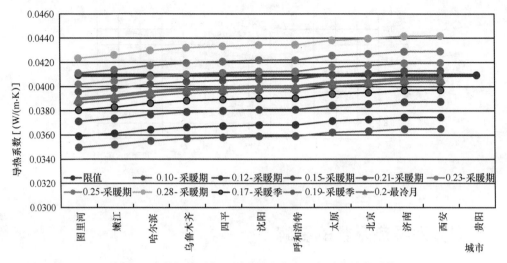

图 88　聚苯板采暖期不同质量含水率时各城市导热系数

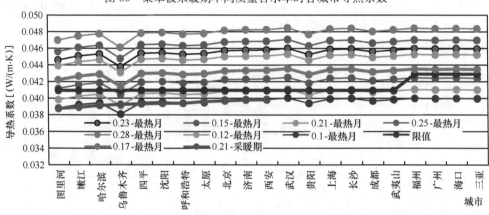

图 89　聚苯板最热月不同质量含水率时各城市导热系数

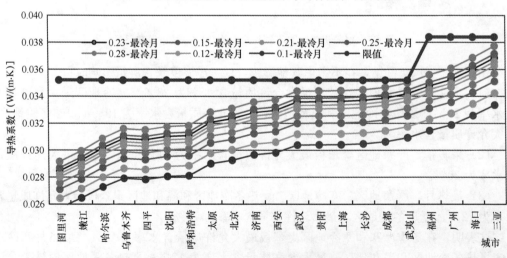

图 90　挤塑板最冷月不同质量含水率时各城市导热系数

196

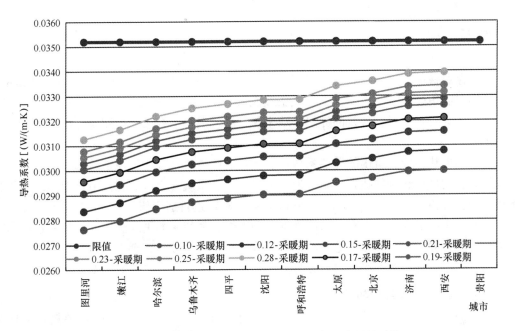

图 91　挤塑板采暖期不同质量含水率时各城市导热系数

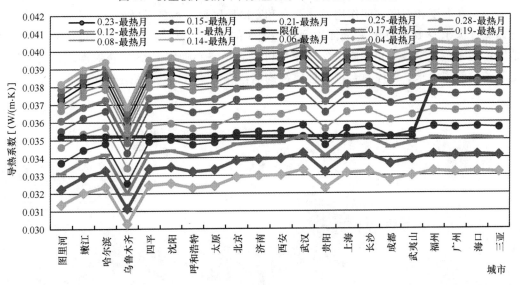

图 92　挤塑板最热月不同质量含水率时各城市导热系数

（1）最冷月，所有气候区挤塑板最大允许质量含水率为 28%。

（2）采暖季，所有气候区挤塑板最大允许质量含水率为 28%。

（3）最热月，严寒地区挤塑板最大允许质量含水率为 10%；寒冷地区最大允许质量含水率为 8%；夏热冬冷地区和温和地区，最大允许质量含水率为 8%；夏热冬暖地区，最大允许质量含水率为 17%。

这表明，在冬季各气候区挤塑板最大允许质量含水率为 28%。最热月寒冷地区、夏热冬冷地区和温和地区，最大允许质量含水率为 8%；夏热冬暖地区，最大允许质量含水率为 17%。

9 结论

(1) 保温材料的导热系数是按照相应的检测标准对达到恒质状态的试样进行测定的。围护结构保温用材料，一般测试的平均温度为 23 ℃±2℃，测定温差为 10℃～20℃。在进行热工计算时，需对新材料的导热系数来源、所采用检测方法、检测条件进行了解，以免误用。

(2) 墙体热工计算所用的导热系数，实质是墙体传热系数达到稳定状态之后的导热系数限值。在构件传热系数达到稳定之前，为保证保温系统安全可靠和保障该保温系统所服务目标的技术指标，应根据技术经济分析结果，对 λ_c 进行适当修正。

(3) 我国幅员辽阔，严寒和寒冷地区冬季保温材料使用的平均温度与导热系数检测时的平均温度差异较大，导致各地导热系数比检测结果减少较多；夏季保温材料使用的平均温度与导热系数检测时的平均温度差异较小，由温度引起的导热系数的变化不大。

(4) 材料的导热系数随着质量含水率的增加而增加。聚苯板含水率由 10％变化到 28％时，导热系数比为 1.1～1.41；挤塑板含水率由 6％变化到 28％时，导热系数比为 1.12～1.38。

(5) 在温度和湿度共同作用下，严寒和寒冷地区聚苯板冬天最大允许质量含水率基本可以保证大于表 48 所示几种墙体达到湿稳定时的含湿率要求。夏热冬冷地区和夏热冬暖地区，聚苯板夏季最大允许质量含水率仅可以满足空心砌块 EPS 复合保温墙的达到湿稳定时的含湿率要求。要注意合理处理建筑构造，降低墙体达到湿稳定时的含湿率。

专题十六 建筑保温材料导热系数修正系数的确定方法研究

孙立新 董 宏 周 辉

中国建筑科学研究院

1 引言

导热系数是说明材料传递热量能力的一个非常重要的热物理指标，也是建筑热工计算中最基础、最核心的参数之一。然而，建筑材料尤其是建筑保温材料在建造和使用过程中的导热系数会受到许多因素的影响而产生变化，导致材料在实际工程中的导热系数与设计选用值产生较大偏差。因此，《民用建筑热工设计规范》GB 50176—93 规定，在热工性能计算时，材料的导热系数确定应根据不同影响条件选取不同的修正系数，以便使计算结果尽量接近实际情况。导热系数修正系数数值的确定将直接影响实际工程中的保温层厚度设计值，进而对工程设计人员选取保温构造类型、确定保温材料都是至关重要的。然而，在《民用建筑热工设计规范》GB 50176—93 中，其提供的修正系数仅考虑了几个典型构造在部分工况下的经验修正系数，并未提供造成导热系数变化的环境影响因素的种类，也没有给出定量化的修正系数确定方法。

随着建筑节能的飞速发展，新材料、新构造等不断涌现，依据经验得到的少数修正系数已不能反映日益发展的新材料热物理性能特点，也不能满足日渐提高的热工和节能计算精度要求，严重阻碍了我国建筑节能工作的顺利开展。因此，开展建筑材料导热系数的修正系数的确定方法研究，有利于以明确导热系数的环境影响因素和影响程度，为导热系数修正系数的确定提供基础方法支撑。

2 影响因素分析

影响材料导热系数的自身因素包括材料的分子结构、化学成分、密度、孔隙率等。例如，矿物性建筑材料组成成分的母体化合物为 SiO_2、Al_2O_3、MgO 和 CaO，其晶体的导热系数比玻璃体的导热系数要大好多倍。对于建筑工程应用而言，材料生产完毕后在实际使用时其分子结构、化学成分、密度等各项理化性质均已稳定明确，这些因素对导热系数的影响已体现在材料出厂检验时的导热系数本身，无需再考虑其后续附加影响。除了材料自身的影响外，在应用中还受到外界温度、湿度、构造特点、使用情况等影响，这些影响因素不仅会使材料的导热系数产生变化，且无法在应用前直接测试获得。

首先，由于气候、施工水分和使用条件的影响，使建筑材料含有一定的湿度。湿度对导热系数有着极其重要的影响。材料受潮后，在材料的孔隙中就有了水分（包括水蒸气和液态水），而水的导热系数 [0.581 W/（m·K）] 比静态空气的导热系数 [0.0256 W/

（m·K)］大20多倍，这就必然使材料的导热系数增大。如果孔隙中的水分冻结成冰，冰的导热系数［2.326 W/（m·K)］又是水的4倍，材料的导热系数将更大。在进行热工计算时，考虑到围护结构内部必然具有一定的含湿量，因此计算参数应选取一定湿度下的导热系数修正值，使得理论结果与计算结果更为接近。同时，还应采取一切必要的措施，来控制材料的湿度，以保证围护结构的保温性能。

其次，材料随着温度的升高，其固体分子的热运动会增加，而且孔隙中空气的导热和孔壁间辐射换热也增强，造成材料的导热系数增大。目前，我国建筑节能产品的相关标准中导热系数测试平均温度大多以25℃（或300K）为基准，因此数据手册和性能指标中得到的导热系数大多为该温度下的导热系数。但应注意的是，测试平均温度与保温材料在工程中所面临的工况有较大的差别，正常使用下导热系数相对于标准规定温度下的变化幅度更大。

第三，考虑到保温材料在保温系统中还会受到温度应力、风荷载作用，在生产及施工中由于材料的搬运、碰撞、挤压等也会造成受力，这些受力可能会导致材料本身在受力状况下的变形和本身热阻的变化。原热工规范就考虑了作为夹心层浇筑在混凝土构件中的泡沫塑料因压缩而使导热系数增大20%。

最后需要明确指出的是，本研究主要针对材料在建筑中受到不同影响因素作用下，材料本体导热系数发生的变化。由不同材料组成的系统施工构造、热桥、拼缝影响等造成系统传热系数的变化均不在研究范围之内，其相关影响可以在后续的传热系数计算中进行修正。因此，研究的范围也仅限于对导热系数物理概念本身产生影响的范围，传热系数修正以及施工质量问题等不在本研究范围之内。

3 试验设计

宏观的分析可以给出可能的影响因素，但为了进一步确定实际的影响因素和影响程度，则需结合试验设计，通过试验来确定具体的影响因素和程度。尽管在实际工程中导热系数可能会受到各个影响因素的共同耦合作用，但目前尚无科学准确的方法来实现多因素耦合作用下的导热系数测试。单因素影响下的导热系数独立测试既有利于反映单个影响因素的不同影响程度，也有利于从设计手段对不同影响因素加以区分与控制。同时，当获得单因素的影响程度后，也可通过理论方法进行耦合，进而获得多种因素耦合作用下的导热系数。因此本研究首先按单影响因素进行试验方案设计，将试验按影响因素的类型归纳为3类：即温度、湿度和力学情况的影响，获取单因素作用下导热系数的变化。

3.1 湿度状况模拟试验设计

湿度状况模拟试验主要包括材料含湿量及冻融循环对导热系数的影响两部分。

材料含湿量对导热系数的影响是通过一定时间的湿度培养使材料达到一定的含湿率，并测定其对应条件下的导热系数，计算材料在潮湿环境中导热系数相对于干燥状况的变化幅度。由于保温材料在使用过程中可能会面临特殊部位（如首层地面、地下室外保温等）的影响，湿分在材料中可能会以固态和液态的相态交替存在，因此还需要模拟冻融循环的影响，测量冻融循环后导热系数的变化。

具体试验方案设计如下：

（1）蒸汽养护试验

① 在温度 35℃、湿度 95％条件下培养材料达到平衡含湿率（模拟夏季高温高湿度条件），测量初始导热系数和平衡含湿率下的导热系数。

② 在温度 25℃、湿度 60％条件下培养材料达到平衡含湿率（模拟常规温湿度条件），测量初始导热系数和平衡含水率下的导热系数。

（2）液态水养护试验

将材料在（23±2）℃水中浸泡 96h，静置 30min 后（模拟短期浸水条件下的吸水条件），测量初始导热系数和含水率下的导热系数。

（3）冻融循环试验

将材料在（20±2）℃水中浸泡 8h，静置 5min～10min 后在（—20±2）℃冷冻 16h，30 次循环后测量导热系数，并与其初始导热系数相比。

3.2 温度状况模拟试验设计

ASTM 研究资料表明，当冷热面温差变化 5℃～10℃时导热系数的变化远小于平均温度变化相同幅度的影响，因此温度试验为相同温差下的不同平均温度测试。平均温度状况可根据保温材料使用地区的环境温度不同，按气候区分别选取不同的使用平均温度，有针对性地分地区选取相应平均温度下的导热系数测试。具体试验工况设计如下：

（1）测试平均温度为 0℃，冷表面—10℃、热表面 10℃，即模拟保温材料在严寒寒冷地区冬季状况（集中采暖）；

（2）测试平均温度为 10℃，冷表面 0℃、热表面 20℃，即模拟常规的夏热冬冷地区空调采暖冬季状况；

（3）测试平均温度为 25℃，冷表面 15℃、热表面 35℃，即标准导热系数的测试平均温度；

（4）测试平均温度为 30℃，冷表面 20℃、热表面 40℃。即模拟常规严寒寒冷地区夏季空调状况；

（5）测试平均温度为 40℃，冷表面 30℃、热表面 50℃，即模拟夏热冬冷和夏热冬暖地区夏季极端条件。

试件分别在平均温度 0℃、10℃、30℃、40℃条件下测试导热系数，并与标准测试工况 25℃下的导热系数比，以体现不同使用地区气候条件下材料自身导热系数的变化。

3.3 力学状况模拟试验设计

考虑到实际工程中材料可能面临荷载的作用并产生压缩蠕变，试验首先测试试件在初始状态下的导热系数，然后将荷载均匀加在试件上，待其变形基本稳定后，测试试件的热阻变化，并折算为导热系数。材料所受荷载主要为风荷载或屋面荷载，经比较荷载强度，取其高值，最终确定参照《建筑构造通用图集 工程做法 88J1-1》的构造，荷载取值选取为屋面荷载：5.5kPa（防滑地砖面层屋面，上人，带架空板，上下防水层）。

4　测试与分析

　　研究根据试验设计针对多种材料分别开展了测试分析，在此仅列举三类典型材料的部分试验情况以便于进行比对：EPS（有机保温材料）、岩棉（松散纤维状材料）和泡沫玻璃（无机硬质保温材料）。测试采用高精度防护热板导热仪进行测试，测试严格依据 GB/T 10294—2008（ISO 8302：1991）进行。在试验开始前和所有实验结束后，均采用 ASTM 导热系数标准板对仪器进行了校准比对。每组样品数量为 3 块，实验结果为三块试样的平均值。测试结束后对试验结果进行了处理与系统误差分析，测试结果见图 93～图 97。

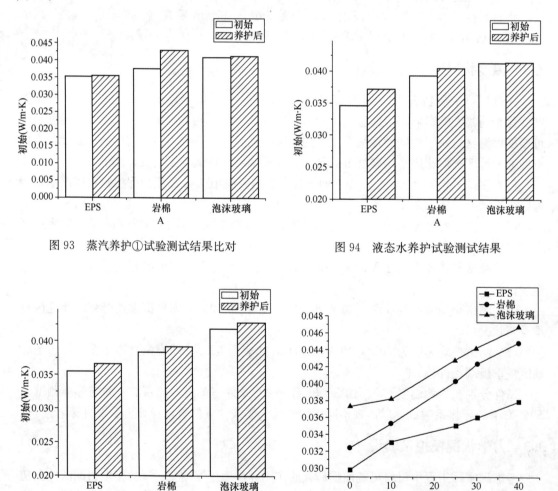

图 93　蒸汽养护①试验测试结果比对　　　　　图 94　液态水养护试验测试结果

图 95　冻融循环试验测试结果比对　　　　　图 96　温度状况试验测试结果比对

　　首先，在蒸汽养护①试验中 EPS 和泡沫玻璃导热系数的变化小于 5％，基本可认为其导热系数基本不受高温高湿的影响，而岩棉在此种状态下导热系数有了较为显著的变化。这与德国弗朗霍夫建筑物理研究所针对岩棉所做的不同相对湿度下的平衡含湿量结果相似，材料在高湿情况下含湿量大幅增长，继而导致导热系数升高。因此，应注意在高温高湿条件下（95%以上）材料导热系数的增长，并可在后续进一步结合蒸汽养护②条件下的导热系数变化幅度对其进行修正。

其次，在液态水养护试验中，除泡沫玻璃外，EPS和岩棉对应的导热系数均有10%以内的变化。可见，当使用过程中如果存在保温材料浸水的情况时，导热系数将会有小幅的增长。因此，应在保温构造中注意防水，并在相关部位的构造设计计算时予以考虑，以选取适宜的保温材料和构造形式。

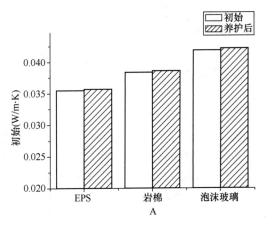

图97　压缩试验测试结果比对

第三，在冻融循环的作用下，材料的导热系数均有一定程度的增长，因此工程中应考虑冻融循环作用下材料导热系数的增长。但更需要注意的是对于泡沫玻璃这种无机硬质绝热制品，虽然材料本身的吸水量较小，但材料空隙中一旦有毛细水的进入，在冻融循环作用下冻胀力可能造成材料破坏，在循环中导致孔隙湿分的进一步增加，并最终导致导热系数的增大乃至材料破坏。

第四，在不同的平均温度下，导热系数随着温度升高而增长，且幅度明显大于湿度状况下导热系数的变化，因此在实际应用中不应忽视标准测试工况与实际应用工况下平均温度的不同对导热系数的影响。冬季工况的导热系数与标准测试工况相比更低，属设计有利条件，但夏季工况条件下导热系数比标准工况更不利，且增大幅度较高，因此应根据不同使用区域选取不同修正系数，使其满足不同使用地区气候条件下材料导热系数的变化规律，这点对夏热冬暖和夏热冬冷地区尤为明显。

试验结果表明的三种材料在力学状况模拟养护条件下导热系数无明显变化。经分析，当材料所面临的压缩荷载小于材料产品标准的抗压强度条件时（EPS压缩强度≥100kPa、岩棉压缩强度≥40kPa），对导热系数基本没有影响，这点与GB 50176—93的结论有明显的不同。

5　修正系数的确定

当影响因素和单因素作用下的导热系数变化情况已知后，如何依据科学合理的方法将单因素作用耦合为多因素作用下的导热系数修正系数，就成了问题的关键。根据影响因素分析和试验测试的分析结果，三类影响因素中温度和湿度因素对导热系数影响相对较大，而温度、湿度影响又主要受围护结构所在地的气候不同而产生变化，同时也会随使用部位的不同产生变化。而力学因素则主要受使用部位的影响，与所在气候区域相关度低。因此，对于不同的材料首先应根据使用区域的气候特点进行分类，再结合不同的使用部位进行细分，以便确定其可能受到的影响因素。

依据使用地区的气候特点进行分类时，首要的考虑因素是使用区域的温度状况，其次是湿度特点。这是因为，对于大多数保温材料而言，导热系数与平均温度的关系近似于线性关系，平均温度越高材料的导热系数越大，而材料检测时测试导热系数基本以 25℃ 为测试标准条件，但实际使用环境变化较大，这就导致大部分保温材料在高温和低温状态下导热系数的变化均超过了 10%，成了测试中对导热系数影响最大的因素。同时，考虑到在一般的房屋建筑中，材料表面的温度变化很少超过—20℃～40℃，试验测试在一般房屋围护结构的热工计算中可能出现的状况，而不考虑更高/低温度变化对导热系数的影响。只有对处于高温或者极低的负温条件下，才考虑采用相应极端温度下的导热系数。因此，本研究以现有热工分区为基础，按不同的使用平均温度以主，兼顾区域的湿特点作为划分依据的思路，最终划分为严寒和寒冷地区、夏热冬冷地区、夏热冬暖地区和温和地区等四类，已体现不同平均温度和湿度特点下的导热系数修正。

其次，在实际工程应用中由于保温材料的使用部位不同，材料吸湿方式和受力方式也不一样。例如不易存水的垂直构件（如外墙）的吸湿主要发生在高温高湿条件下，易于存水的水平构件（如屋面）不仅在高温高湿条件下导热系数会变化，而且浸水状态也会导致导热系数发生变化。在使用过程中，还有一些可能发生冻融循环的特殊部位（如首层地面、地下室外保温等），也应该考虑保温材料冻融后的状况。因此，导热系数的修正系数还应按不同的使用部位分类细化，综合体现对导热系数的修正。

根据以上分析，对于不同的材料根据不同的地区和不同的使用部位，就可以确定其可能受到的影响因素。例如，严寒、寒冷地区的 EPS 导热系数修正系数确定过程中，考虑的影响因素见表 52。

表 52　严寒、寒冷地区 EPS 导热系数修正系数影响因素确定示例

严寒寒冷地区围护结构部位	影响因素								
	湿度因素			温度因素（平均温度）					力学因素
	蒸汽养护试验	液态水养护试验	冻融循环试验	0℃	10℃	25℃	30℃	40℃	压缩
屋面	✓	✓	✓	✓	—		✓		✓
外墙	✓	—	✓	✓	—		✓		—
架空或外挑楼板	✓	—	✓						
非采暖地下室顶板	✓	—	—			✓	✓		
分隔采暖与非采暖空间的隔墙	✓	—	—			✓	✓		
周边地面	✓	✓	✓	✓					
地下室外墙	✓	✓	✓	✓					

确定了具体的影响因素列表之后，就可根据前述的影响因素试验来分析确定具体的影响程度，结合专家系统统计各项影响因素发生的概率，就能计算得出综合因素作用下导热系数的修正系数。在此基础上，根据国外相关研究资料，将材料长期老化的导热系数修正与试验得出的修正系数进行叠加，就可以最终获得材料的导热系数修正系数。考虑到工程中按各个部分选取不同的导热系数修正系数可能会带来操作层面的不便，因此在最终结果

统计时，本研究进一步将不同的使用部位划归为室内和室外两个部分，以便于工程应用。例如，EPS 的导热系数修正系数值见表 53。

表 53　EPS 导热系数修正系数值

材料	使用部位	修正系数			
		严寒和寒冷地区	夏热冬冷地区	夏热冬暖地区	温和地区
聚苯板	室外	1.05	1.05	1.10	1.05
	室内	1.00	1.00	1.05	1.00

6　结论

首先，本研究明确了目标，主要针对材料本体在建筑中受到不同影响因素作用下导热系数发生的变化，即修正系数的研究范围仅限于对导热系数物理概念本身，拼缝等传热系数修正以及施工质量问题等不在导热系数修正范围之内。

其次，通过分析确定了温度、湿度和受力因素是保温材料导热系数在建筑应用中发生变化的重要影响因素，并给出了在温度、湿度和力学三类单因素影响作用下导热系数变化的试验设计方案。测试研究发现，导热系数随着平均温度的变化幅度明显，应考虑在不同地区使用时温度作用下材料自身导热系数的变化。在实际工程应用中，由于保温材料的使用部位不同，材料吸湿方式和受力方式也不一样，在修正时也应区分不同的部位考虑。当材料所受压缩荷载小于材料产品标准的抗压强度条件时，材料无显著变形，压缩对材料的导热系数基本没有影响。

当材料确定了具体的使用区域和使用部位后，就可以获得影响因素列表，根据前述的影响因素试验方法来分析确定具体的影响程度，再结合专家系统统计得出各项影响因素的发生概率，计算得出综合因素作用下导热系数的修正系数，再将材料长期老化的导热系数修正与其叠加，就可以最终获得材料的导热系数修正系数。为便于工程应用，本研究进一步将不同的使用部位划归为室内和室外两类。

最后，需要指出的是，为了获得更为精确的导热系数修正系数，后续还应继续研究材料的长期加速老化性能试验方法，以及多场耦合的导热系数试验和分析方法，进而获得多种因素耦合作用下的导热系数，以精确指导工程试验和应用。

专题十七　高海拔地区围护结构表面换热系数的确定

冯　雅　南艳丽　钟辉智

中国建筑西南设计研究院有限公司

表面换热系数是指围护结构表面和与之接触的空气直接通过对流和辐射换热，在单位温差作用下，单位时间内通过单位面积的热量。表面换热系数的确定是一个非常复杂的问题，它受很多因素影响，诸如表面的形状、粗糙度、空气状态及各换热表面的温度等，正是由于在高原气候条件下，太阳辐射、大气压力、空气密度等与低海拔地区存在较大的差异，引起的空气状态变化造成高原地区围护结构表面与环境之间的对流换热与低海拔地区相比也同样存在较大的差异。因此，在确定高原地区围护结构内、外表面换热系数时不能简单套用工程中通常采用的低海拔地区内、外表面换热系数的经验值。

由于世界上绝大部分的人类都生活在海拔 2000m 以下地区，因此，在国内外建筑热工设计标准或规范中，围护结构表面换热系数取值通常没有考虑海拔高度的影响。但在高海拔地区，由于太阳辐射、大气压力、空气密度发生了变化，自然会引起空气的物性参数发生较大变化。因此，根据建筑热工学理论，对围护结构表面的对流换热系数在高原地区的取值按照以下方法进行。

在一般压力变化范围（绝对压力 $0.1 \times 10^5 \, \text{Pa} \sim 10 \times 10^5 \, \text{Pa}$）内，空气的普朗特数 P_r、动力黏度 μ、定压比热容 c_p、导热系数 λ 可认为是与压力无关的常数。

在相同温度下，空气密度与压力成正比：

$$\frac{P}{P_0} = \frac{\rho}{\rho_0} \tag{198}$$

其中，压力 P 与海拔 Z 的关系式为：$P = 101.325 \, (1 - 2.25577 \times 10^{-5} \times Z)^{5.2559}$，将海拔表达式代入上式可得空气密度的表达式为：

$$\rho = \rho_0 \, (1 - 2.25577 \times 10^{-5} \times Z)^{5.2559} \tag{199}$$

1　高海拔地区围护结构内表面对流换热系数

通常情况下围护结构内表面为自然对流换热，努赛尔数准则关系式为：

$$N_u = f(G_r, P_r) \tag{200}$$

式中：$N_u = \dfrac{hl}{\lambda}$；

G_r——格拉晓夫数，$G_r = \dfrac{ga \Delta t l^3}{\nu^2}$，对于空气，体膨胀系数近似为 $a = 1/T$；

Δt——流体于壁面间的温度差（℃），$\Delta t = t_w - t_\infty$；

ν——运动黏度(m^2/s)，计算公式为 $\nu = \mu/\rho$，其中 μ 为动力黏度[kg/(m・s)]；

P_r——普朗特数，$P_r = \dfrac{\nu}{a}$，a 为导温系数，$a = \dfrac{\lambda}{\rho c_p}$。

努赛尔数的具体准则关系式与表面形状、布置情况和空气流态有关。对于竖直壁面：

$$
\left.
\begin{aligned}
N_u &= 0.68 + \frac{0.67\,(G_r P_r)^{1/4}}{\left[1+(0.492/P_r)^{9/16}\right]^{4/9}}\ ,\ 10^{-1} < G_r P_r < 10^9 \\
N_u &= \left\{0.825 + \frac{0.387\,(G_r P_r)^{1/6}}{\left[1+(0.492/P_r)^{9/16}\right]^{8/27}}\right\}^2 ,\ 10^9 < G_r P_r < 10^{12}
\end{aligned}
\right\}
\tag{201}
$$

对于水平壁面热面朝上或冷面朝下：

$$
\left.
\begin{aligned}
N_u &= 0.96(G_r P_r)^{1/6},\ 1 < G_r P_r < 200 \\
N_u &= 0.59(G_r P_r)^{1/4},\ 200 < G_r P_r < 2.2\times10^4 \\
N_u &= 0.54(G_r P_r)^{1/4},\ 2.2\times10^4 < G_r P_r < 8\times10^6 \\
N_u &= 0.15(G_r P_r)^{1/3},\ 8\times10^6 < G_r P_r < 1.5\times10^9
\end{aligned}
\right\}
\tag{202}
$$

对于水平壁面热面朝下或冷面朝上：

$$
N_u = 0.27\,(G_r P_r)^{1/4},\ 10^5 < G_r P_r < 10^{10}
\tag{203}
$$

对高海拔表面换热系数的取值研究，主要是针对供暖建筑的负荷和围护结构热工计算。在计算的时候，按照供暖室内温度取设计温度 18℃，作为壁面对流换热的特征温度，由式（199）～（204）可得出如下关系式：

（1）竖直壁面

根据常规房间尺寸的量级，忽略掉极小项。

$$
\left.
\begin{aligned}
h_{in,c} &= 1.22(\rho^2 \Delta t/l)^{1/4},\ 10^{-1} < G_r P_r < 10^9 \\
h_{in,c} &= 0.28(\rho^2 \Delta t/l^3)^{1/6} + 1.13(\rho^2 \Delta t)^{1/3},\ 10^9 < G_r P_r < 10^{12}
\end{aligned}
\right\}
\tag{204}
$$

（2）水平板热面朝上或冷面朝下

$$
\left.
\begin{aligned}
h_{in,c} &= 0.5(\rho^2 \Delta t/l^3)^{1/6},\ 1 < G_r P_r < 200 \\
h_{in,c} &= 1.4(\rho^2 \Delta t/l)^{1/4},\ 200 < G_r P_r < 2.2\times10^4 \\
h_{in,c} &= 1.28(\rho^2 \Delta t/l)^{1/4},\ 2.2\times10^4 < G_r P_r < 8\times10^6 \\
h_{in,c} &= 1.61(\rho^2 \Delta t/l)^{1/3},\ 8\times10^6 < G_r P_r < 1.5\times10^9
\end{aligned}
\right\}
\tag{205}
$$

（3）水平板热面朝下或冷面朝上

$$
h_{in,c} = 0.64(\rho^2 \Delta t/l)^{1/4},\ 10^5 < G_r P_r < 0^{10}
\tag{206}
$$

由以上各式可知，与常压条件下相比，低气压条件下由于空气密度较小，自然对流换热系数有所下降。表 54 给出了某典型条件下不同海拔高度时的建筑内表面换热系数。

表 54　不同海拔高度时的建筑内表面换热系数和内表面换热阻值

海拔高度（m）	表面特征	α_i [W/ (m² · K)]	R_i (m² · K/W)
3001～3500	墙面、地面、表面平整或有肋状突出物的顶棚，当 $h/s \leq 0.3$ 时	8.0	0.13
	有肋状突出物的顶棚，当 $h/s > 0.3$ 时	7.1	0.14
3501～4000	墙面、地面、表面平整或有肋状突出物的顶棚，当 $h/s \leq 0.3$ 时	7.5	0.13
	有肋状突出物的顶棚，当 $h/s > 0.3$ 时	6.6	0.15

海拔高度（m）	表面特征	α_i [W/ (m² · K)]	R_i (m² · K/W)
4001～4500	墙面、地面、表面平整或有肋状突出物的顶棚，当 $h/s \leqslant 0.3$ 时	7.0	0.14
	有肋状突出物的顶棚，当 $h/s > 0.3$ 时	6.2	0.16
4501～5000	墙面、地面、表面平整或有肋状突出物的顶棚，当 $h/s \leqslant 0.3$ 时	6.4	0.15
	有肋状突出物的顶棚，当 $h/s > 0.3$ 时	5.6	0.18

注：Δt 取 5℃，特征长度取 4m，特征温度取 18 ℃。

2 高海拔地区围护结构外表面对流换热系数

围护结构外表面由于受到外力作用，属于典型的受迫对流，现有的建筑节能规范中，外表面对流换热系数通常设为定值或采用与室外设计风速的线性拟合关系式。已有很多学者通过实测的方法对外表面对流换热系数进行了研究，拟合出了一系列外表面对流换热系数与室外风速的关联式。其中日本学者 Aya Hagisima 通过对水平屋面和竖直墙体的大量实测数据进行分析，拟合得到了式（207）所示的无量纲经验公式，通用性更强。故采用该式计算不同海拔地区的围护结构外表面对流换热系数。

$$N_u = 0.023 R_e^{0.891} \tag{207}$$

其中雷诺数 $R_e = \dfrac{l \cdot \overline{V}}{\nu}$；$\overline{V}$ 为平均风速。

在拟合式（207）中，没有普朗特数 P_r 的相关项，这是因为在常温常压下，空气的普朗特数 P_r 变化不大，可以近似作为常数考虑。由式（207）化简得到：

$$h_c = \frac{0.023}{\lambda} \left(\frac{\overline{V}}{\nu} \right)^{0.891} l^{-0.109} \tag{208}$$

对上式沿 l 方向积分平均可得整个壁面的平均对流传热系数：

$$\overline{h_c} = \frac{\int_0^L \frac{0.023}{\lambda} \left(\frac{\overline{V}}{\nu} \right)^{0.891} l^{-0.109} \mathrm{d}l}{L} = \frac{0.0258}{\lambda} L^{-0.109} \left(\frac{\rho \cdot \overline{V}}{\mu} \right)^{0.891} \tag{209}$$

式中，L 为围护结构外表面的特征长度（m）。根据上述公式中 L 的指数大小可知对于常规建筑表面尺寸，L 的变化对 $\overline{h_c}$ 影响不大。

由式（209）可知，在低空气密度下围护结构外表面的对流换热系数有所下降。表 55 给出了不同海拔高度、不同平均风速下的建筑外表面平均对流换热系数大小。

从工程应用的角度，根据以上计算公式和建筑表面特征，表 56 给出了不同海拔高度、平均风速为 3m/s 时，建筑不同构造部位外表面换热系数和外表面换热阻值。

表 55　不同海拔高度时的建筑外墙表面对流换热系数 [W/（m² · K）]

海拔（m） ＼ 风速（m/s）	2	3	4	5	10
0	20.1	28.9	37.3	45.5	84.3
1000	18.1	25.9	33.5	40.9	75.8
2000	16.2	23.2	30.0	36.6	67.9
3000	14.5	20.8	26.8	32.7	60.7
4000	12.9	18.5	23.9	29.2	54.1
5000	11.5	16.5	21.3	26.0	48.1
6000	10.2	14.6	18.7	23.0	42.7

注：特征长度取 10m，特征温度取 0℃。

表 56　外表面换热系数和外表面换热阻值

海拔高度（m）	表面特征	α_i [W/（m² · K）]	R_i （m² · K/W）
3001～3500	外墙、屋顶、与室外空气直接接触的地面	20.0	0.05
	与室外空气相通的不采暖地下室上面的楼板	15.0	0.07
	闷顶、外墙上有窗的不采暖地下室上面的楼板	11.0	0.09
3501～4000	外墙、屋顶、与室外空气直接接触的地面	18.0	0.06
	与室外空气相通的不采暖地下室上面的楼板	13.0	0.08
	闷顶、外墙上有窗的不采暖地下室上面的楼板	11.0	0.09
4001～4500	外墙、屋顶、与室外空气直接接触的地面	17.0	0.06
	与室外空气相通的不采暖地下室上面的楼板	13.0	0.08
	闷顶、外墙上有窗的不采暖地下室上面的楼板	10.0	0.10
4501～5000	外墙、屋顶、与室外空气直接接触的地面	16.0	0.06
	与室外空气相通的不采暖地下室上面的楼板	12.0	0.08
	闷顶、外墙上有窗的不采暖地下室上面的楼板	9.0	0.11

专题十八　种植屋面热工参数的确定

唐鸣放　杨真静
重庆大学建筑城规学院

种植屋面作为生态节能措施，具有改善城市热环境和减少建筑能耗的作用，在建筑节能中应大力提倡和推广应用种植屋面。然而作为节能技术措施，应具有定量化的节能热工参数、节能性能指标及其计算方法，才能参与节能设计、能耗分析和节能效果评价。因此解决种植屋面的节能技术问题，尽快将这种生态技术措施纳入节能技术行列具有重要意义。

1　种植屋面热工计算方法

种植屋面的种植绿化层由绿化植被层和种植构造层两部分组成，其隔热机理包括绿化植被层的遮阳作用、绿化植被层及其表面土层的蒸发散热作用以及种植构造层的传热阻隔作用，两部分存在复杂的热湿耦合关系。为了便于工程应用，分别采用热工参数对两部分的隔热作用进行量化，其中绿化植被层的附加热阻包括植被层遮阳和植被层及土层表面蒸发散热的共同作用，种植构造层的热工参数考虑为湿状态材料层的热阻和热惰性指标。图98为种植屋面的主要构造层及各层的热工参数。

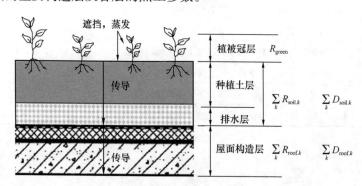

图98　种植屋面构造层及热工参数

种植屋面的类型有花园式和简单式，可选植物丰富，各种植被层的作用有差别，并且不一定覆盖整个屋面，因此屋面绿化植被层的附加热阻采用各种植被层的附加热阻按覆盖面积进行加权平均计算。种植屋面的热阻、热惰性指标为各层热阻、热惰性指标之和，计算公式如下：

$$R = \frac{1}{S}\sum_i R_{\text{green},i} S_i + \sum_j R_{\text{soil}.j} + \sum_k R_{\text{roof}.k} \tag{210}$$

$$D = \sum_j D_{\text{soil}.j} + \sum_k D_{\text{roof}.k} \tag{211}$$

式中：R、D、S——分别为种植屋面热阻（m²·K／W）、热惰性指标、屋面面积（m²）；

$R_{green,i}$——种植屋面各种绿化植被层的附加热阻（m²·K／W）；

S_i——种植屋面各种绿化植被层在屋面上的覆盖面积（m²）；

$R_{soil,j}$、$D_{soil,j}$——分别为绿化构造层各层热阻（m²·K／W）、热惰性指标；

$R_{roof,k}$、$D_{roof,k}$——分别为屋面构造层各层热阻（m²·K／W）、热惰性指标。

因此需要解决的关键问题是确定绿化植被层的附加热阻和种植构造层材料的热工参数。

2 种植构造层材料热工参数

种植构造层分为种植土层、过滤层、排（蓄）水层等，其中种植土层的热工性能决定种植构造层的保温隔热效果。根据现行行业标准《种植屋面工程技术规程》JGJ 155，种植屋面所用的种植土分为三类：田园土、改良土、无机复合种植土，各类种植土的湿密度和有效水分含量见表57，其中改良土和无机复合种植土适用于建筑屋面绿化，但规程上给出的导热系数是干密度状态下的数值，不能直接用于种植土层的热工性能计算。因此需要测量改良土和无机复合种植土在湿状态下的热性能参数。

表 57　种植土类型及参数

种植土类型	湿密度（kg/m³）	有效水分（％）	适用屋面
田园土	1500～1800	25	地下建筑顶板
改良土	750～1300	37	建筑屋面
无机复合种植土	450～650	45	

2.1　种植土热工参数测量

（1）实验方法

屋面绿化所用的种植土通常是由田园土与轻质土按不同比例配制而成，其中轻质土包括天然矿质（如蛭石、珍珠岩）、泥炭土、腐叶土、菌包土等复合基质。实验选取本地一种田园土和轻质土为基材，按照田园土与轻质土的体积配比为1∶2、1∶3、1∶4、1∶8以及单独的田园土和轻质土，得到6种种植土试样。每种试样通过不同的浇水量并充分混合均匀的方式，得到不同含湿量的试样材料，采用烘焙干燥的方式，得到干试样材料。

每种试样材料在不同湿状态下进行密度和导热系数的测量，计算试样的重量湿度。为了减小测量过程中因水分蒸发带来的试样湿度变化，采取非稳态传热测量方法，使用快速热传导仪 QTM－500 测量各种试样材料在不同湿度下导热系数。

为了提供种植土的蓄热系数，选取代表改良土和无机复合种植土的两种试样材料，使用 DRM－1 型导热仪，测量试样在干、湿两种状态下的导热系数和导温系数，从而得到试样材料比热，由材料导热系数、密度和比热计算材料蓄热系数。

（2）导热系数计算

实验得到6种试样材料在不同湿度下的导热系数，每种试样材料的密度和孔隙率不同，在不同湿度下的导热系数也不同。对实验数据进行回归分析，拟合种植土导热系数与其密度和湿度的关系。

对于普通建筑材料，其导热系数与湿度的关系可以表示为：

$$\lambda_e = kU + \lambda_d \tag{212}$$

式中：λ_e——湿材料的导热系数 [W/（m·K）]；

λ_d——干材料的导热系数 [W/（m·K）]；

U——材料重量湿度（%）；

k——实验测定的线性系数。

利用测量数据，得到试样材料导热系数随重量湿度增大的关系（图99），对每种试样材料进行线性拟合，得到如上面公式（212）所表达的材料导热系数与湿度的关系，其中的参数 k 和 λ_d 随干密度的增大而增大，可以拟合成材料干密度的函数。

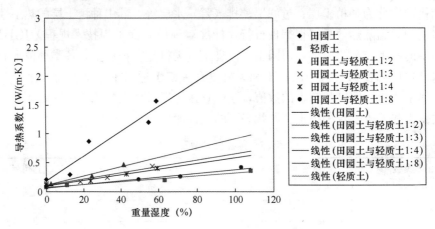

图99　试样材料导热系数与重量湿度的关系

在6种试样材料不同湿度的测量数据中，对重量湿度在 $20\%\sim60\%$ 的数据进行拟合，得到由材料干密度和重量湿度确定的导热系数计算公式（214），按拟合公式计算的试样材料导热系数与测量值的相关系数为0.99。

$$\lambda_e = 0.0024U \cdot e^{0.0022\rho_d} + 0.0002\rho_d - 0.1323 \tag{213}$$

式中：ρ_d ——材料干密度（kg/m³）。

对表57给出的种植土参数，用重量湿度代表有效水分，用公式（214）计算种植土对应于干密度和有效水分的导热系数。忽略种植土吸湿后体积膨胀的影响，可由干密度和重量湿度计算出种植土的湿密度。

2.2　种植土热工参数确定

（1）导热系数参考值

表57中给出的改良土和无机复合种植土的湿密度是一个范围，对应的导热系数也是一个范围，因此需要确定两类种植土的导热系数参考值。对于密度较大的改良土，在屋面上应用具有较大的热惰性，取湿密度范围的中间值按公式（213）计算导热系数，即取湿密度为 1050kg/m^3、重量湿度为 37% 的种植土导热系数 0.51W/（m·K），作为改良土的导热系数参考值。对于密度较小的无机复合种植土，通常在屋面上应用

于粗放式屋顶绿化，厚度薄、热惰性小，因此按最不利的情况取值，即取湿密度为 $650kg/m^3$、重量湿度为 45% 的种植土导热系数 $0.25W/(m·K)$，作为无机复合种植土的导热系数参考值。

考虑到南方地区冬季降雨的影响，据估算雨水进入土层后渗出会使屋顶热损失增加 30% 左右，因此冬季种植土的导热系数需要进行修正，修正系数取 1.2，修正后两类种植土的导热系数参考值为 $0.61W/(m·K)$ 和 $0.30W/(m·K)$。

（2）蓄热系数参考值

通过对代表改良土和无机复合种植土的试样材料进行测量，得到两种试样材料在干燥状态和湿状态（改良土湿度 42%，复合土湿度 63%）下的蓄热系数，采用线性插值计算得到两种试样材料符合湿度要求的蓄热系数，其中改良土试样材料在重量湿度 37% 状态下的蓄热系数为 $7.28W/(m^2·K)$，无机复合种植土试样材料在重量湿度 45% 状态下的蓄热系数为 $4.42W/(m^2·K)$，可作为两类种植土蓄热系数参考值。

2.3 其他材料热工参数

种植构造层中的过滤层、排（蓄）水层的热工性能可以按使用的材料来考虑。根据现行行业标准《种植屋面工程技术规程》JGJ155，常用的排（蓄）水层材料有塑料排（蓄）水板和陶粒。凹凸型的塑料排（蓄）水板与屋面形成空气层，其作用是便于排水，空气层与室外空气的热交换差，可按建筑构件中 5mm 厚的空气层热阻 $0.1m^2·K/W$ 取值。采用陶粒为排（蓄）水层材料时，其干密度一般不大于 $500kg/m^3$，铺设厚度为 100mm～150mm，需要使用湿密度状态下的陶粒材料热工参数。根据现有资料上给出的 $500kg/m^3$ 干密度陶粒材料导热系数和蓄热系数，假设湿密度陶粒材料的重量湿度为 30%，按干密度材料和水的比例以及材料参数进行简化计算，得到湿密度陶粒材料的导热系数为 $0.32W/(m·K)$、蓄热系数为 $5.78W/(m^2·K)$，可作为热工设计参考值。

3 植被层附加热阻

植被层的附加热阻按冬季和夏季分别考虑。冬季植物处于休眠状态，植被层对减少种植土层表面的空气流动、从而减少表面对流换热有一定作用，可取附加热阻 $0.1m^2·K/W$ 作为参考值。夏季植被层的隔热效果主要受植被冠层茂密程度的影响。将种植屋面的植物分为两种，一种是直接覆盖在屋面上的灌木、草本、地被植物，通过植物的遮阳和蒸发作用对其覆盖的表面隔热和降温；另一种是乔木、爬藤棚架，对下面的覆土种植层表面起遮阳作用，下面的覆土种植层将会利用透过的阳光生长草本、地被植物，并向空气蒸发散热。下面针对夏季植被层的隔热效果，采用现场测量和模拟分析相结合的方法，确定植被层的附加热阻。

3.1 种植屋面热工性能测量

（1）实验方法

实验在上海某绿化基地进行。在单层 4 开间的平屋顶建筑上选择中间相邻的两个房间作为种植屋面和对比屋面的测试房间，每间面积约 $20m^2$，安装有同样型号的壁挂式空调。

屋顶构造为钢筋混凝土空心板加防水保护层，墙体为双面抹灰砖墙。实验中采用的种植绿化为一种块状轻型绿化产品，主要由种植盘、基质和植物组成。种植盘用粉煤灰和水泥混合压制成型，具有排水和保肥的作用，在种植盘内放置基质材料后，总厚度约为 100mm，种植佛甲草后放置在屋面上，佛甲草生长较为茂密。

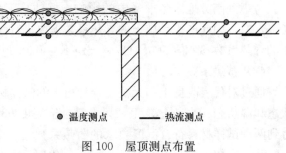

● 温度测点　　——— 热流测点

图 100　屋顶测点布置

测量内容为室外气温、总辐射照度、室内空气温度、屋顶内表面温度和热流、屋顶外表面温度、种植层上表面和下表面温度，屋顶测点布置见图 100。测量仪器为 DFY4-1 总辐射表、Agilengt 34970A 数据采集仪、WYP 热流板和 T 型热电偶。测量时间为 2007.8.7～8.18，测量期间房间空调连续开启，设置温度为 25℃。

（2）热阻计算方法

种植屋面的热工性能通常采用当量热阻来评价。种植屋面的当量热阻其实就是与其等效的保温屋面的热阻，采用测量数据计算热阻时应参照围护结构热阻现场测量方法。在现场测量评价中，围护结构热阻采用围护结构两侧表面温度差除以热流的方法计算，即

$$R = \frac{\overline{t}_{se} - \overline{t}_{si}}{\overline{q}} \tag{214}$$

式中：R——围护结构热阻（m² · K/W）；

　　　$\overline{t}_{se}$——围护结构外表面平均温度（℃）；

　　　$\overline{t}_{si}$——围护结构内表面平均温度（℃）；

　　　$\overline{q}$——围护结构内表面平均热流（W/m²）。

采用上式计算种植屋面当量热阻时，内表面温度和热流可以取测量值，外表面温度应该如何取值？通常取植被层覆盖下的土层表面温度作为计算的外表面温度，忽略植被层的作用，从而低估种植屋面的隔热能力。当量热阻是指种植屋面的隔热效果与同气候环境下的保温屋面相等，然后取保温屋面的热阻作为种植屋面的当量热阻，因此应该取保温屋面的外表面温度来计算。由于实际测量采取对比测量方法，对比屋面（裸屋面）提高了热阻即为保温屋面，因此保温屋面的外表面温度可以近似取对比屋面的外表面温度测量数据，这样取值的合理性在于：对比屋面保温后，外表面温度会稍有提高，热阻计算中取稍低的外表面温度值会使计算结果更为可靠。

（3）结果分析

在连续 10d 的测量中，选取连晴 4d 的测量数据进行分析，表 58 为测量数据平均值。在室内空调控制下，两个房间的室内温度很接近，但两个屋面的内表面温度和热流的差别都比较大。对比屋面的内表面平均温度比室内平均温度高 3.9℃，种植屋面的内表面平均温度仅比室内平均温度高 1℃，种植屋面热流比对比屋面减少了 73%。

表 58　测量数据平均值

测量参数	室外气温（℃）	室内气温（℃）	内表面温度（℃）	外表面温度（℃）	热流（W/m²）
种植屋面	30.8	25.0	26.0	屋面 27.3 /土面 29.7	6.9
裸屋面		25.4	29.3	34.5	26.2

由表 58 中的测量数据平均值，计算得出对比屋面的热阻为 0.20m² · K/W。根据上面分析，种植屋面的当量热阻就是与其等效的保温屋面热阻，按公式（214）计算种植屋面当量热阻时，内表面温度和热流取种植屋面的测量值，外表面温度取对比屋面的外表面温度测量值，由此计算得出种植屋面的当量热阻为 1.23m² · K/W，这包括了屋顶结构层热阻、种植层热阻和植被层附加热阻，其中屋顶结构层热阻和种植层热阻可以由测量数据计算得到（见表 59）。种植屋面中的屋顶结构层热阻为 0.19m² · K/W，与对比屋面热阻0.20m² · K/W 接近，所以在对比测量中，可以用对比屋面热阻代替种植屋面中的屋顶结构层热阻。在种植屋面当量热阻中，减去屋顶结构层热阻和种植层热阻，得到植物层附加热阻为 0.70m² · K/W。

表 59　屋面热阻测量计算值

测量参数		内表面温度（℃）	外表面温度（℃）	热流（W/m²）	热阻（m² · K/W）
种植屋面	种植层	27.3	29.7	6.9	0.34
	屋顶结构层	26.0	27.3		0.19
裸屋面		29.3	34.5	26.2	0.20

3.2　种植屋面热工性能模拟分析

（1）模拟方法

以实际测量的建筑为原型，以测量数据为依据，采用 DesignBuilder 软件建立建筑模型。模型中的房间尺寸及相关构造参照实际建筑，屋顶构造层及材料参数设置参考相关资料，裸屋面热阻为 0.21m² · K/W。种植屋面设置中，种植土厚度为 0.1m，导热系数为0.4W/（m · K）。

将实际测量的连续 4d 数据整理成实测典型日数据，用于气候条件设置和模拟结果验证。选取上海标准气象年气象数据中室外气温和太阳辐射照度与实测典型日最为接近的一天，将其中的室外气温和太阳辐射照度数据修改为实测典型日的逐时数据，其他气候数据不变，构成与实测典型日相近的室外气候条件，在室内连续空调状态下，对建筑进行周期性热过程模拟。模拟结果与实测结果的对比见表 60，裸屋面热流模拟值与实测值的误差为 7.3%，其余参数模拟值与实测值的误差在 5% 以内。

在验证模型的基础上，对裸屋面加设保温层，模拟保温层厚度变化对屋面热流的影响；对种植屋面设置不同的植物状态，模拟屋面热流的变化。通过比较种植屋面与保温屋面的平均热流，得出种植屋面的当量热阻。

（2）结果分析

对裸屋面模型，加设保温层后成为保温屋面，模拟结果显示，保温屋面的热流随热阻增大而减少，当屋面平均热流在 $6W/m^2 \sim 12W/m^2$ 时，屋面热阻与平均热流的关系可以拟合成如下公式，拟合值与模拟值的相关系数为 0.99。

表60　模拟结果与实测结果比较

测量参数	室内平均气温（℃）		内表面平均温度（℃）		平均热流（W/m²）	
	模拟	实测	模拟	实测	模拟	实测
种植屋面	25.0	25.0	26.0	26.0	7.0	6.9
裸屋面	25.5	25.4	29.3	29.3	28.1	26.2

$$R = 3.182 \cdot e^{-0.1282q} \tag{215}$$

式中：R——屋面热阻（$m^2 \cdot K/W$）；

$\quad\quad q$——屋面平均热流（W/m^2）。

按上式计算，保温屋面与实测种植屋面的平均热流相等时，保温屋面的热阻为 $1.30m^2 \cdot K/W$，与实测种植屋面的当量热阻 $1.23\ m^2 \cdot K/W$ 接近。

对种植屋面模型，改变植物的叶面积指数，模拟植物覆盖程度对屋面热流的影响。模拟结果表明，种植屋面热流随叶面积指数增大而减少，当叶面积指数在 $0.01 \sim 5$ 之间变化时，屋面平均热流的最大变化量为 $2.5W/m^2$。若以表60中的种植屋面平均热流 $7.0W/m^2$ 作为植物覆盖最好的效果，则植物覆盖最差的种植屋面的平均热流为 $9.5W/m^2$，按公式（215）计算植物覆盖最差的种植屋面当量热阻为 $0.94m^2 \cdot K/W$，这时尽管植物不起什么作用，但种植土表面的蒸发散热作用仍然使种植屋面具有较大的当量热阻。

对于种植屋面上的爬藤棚架，可以设置通风遮阳棚进行模拟。种植屋面的热流随遮阳棚的透射比减小而减少，当遮阳棚的透射比从 0 变化到 100% 时，屋面平均热流的变化量为 $1.7W/m^2$。假设棚架下种植土上生长的草本植物稀疏，在没有棚架遮阳情况下屋面平均热流为 $9.5W/m^2$，则在棚架完全遮阳情况下屋面平均热流下降为 $7.8\ W/m^2$，按公式（215）计算这种爬藤棚架种植屋面的当量热阻为 $1.17m^2 \cdot K/W$。

以上分析了几种植物状况的种植屋面热流情况及其当量热阻，可以由此得出植被层附加热阻。种植屋面当量热阻包括了屋顶结构层热阻、种植层热阻和植被层附加热阻，其中屋顶结构层热阻按模型设置为 $0.21m^2 \cdot K/W$，种植层热阻按实测计算值为 $0.34m^2 \cdot K/W$（见表59），在种植屋面当量热阻中，减去屋顶结构层热阻和种植层热阻，得到植被层附加热阻（见表61）。从表61看出，对植物覆盖差的种植屋面，植被层附加热阻仍然较大，这是因为把种植土表面的蒸发散热作用归入到植被层附加热阻中。在实际情况中，只要屋面上铺设了种植土层，在阳光雨水作用下，都会自然生长草本植物，从而使种植土层的当量热阻大于单纯的传导热阻。

（3）植被层附加热阻参考值

为了便于工程应用，对常用种植屋面的植物覆盖状态分为茂密、较茂密、较稀疏三种情况，以表61中数据为依据，给出对应的植被层附加热阻参考值（表62）。

表 61　种植屋面当量热阻

植物状况	屋面平均热流 （W/m²）	种植屋面当量热阻 （m²·K/W）	种植层和植被层热阻 （m²·K/W）	植被层附加热阻 （m²·K/W）
植物覆盖好	7.0	1.30	1.09	0.75
植物覆盖差	9.5	0.94	0.73	0.39
植物覆盖差 棚架遮阳好	7.8	1.17	0.96	0.62

表 62　植被层附加热阻

种植屋面上的植物状况		植被层附加热阻（W/m²）
植物覆盖状况	茂密	0.5
	较茂密	0.4
	较稀疏	0.3
植物棚架遮阳状况	茂密	0.4
	较稀疏	0.3

4　结语

本文把种植屋面划分为植被层、种植构造层和屋顶结构层，用植被层附加热阻表示遮阳和蒸发散热共同作用的等效热工性能。通过对种植土试样材料进行测试分析，提出了种植土导热系数和蓄热系数参考值。采用现场测量和模拟分析相结合的方法，提出了种植屋面不同植物状况的植被层附加热阻参考值。

种植屋面的热湿传递是一个复杂过程，植被层与种植层之间存在复杂的热湿耦合关系，本文将其简化为多层建筑构件，各层具有独立的热工性能，但植物和种植土之间存在着不可分割的关系，应满足现行行业标准《种植屋面工程技术规程》JGJ 155 的要求。

专题十九 隔热设计计算软件 KValue 简介

林海燕
中国建筑科学研究院

1 编制目的

《民用建筑热工设计规范》GB 50176—2016 第 6 章中分别对外墙和屋顶的隔热性能提出了明确的要求。判定设计建筑的外墙或屋顶是否满足要求，都是用外墙或屋顶的内表面温度与某一个特定的温度去比较。规范中的相关规定如下：

在给定两侧空气温度及变化规律的情况下，外墙内表面最高温度应符合表 63 的要求（第 6.1.1 条）。

表 63　在给定两侧空气温度及变化规律的情况下，外墙内表面最高温度限值

房间类型	自然通风房间	空调房间	
		重质围护结构 （$D \geqslant 2.5$）	轻质围护结构 （$D < 2.5$）
内表面最高温度 $\theta_{i,max}$	$\leqslant t_{e \cdot max}$	$\leqslant t_i + 2$	$\leqslant t_i + 3$

在给定两侧空气温度及变化规律的情况下，屋面内表面最高温度应符合表 64 要求（第 6.2.1 条）。

表 64　在给定两侧空气温度及变化规律的情况下，屋面内表面最高温度限值

房间类型	自然通风房间	空调房间	
		重质围护结构 （$D \geqslant 2.5$）	轻质围护结构 （$D < 2.5$）
内表面最高温度 $\theta_{i,max}$	$\leqslant t_{e \cdot max}$	$\leqslant t_i + 2.5$	$\leqslant t_i + 3.5$

同时规范第 6.2.2 条和第 6.2.3 条规定，外墙和屋面内表面最高温度 $\theta_{i,max}$ 应按规范第 C.3 节的规定计算。第 C.3 节中则规定外墙和屋面的内表面最高温度应采用一维非稳态方法计算，并应按房间的运行工况确定相应的边界条件。规范第 C.3.3 条对计算软件、计算模型、边界条件、计算参数都进行了详细的规定。

规范第 C.3.2 条则明确规定：外墙、屋面内表面温度可采用规范配套光盘中提供的一维非稳态传热计算软件计算。条文所提软件即为 KValue。

KValue 软件是专为《民用建筑热工设计规范》GB 50176—2016 隔热计算开发的，主要用来计算和判定建筑的外墙和屋面构造隔热性能是否满足 GB 50176—2016 第 6.1.1 条和第 6.2.1 条所规定的要求。

2 主要功能和特点

KValue 软件的主要功能是对设计的外墙和屋面进行规范符合性验算。软件根据用户建立的外墙（屋面）几何模型和确定的边界条件，进行一维非稳态传热计算，并自动进行隔热性能达标判定。

除此之外，软件还可以方便地输出多种计算结果，并以文字或图形的方式直观地显示，包括：

（1）墙体或屋顶的传热阻、传热系数和热惰性指标；

（2）室内空气温度、内壁面温度、内壁面热流随时间的变化曲线；

（3）室外综合温度、室外空气温度、外壁面温度、外壁面热流随时间的变化曲线；

（4）室外综合温度、室内温度、内壁面温度随时间的变化曲线，以及单向波作用下围护结构的衰减倍数和延迟时间；

（5）室外综合温度、内壁面温度、外壁面温度随时间的变化曲线，以及双向波下围护结构的衰减倍数和延迟时间。

软件的主要特点：

（1）针对不同室内运行工况，对围护结构在单向波或双向波作用下，温度、热流随时间的变化进行数值模拟；

（2）计算和判定方法完全符合《民用建筑热工设计规范》GB50176－2016 的规定，便于进行围护结构隔热设计和规范符合性计算；

（3）程序内置规范用围护结构隔热设计室外计算参数；

（4）丰富的图文输出结果，利于进行围护结构隔热性能的分析和优化。

3 使用步骤

采用 KValue 软件计算外墙和屋面的隔热性能需要准备的基本资料包括：外墙、屋面的构造图，以及构件各层材料的物性参数〔包括：导热系数、容重（此处指表观密度）、比热容、蓄热系数〕。

计算时，首先按照构件的构造图采用图形交互的方式在 KValue 软件绘图界面上建立计算模型。每层绘制前都会弹出"材料选择"对话框选择或输入构造层的材料信息（图101）。

每次绘制后都会弹出"构造层属性"对话框便于对构造层的几何信息进行修改（图102）。

对于有多层构造的墙体（屋面），重复上述步骤直至建立完整的几何模型。

其次，对建立的几何模型边界条件进行定义。根据设计条件选择"城市"、"外墙朝向"和"室内工况"，并可以根据实际工况修改"外表面防热系数"、"内表面防热系数"和"太阳辐射吸收系数"（图103）。

边界条件设定完成后，就可以进行温度分布计算。计算结束后软件会自动弹出计算结果对话框，显示输出：判定依据的规范条文、计算结果和判定结果（图104）。

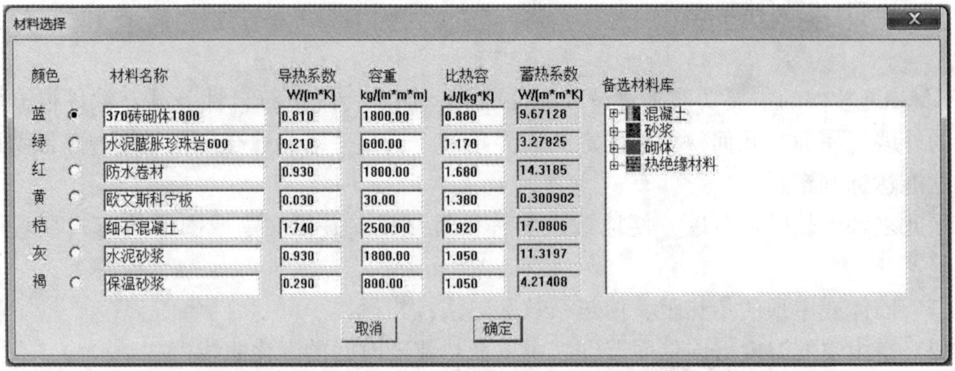

图 101 “材料选择”对话框

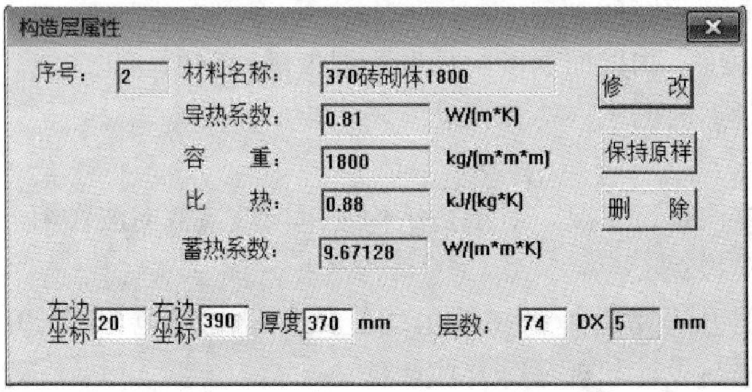

图 102 “构造层属性”对话框

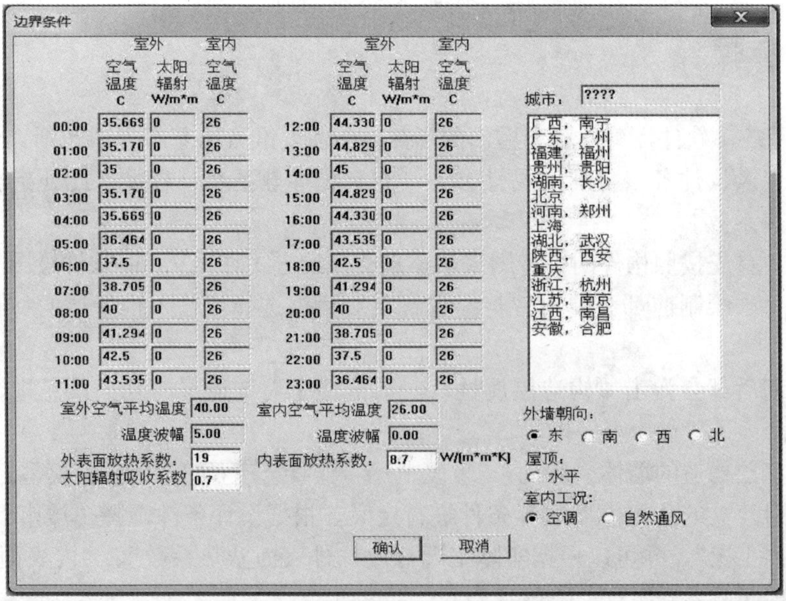

图 103 “边界条件”对话框

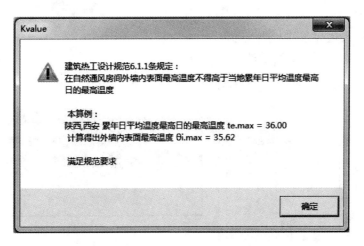

图 104 "计算结果"对话框

至此，一个完整的外墙（屋面）构造隔热性能的规范符合性验算就全部完成了。随后，可以根据需要输出所计算构造的传热阻、传热系数和热惰性指标，或输出室外综合温度、室内侧温度、室外侧温度、热流曲线，以及围护结构的衰减倍数和延迟时间。

4 计算示例

以北京地区混凝土砌块墙设置 30mm 厚 EPS 保温层的外保温构造为例，计算墙体夏季隔热性能是否满足规范要求。墙体的建筑构造计算简图如图 105 所示。

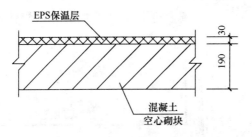

图 105 墙体计算简图

不同材料的热物性参数见表 65。

表 65 材料热物性参数表

序号	名称	导热系数 [W/ (m·K)]	容重 (kg/m³)	比热容 [KJ/ (kg·K)]
1	混凝土空心砌块	0.95	800	0.92
2	EPS 聚苯板	0.04	20	1.38

主要的边界条件如下：

室外侧：第三类边界条件，逐时温度采用软件中给定的数值，表面换热系数 19.0W/ (m²·K)，太阳辐射吸收系数 0.7；

室内侧：第三类边界条件，逐时温度采用软件中给定的数值，表面换热系数 8.7W/

$m^2 \cdot K$；

两端：第二类边界条件，热流为 0。

在软件中建立如图 106 所示的计算模型。

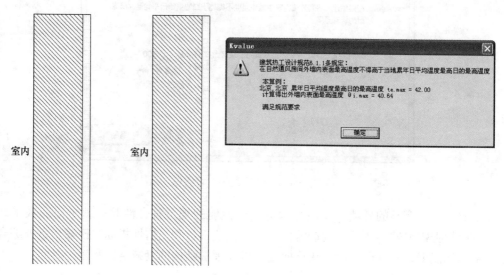

图 106　墙体计算模型　　　　　　　　　　图 107　西向墙体自然通风工况下验算结果

自然通风工况下西墙的隔热验算结果见图 107。

空调工况下西墙的隔热验算结果见图 108。

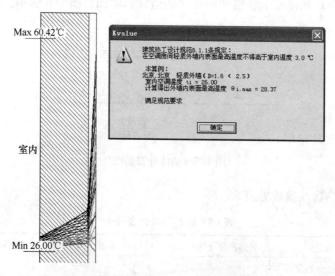

图 108　西向墙体空调工况下验算结果

由计算结果可知：在北京地区该墙体在自然通风和空调工况下隔热性能均满足规范要求。

专题二十　热桥线传热系数计算软件 PTemp 简介

林海燕
中国建筑科学研究院

1　编制目的

《民用建筑热工设计规范》GB 50176－2016 给出了完整的线传热系数的计算理论和方法。规范中的相关条文如下：

3.4.6　围护结构单元的平均传热系数应考虑热桥的影响，并应按下式计算：

$$K_{\mathrm{m}} = K + \frac{\sum \psi_j l_j}{A} \tag{216}$$

式中：K_{m}——围护结构单元的平均传热系数 $[\mathrm{W/(m^2 \cdot K)}]$；

　　　K——围护结构平壁的传热系数 $[\mathrm{W/(m^2 \cdot K)}]$，应按本规范第 3.4.5 条的规定计算；

　　　ψ_j——围护结构上的第 j 个结构性热桥的线传热系数 $[\mathrm{W/(m \cdot K)}]$，应按本规范附录 C 第 C.2 节的规定计算；

　　　l_j——围护结构第 j 个结构性热桥的计算长度（m）；

　　　A——围护结构的面积（$\mathrm{m^2}$）。

上式中的线传热系数 ψ 在附录 C.2 节中给出了详细的计算规定。其中，第 C.2.2 条规定了 ψ 的计算公式如下：

C.2.2　热桥线传热系数应按下式计算：

$$\psi = \frac{Q^{\mathrm{2D}} - KA(t_i - t_e)}{l(t_i - t_e)} = \frac{Q^{\mathrm{2D}}}{l(t_i - t_e)} - KC \tag{217}$$

式中：ψ——热桥线传热系数 $[\mathrm{W/(m \cdot K)}]$；

　　　Q^{2D}——二维传热计算得出的流过一块包含热桥的围护结构的传热量（W），该围护结构的构造沿着热桥的长度方向必须是均匀的，传热量可以根据其横截面（对纵向热桥）或纵截面（对横向热桥）通过二维传热计算得到；

　　　K——围护结构平壁的传热系数 $[\mathrm{W/(m^2 \cdot K)}]$；

　　　A——计算 Q^{2D} 的围护结构的面积（$\mathrm{m^2}$）；

　　　t_i——围护结构室内侧的空气温度（℃）；

　　　t_e——围护结构室外侧的空气温度（℃）；

　　　l——计算 Q^{2D} 的围护结构的长度，热桥沿这个长度均匀分布，计算 ψ 时，l 宜取 1m；

　　　C——计算 Q^{2D} 的围护结构的宽度，即 $A = l \cdot C$，可取 $C \geqslant 1\mathrm{m}$。

由式（218）可知，计算线传热系数 ψ 的关键是计算流过热桥节点的传热量，规范明确指出："传热量……通过二维传热计算得到"。第 C.2.5 条对 ψ 的计算软件、计算模型、边界条件、计算参数都进行了详细的规定。由于该方法需要计算温度分布，计算量巨大，已不可能采用手工计算的方式完成。中国建筑科学研究院建筑环境与节能研究院对围护结构热桥问题开发了专门的二维温度场计算软件，作为规范配套的热桥计算分析工具。

规范第 C.2.4 条则明确规定：线传热系数 ψ 以及热桥的表面温度可采用本规范配套光盘中提供的二维稳态传热计算软件计算。条文所提软件即为 PTemp。

2 主要功能和特点

PTemp 软件用 Visual C++6.0 开发而成。可以模拟多达 20 万个温度节点的二维空间温度分布，可以获取所模拟围护结构的温度分布、边界热流和露点温度等信息，并给出包含热桥部位的线传热系数，能够很好地处理建筑围护结构的热传导问题。

软件主要功能包括：

（1）热桥节点主断面传热系数计算。

（2）指定第三类边界条件热流计算。

（3）热桥节点线传热系数计算。

（4）热桥节点结露验算。

软件的主要特点：

（1）针对各种节能墙体、窗户、屋面等不同部位以及热桥部位的传热问题，本软件建立了一系列解决稳定热传导问题的结构化格子法，包括基于二维离散网格问题的计算方法。

（2）基于上述所建立的热量扩散分析算法，本软件的计算速度快、精度高并且通用性强，可对各种节能墙体、窗户、屋面等不同部位的传热损失规律进行细化研究，特别是对外保温复合墙和夹心复合墙主体部分的稳定热传导损失规律进行研究，揭示这两种墙体的主体部分受各种影响因素作用时的热传导损失规律。

（3）完全符合标准所提出的线传热系数计算理论和方法的规定和要求，弥补以前使用的面积加权计算围护结构传热系数方法的缺陷，通过各种形式的热桥进行数值模拟，为建筑节能标准的贯彻执行和围护结构节点构造节能设计提供技术支持。

（4）对一些可能发生的缺少保温材料、孔洞和保温材料受潮等围护结构的热工缺陷情况进行数值模拟研究，进一步加深对含有热工缺陷的节能建筑热工状况的认识，在节能建筑的热工缺陷检测分析方面开展有益的工作。

3 使用步骤

采用 PTemp 软件计算热桥节点的线传热系数需要准备的基本资料包括：热桥节点的构造图，以及构件各层材料的物性参数（包括：导热系数、容重）。

计算时，首先按照构件的构造图采用图形交互的方式在 PTemp 软件绘图界面上建立计算模型。每层绘制前都会弹出"材料选择"对话框选择或输入构造层的材料信息（图 109）。

几何模型输入完成后，右键单击模型弹出"修改所选矩形区域属性"对话框（图110）。逐次对模型每个区域的位置、几何尺寸、网格划分、材料、边界条件，以及线传

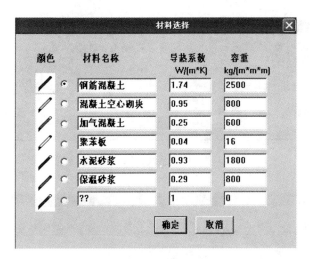

图 109　"材料选择"对话框

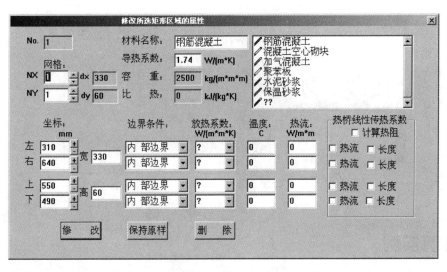

图 110　"修改所选矩形区域属性"对话框

系数计算所需的各项参数进行设置或修改。

　　模型输入完毕后，就可以进行温度场的计算。计算完成后，软件弹出提示框，显示迭代计算的次数，点击"确定"结束温度场的计算（图 111）。

　　随后，软件将自动显示计算节点的温度分布图。然后就可以进行"线传热系数"和"露点温度"的计算。其中，"线传热系数"计算完成后，软件以提示框的形式输出节点流出热流、边界长度、主断面传热系数、边界条件，以及热桥线传热系数计算结果（图 112）。

　　"露点温度"计算完成后，程序自动给出室内露点温度值，并在温度场分布图中显示出露点温度以上的区域和温度分布，温度颜色标尺的下限自动设定为露点温度（图 113）。可以通过温度分布图直观地判定节点内表面是否有结露风险。

图 111　"PSI"计算完成提示框

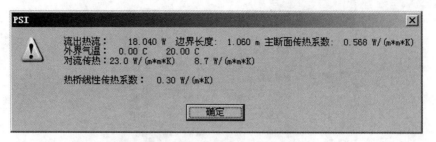

图 112 "线传热系数计算"结果提示框

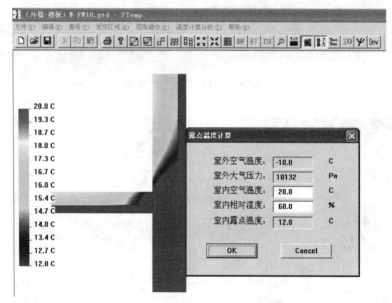

图 113 "露点温度计算"结果

4 计算实例

以北京地区混凝土砌块墙设置 30mm 厚 EPS 保温层的外保温构造为例，计算墙体中设置混凝土构造柱部位的线传热系数，并对构造柱内表面进行结露验算。节点的建筑构造计算简图、计算模型见图 114、图 115。

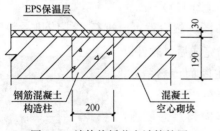

图 114 墙体热桥节点计算简图

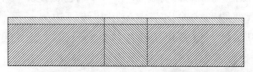

图 115 墙体热桥节点计算模型

不同材料的热物性参数见表 66。

主要的边界条件如下：

226

表 66　材料热物性参数表

序号	名称	导热系数［W/（m・K）］	容重（kg/m³）
1	混凝土空心砌块	0.95	800
2	钢筋混凝土	1.74	2500
3	EPS聚苯板	0.04	20

室外侧：第三类边界条件，温度－10.36℃，表面换热系数 23.0W/（m² • K）；
室内侧：第三类边界条件，温度 18℃，表面换热系数 8.7W/（m² • K）；
两端：第二类边界条件，热流为 0。
线传热系数计算结果如图 116 所示。

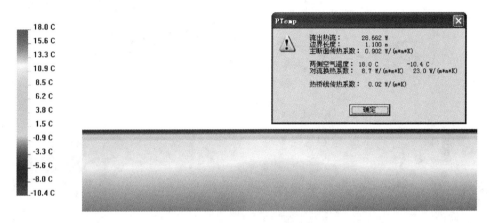

图 116　墙体热桥节点线传热系数计算结果

结露验算结果如图 117 所示。

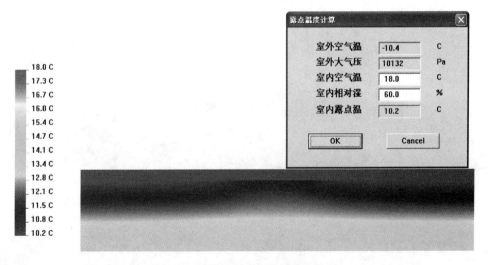

图 117　墙体热桥节点结露验算结果

由计算结果可知：该节点线传热系数为 0.02W/（m • K），在北京地区该节点在计算
条件下不会产生室内结露。